高等职业教育水利类"教、学、做"理实一体化特色教材

建筑材料应用与检测

主编 高建峰 廖霞柳 朱宏斌

中国水利水电出版社
www.waterpub.com.cn

·北京·

内 容 提 要

本教材是按照教育部对高职高专教育的教学基本要求和相关专业课程标准,在水利工程管理专业改革特色专业建设基础上精心组织编写完成的。全书共分八大项目,主要介绍水利工程中常用材料的组成、技术性能及其应用,包括基础知识、水泥、水工混凝土、砌筑块材与砂浆、建筑钢材、合成高分子材料、沥青及其防水材料、木材以及常用建筑材料的试验检测等内容。

本教材适用于高职高专水利类相关专业以及建筑工程、市政工程、道路桥梁工程等相关专业建筑材料课程教学,亦可作为相关工程技术人员的参考用书。

图书在版编目(CIP)数据

建筑材料应用与检测 / 高建峰,廖霞柳,朱宏斌主
编. -- 北京 : 中国水利水电出版社,2017.9(2021.8重印)
 高等职业教育水利类"教、学、做"理实一体化特色
教材
 ISBN 978-7-5170-5914-1

Ⅰ. ①建… Ⅱ. ①高… ②廖… ③朱… Ⅲ. ①建筑材
料—检测—高等职业教育—教材 Ⅳ. ①TU502

中国版本图书馆CIP数据核字(2017)第236051号

书　　名	高等职业教育水利类"教、学、做"理实一体化特色教材 **建筑材料应用与检测** JIANZHU CAILIAO YINGYONG YU JIANCE	
作　　者	主编 高建峰 廖霞柳 朱宏斌	
出版发行	中国水利水电出版社 (北京市海淀区玉渊潭南路1号D座　100038) 网址:www.waterpub.com.cn E-mail:sales@waterpub.com.cn 电话:(010)68367658(营销中心)	
经　　售	北京科水图书销售中心(零售) 电话:(010)88383994、63202643、68545874 全国各地新华书店和相关出版物销售网点	
排　　版	中国水利水电出版社微机排版中心	
印　　刷	清淞永业(天津)印刷有限公司	
规　　格	184mm×260mm　16开本　13.5印张　337千字	
版　　次	2017年9月第1版　2021年8月第2次印刷	
印　　数	2001—4000册	
定　　价	**45.00元**	

前言

本教材是贯彻落实《国务院关于加快发展现代职业教育的决定》（国发〔2014〕19号）、《国家中长期教育改革和发展规划纲要（2010—2020年）》《现代职业教育体系建设规划（2014—2020年）》和《水利部教育部关于进一步推进水利职业教育改革发展的意见》（水人事〔2013〕121号）等文件精神，在建设改革水利工程管理专业基础上重新编写的。教材以学生能力培养为主线，体现出实用性、实践性、创新性的教材特色，是一套理论联系实际、教学面向生产的实用教材。

本教材吸收了其他相关类教材的精华重新组织编写，突出通俗易懂、全面系统、应用性知识实用、可操作性强等特点。随着我国建筑材料新标准、新规范及新的试验规程不断修订和颁布实施，为进一步满足教学需要，应广大读者的要求，编者对教材内容——进行了全面同步更新和完善。

根据本教材的培养目标，力求综合运用基本理论和知识，以解决工程实际问题；力求理论联系实际，以应用为主，内容上尽量符合实际需要，体现实用性、实践性和创新性，突出水利工程管理特色，突出建筑材料的应用，突出核心技能训练。

本教材突出高等职业技术教育的特点，对教材内容进行了一定的调整，不过分强调理论，注重基本概念、基本理论和基本计算方法在解决实际工程问题中的应用，以强化学生的工程意识。

本教材采用"项目→任务→单元"体例，按材料属性、工程应用和材料性能检测手段等进行项目划分，共分8个项目，各项目开篇就指明学习任务和目标，点明本项目的主题内容，附有相关试验检测的内容，通俗易懂，容易上手。项目后附有一定数量的思考题，有助于读者掌握有关建筑材料基本理论和知识。

本教材编写人员及编写分工如下：安徽水利水电职业技术学院高建峰教授级高级工程师编写项目一～项目四。安徽水利开发股份有限公司廖霞柳工程师编写项目五和项目六。安徽水利水电职业技术学院朱宏斌实验员编写项目七和项目八。全书由高建峰负责统稿。

由于本次编写时间仓促，书中难免存在缺点和疏漏，恳请广大读者批评指正。

编者

2017年10月

目录

项目一 建筑材料基本知识

任务一 建筑材料的分类、作用及检验标准

【学习任务和目标】 建筑材料的性质是多方面的，大多材料都具有物理、化学和力学性能等，不同材料又有其特殊性质。因此首先要清楚材料的类别和作用。材料的性质是指在负荷与环境因素联合作用下材料所表现的行为。因此，工程中讨论的材料各种性质，都是在一定环境条件下测试的各种性能指标。只有熟悉材料性质的检测方法与检验标准，才能正确判断所选用的材料质量是否合格。

一、建筑材料的定义及其分类

建筑材料是指各类建筑工程中所应用的材料及制品。它是一切工程建设的物质基础，其性能、种类、规格、使用方法是影响工程坚固、耐久、适应等工程质量的关键因素。建筑材料质量的提高和新型建筑材料的开发与应用，直接影响着国民经济的发展及人类社会文明的进步。

（一）建筑材料的定义

（1）广义：指建造建筑物和构筑物的所有材料，是使用的各种原材料、半成品、成品等的总称。

（2）狭义：指直接构成建筑物和构筑物实体的材料。

一切建筑工程都是由各种各样的建筑材料组成的。

（二）建筑材料的分类

1. 按化学成分分类

建筑材料种类繁多，通常按其基本组成成分分为无机材料、有机材料和复合材料三大类，见表1-1。

表 1-1　　　　　　　　　　　建 筑 材 料 的 分 类

无机材料	金属材料	黑色金属	钢、铁及其合金
		有色金属	铝、铜及其合金
	非金属材料	天然石材	砂、石料及石材制品等
		烧土制品	砖、瓦、陶瓷等
		胶凝材料	石灰、石膏、水玻璃、水泥等
有机材料	植物材料		木材、竹材、植物纤维及其制品
	沥青材料		石油沥青、煤沥青及沥青制品
	合成高分子材料		建筑塑料、合成橡胶、建筑涂料、胶粘剂

复合材料	非金属与非金属材料复合	水泥混凝土、砂浆等
	无机非金属与有机材料复合	沥青混凝土、聚合物水泥混凝土、玻璃纤维增强塑料等
	金属材料与无机非金属材料复合	钢纤维增强塑料
	金属材料与有机材料复合	塑钢复合型材、轻质金属夹心板、铝箔面油毡

2. 按材料来源分类

（1）天然建筑材料，如常用的土料、砂石料、石棉、木材等及其简单加工的制品（如建筑石材等）。

（2）人工材料，如石灰、水泥、沥青、金属材料、土工合成材料、高分子聚合物等。

3. 按功能分类

建筑材料按其功能不同分为结构材料、防水材料、胶凝材料、装饰材料、防护材料、隔热保温材料等。

（1）结构材料，如混凝土、型钢、木材等。

（2）防水材料，如防水砂浆、防水混凝土、镀锌薄钢板、紫铜止水片、膨胀水泥防水混凝土、遇水膨胀橡胶嵌缝条等。

（3）胶凝材料，如石膏、石灰、水玻璃、水泥等。

（4）装饰材料，如天然石材、建筑陶瓷制品、装饰玻璃制品、装饰砂浆、装饰水泥、塑料制品等。

（5）防护材料，如钢材覆面、码头护木等。

（6）隔热保温材料，如石棉纸、石棉板、矿渣棉、泡沫混凝土、泡沫玻璃、纤维板等。

二、建筑材料的发展

利用建筑材料改造自然、促进人类物质文明的进步，是人类社会发展的一个重要标志。远在新石器时期之前，人类就已开始利用土、石、木、竹等天然材料从事营造活动。据考证，我国在 4500 年前就已有木架建筑和木骨泥墙建筑。随着生产力的发展，人类能够对天然原料进行简单的加工，出现了人造建筑材料，使人类突破了仅使用天然材料的限制，并开始大量修建房屋、寺塔、陵墓和防御工程。我国早在公元前 5 世纪的西周初期已有烧制的瓦，公元前 4 世纪的战国时期有了烧制的砖，始建于春秋时期的长城就大量应用了砖、石灰等人造建材。2000 年前的古罗马已用石灰、火山灰、砂和砾石配制混凝土，建造著名的万神殿、斗兽场的巨大墙体。

17 世纪工业革命后，随着资本主义国家工业化的发展，建筑、桥梁、铁路和水利工程大量兴建，对建筑材料的性能有了较高的要求。17 世纪 70 年代在工程中开始使用生铁，19 世纪初开始用熟铁建造桥梁和房屋，出现了钢结构的雏形。自 19 世纪中叶开始，冶炼并轧制出了强度高、延性好、质地均匀的建筑钢材，随后又生产出了高强钢丝和钢索，钢结构得到了迅速发展，使建筑物的跨度从砖石结构、木结构的几米、几十米发展到百米、几百米乃至现代建筑的上千米。

19 世纪 20 年代，英国瓦匠约瑟夫·阿斯普丁发明了波特兰水泥，出现了现代意义上的水泥混凝土。19 世纪 40 年代，出现了钢筋混凝土结构，利用混凝土受压、钢筋受拉，以充分发挥两种材料各自的优点，从而使钢筋混凝土结构广泛应用于工程建设的各个领域。为克服钢筋混凝土结构抗裂性能差、刚度低的缺点，20 世纪 30 年代又发明了预应力混凝土结构，使土木工程跨入了飞速发展的新阶段。

随着社会的发展，人类对建筑工程的功能要求越来越高，从而对使用的建筑材料的性能要求也越来越高。轻质、高强、多功能、方便施工等具有优良综合性能的建筑材料，是今后发展的基本方向。同时，随着人们环境保护与可持续发展意识的增强，保护环境、节约能源与土地，合理开发和综合利用原料资源，尽量利用工业废料，也是建筑材料发展的一种趋势。

三、建筑材料在建筑工程中的地位

建筑业是国民经济的支柱产业之一，而建筑材料是其重要的物质基础。因此，建筑材料的产量及质量直接影响着建筑业的进步和国民经济的发展。建筑材料的用量相当大，据统计，目前在我国的建筑工程中，建筑材料费用一般占建筑总造价的 50％左右，有的高达 70％。建筑材料的品种、规格、性能及质量，对建筑结构的形式、使用年限、施工方法和工程造价有直接影响。从事建筑工程的技术人员和专家都必须了解和懂得建筑材料，因为建筑、材料、结构、施工四者是密切相关的。建筑材料的品种、性能和质量，在很大程度上决定着建筑物的坚固、适用和美观，又在很大程度上影响着结构形式和施工速度。从根本上说，材料是基础，材料决定了建筑形式和施工方法。新材料的出现，可以促使建筑形式的变化、结构设计方法的改进和施工技术的革新。理想建筑中，应该是使所用的材料都能最大限度地发挥其效能，并合理、经济地满足建筑功能上的各种要求。

四、建筑材料检验与技术标准

建筑材料质量的优劣对工程质量有着最直接的影响，对所用建筑材料进行合格性检验，是保证工程质量的最基本环节。国家标准规定：无出厂合格证明或没有按规定复试的原材料，不得用于工程建设；在施工现场配制的材料，均应在实验室确定配合比，并在现场抽样检验。各项建筑材料的检验结果，是工程施工及工程质量验收必需的技术依据。因此，在工程的整个施工过程中，始终贯穿着材料的试验、检验工作，它是一项经常化的、责任性很强的工作，也是控制工程施工质量的重要手段之一。

建筑材料的验收及检验，均应以产品的现行技术标准及有关的规范、规程为依据。建筑材料的产品标准分为国家标准、行业标准和企业标准，各级标准分别由相应的标准化管理部门批准并颁布，国家标准化管理委员会是我国国家标准化管理的最高主管机构。建筑材料常用标准的种类及代号见表 1-2。

表 1-2　　　　　　　　　建筑材料常用标准的种类及代号

序号	标准种类	代　　号		表示内容	表示顺序
1	国家标准	GB		强制性标准	代号、标准编号、发布年份， 如 GB 175—2007
		GB/T		推荐性标准	
2	行业标准 （部标准）	按原部 标准代号	SL	水利行业标准	代号、标准编号、发布年份， 如《水工混凝土砂石骨料试验规程》 （DL/T 5151—2014）
			DL	电力行业标准	
			JC	建材行业标准	
			JG	建工行业标准	
			JT	交通行业标准	

序号	标准种类	代 号	表示内容	表 示 顺 序
3	地方标准	DB	地方强制性标准	代号、行政区号、标准编号、发布年份， 如 DB 14323—2009
		DB/T	地方推荐性标准	
4	企业标准	QB	企业标准	代号/企业代号、顺序号、发布年份， 如 QB/ 203413—2009

1. 国家标准（简称"国标"）

国家标准是对全国经济、技术发展有重要意义而必须在全国范围内统一的标准。主要包括：基本原料、材料标准，有关广大人民生活的、量大面广的、跨部门生产的重要工农业产品标准，有关人民安全、健康和环境保护的标准，有关互换配合、通用技术语言等的基础标准，通用的零件、部件、器件、构件和工具、量具标准，通用的试验和检验标准，被采用的国际标准。

标准的表示方法由标准名称、部门代号、标准编号和颁布年份等组成。如《通用硅酸盐水泥》（GB 175—2007）。

2. 行业标准（简称"部标"）

行业标准主要是指全国性的各专业范围内统一的标准。由主管部门组织制定、审批和发布，并报送国家标准化管理机关备案。行业标准也分为强制性标准和推荐性标准两类。

3. 企业标准（简称"企标"）

凡没有制订国家标准、行业标准的产品，都要制订企业标准。为了不断提高产品质量，企业可制订比国家标准、行业标准更先进的产品质量标准。

各国均制订有自己的国家标准，常见的有"ANS""JIS""BS""DIN"，它们分别代表美国、日本、英国和德国的国家标准。"ASTM"是美国试验与材料协会标准，"ISO"是国际标准。

五、本课程的学习目的及方法

建筑材料既是土木工程类专业的一门重要的专业技术基础课，又是一门实践性很强的应用型学科。学习本课程的目的是使学生掌握常用建筑材料的基本性能和特点，能够根据工程实际条件合理选择和使用各种建筑材料；掌握建筑材料的验收、保管、储存等方面的基本知识与方法，并具有进行建筑材料试验检验及其质量评定的基本技能；为熟悉建筑材料的性能，还应了解材料的原料、生产、组成、工作机理等方面的一般知识。

学习建筑材料的根本目的在于能够正确地应用建筑材料，而要解决材料应用的问题，前提是掌握材料的性质。因此，材料性质是学习本门课程要抓住的中心环节。不过，只限于孤立得了解材料的若干性质，这不等于真正掌握了材料的性质。只有了解事物本质的内在联系，即材料的性质及其组成、结构之间的关系，或决定材料性质的因素，才有可能掌握材料的性质。上述的联系、关系或因素可作为掌握材料性质的第一条线索；材料性质不是固定不变的，在使用过程中，受外界条件的影响，材料性质会发生一系列不同的变化。了解材料在外界条件影响下，其组成结构产生变化，而导致材料性质发生改变的规律，即所谓的影响材料性质的因素，这是掌握材料性质的第二条线索。抓住上述两条线索，不仅易于掌握本课程的基本内容，并可按此线索不断扩大材料性质与应用的知识。离开此线索就会陷入死记硬背的困境，学习效率下降，学的知识也难以巩固和利用。

有了正确的学习思路，还必须在学习中运用对比、理论联系实际的方法。不同种类的材料具有不同的性质，而同类材料不同品种之间，则即存在共性，又存在特性。学习时不要将各种材料的性质无选择地、逐一地死记硬背，而要抓住代表性材料的一般性质，即了解这类材料的共性。然后运用对比方法，学习同类材料的不同品种，总结它们之间的异同点，掌握各自的特性。这种方法，对学习气硬性胶凝材料、水泥及混凝土时尤其重要。运用对比方法来学习，能够抓住要领，条理清楚，便于理解和掌握；本课程是实践性很强的课程，学习时必须理论联系实际，利用一切条件注意观察周围已经建成和正在修建的工程，在实践中验证和补充书本知识。理论与实际相结合，会使学习更加扎实、灵活，学习目的性更加明确，学习兴趣更加浓厚。

任务二 建筑材料的基本性质

【学习任务和目标】 建筑材料在使用过程中要承受外界不同的作用，如荷载的作用，周围环境介质的物理、化学和生物作用等。这就要求材料具有相应的性质以保证其经久耐用。因此只有掌握材料的性能，才能在工程设计与施工中合理地选用材料。本任务主要讲述建筑材料的主要共性，即建筑材料的基本性质。各种材料的特性将在后面的项目任务中讲述。

单元一 材料的组成、结构及构造

材料的组成、结构及构造是决定材料性质的内部因素。

一、材料的组成

材料的组成是指材料所含物质的种类及含量，是区别物质种类的主要依据，分为化学组成、矿物组成和相组成。

1. 化学组成

材料的化学组成是指构成材料的化学元素及化合物的种类及数量。金属材料的化学组成通常以其化学元素含量的百分数表示，无机非金属材料常以各种氧化物的含量表示，有机材料则以各种化合物的含量表示。材料的化学成分，直接影响材料的化学性质，也是影响材料物理性质及力学性质的重要因素。

2. 矿物组成

矿物是具有一定的物理力学性质、化学成分和结构特征的单质或化合物。材料的矿物组成是指构成材料的矿物的种类和数量，它直接影响无机非金属材料的性质。

3. 相组成

材料中具有相同物理、化学性质的均匀部分称为相。一般可分为气相、液相和固相。

材料的组成不同，其物理、化学性质也不相同。如普通钢材在大气中容易生锈，而不锈钢（炼钢时加入适量的铬或镍）则不易生锈。可见，选用材料时，通过改变材料的组成可以获得满足工程所需性质的新型材料。

二、材料的结构及构造

材料的结构及构造是指材料的微观组织状态和宏观组织状态。组成相同而结构与构造不同的材料，其技术性质也不相同。

（一）材料的结构

材料的结构是指材料的微观组织状态。按其成因及存在形式可分为晶体结构、非晶体结构及胶体结构。

1. 晶体结构

由质点（离子、原子或分子）在空间按规则的几何形状周期性排列而成的固体物质称为晶体。晶体有以下特点：

（1）特定的几何外形。

（2）各向异性。

（3）固定的熔点和化学稳定性。

（4）结晶接触点和晶面是晶体破坏或变形的薄弱环节。

2. 非晶体结构（玻璃体结构）

非晶体结构是熔融物质经急速冷却，质点来不及按一定规则排列便凝固的固体物质，属于无定形结构。非晶体结构内部储存了大量内能，具有化学不稳定性，在一定条件下易与其他物质起化学反应。

3. 胶体结构

粒径为 $10^{-9}\sim10^{-7}$ m 的固体微粒（分散相），均匀分散在连续相介质中所形成的分散体系称为胶体。当介质为液体时，称此种胶体为溶胶体；当分散相颗粒极细，具有很大的表面能，颗粒能自发相互吸附并形成连续的空间网状结构时，称此种胶体为凝胶体。

溶胶结构具有较好的流动性，液体性质对结构的强度及变形性质影响较大；凝胶结构基本上不具有流动性，呈半固体或固体状态，强度较高，变形较小。

凝胶结构由范德华力结合，在剪切力（搅拌、振动等）作用下，网状结构易被打开，使凝胶结构重新具有流动性；静置一段时间后，溶胶又慢慢恢复成凝胶。凝胶→溶胶→凝胶的可逆互变性称为胶体的触变性。

（二）材料的构造

材料的构造是指材料结构间单元的相互组合搭配情况，亦即材料的宏观组织状态。按构造不同，材料可分为聚集状、多孔状、纤维状、片状和层状等。

一般而言，聚集状和多孔状的材料具有各向同性，纤维状和层状构造的材料具有各向异性。构造致密的材料，强度高；疏松多孔的材料密度低，强度也低。

由于材料结构间的组合搭配，材料内部存在孔隙。孔隙对材料的性质影响很大。开口孔隙对材料的抗渗性、抗冻性及抗侵蚀性有不利影响，闭口孔隙对材料的抗渗性、抗冻性及抗侵蚀性的影响则较小。

单元二　材料的物理性质

一、材料与质量有关的性质

1. 材料的体积构成

（1）块体材料在自然状态下的体积是由固体物质体积及其内部孔隙体积组成的。材料内部的孔隙按孔隙特征又分为开口孔隙和闭口孔隙。闭口孔隙不能吸进水分，开口孔隙与材料周围的介质相通，材料在浸水时易被水饱和，如图 1-1 所示。

（2）散粒体材料是指具有一定粒径材料的堆积体，如工程中常用的砂、石子等。其体积构成包括固体物质体积、颗粒内部孔隙体积及固体颗粒之间的空隙体积。如图1-2所示。

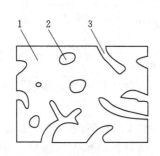

图1-1 块状材料体积构成示意图

1—固体（实体）；2—闭口孔隙；

3—开口孔隙

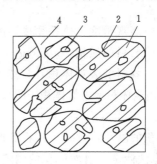

图1-2 散粒体材料体积构成示意图

1—颗粒中固体物质；2—颗粒中的开口空隙；

3—颗粒的闭口空隙；4—颗粒间的空隙

2. 材料的含水状态

材料在大气中或水中会吸附一定的水分，根据材料吸附水分的情况，将材料的含水状况分为干燥状态、气干状态、饱和面干状态及湿润状态4种，如图1-3所示。材料的含水状态会对材料的多种性质产生影响。

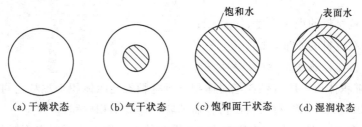

（a）干燥状态　　（b）气干状态　　（c）饱和面干状态　　（d）湿润状态

图1-3 材料的含水状态示意图

3. 材料的密度

密度是指材料的质量与其体积之比。根据材料所处状态不同，可分为密度、表观密度和体积密度、堆积密度。

（1）密度。干燥材料在绝对密实状态下，单位体积的质量称为密度。

$$\rho = \frac{m}{V} \tag{1-1}$$

式中　ρ——密度，g/cm^3；

　　　m——材料在干燥状态下的质量，g；

　　　V——材料在绝对密实状态下的体积，即材料固态物质的绝对体积，cm^3。

注意：1）干燥状态的材料可以通过烘干（烘箱）或干燥（干燥器）求取。

2）绝对体积的测定：对于密实材料（如金属、玻璃等），外形规则的可根据外形尺寸计算求得；外形不规则的直接用排水法测定。对于含孔材料（如砖、石膏等），应把材料磨成细粉（粒径至稍小于0.20mm），除去孔隙，经干燥后用密度瓶测定。

（2）表观密度和体积密度。材料在自然状态下单位体积的质量，称为表观密度和体积密度。

$$\rho' = \frac{m}{V'} \tag{1-2}$$

$$\rho_0 = \frac{m}{V_0} \qquad (1-3)$$

式中 ρ'、ρ_0——表观密度、体积密度，g/cm^3 或 kg/m^3；

$\qquad m$——材料的质量，g 或 kg；

$\quad V'$、V_0——材料的表观体积、自然体积，cm^3 或 m^3。

注意：1）表观体积＝绝对体积＋闭口孔隙体积；自然体积＝绝对体积＋闭口孔隙体积＋开口孔隙体积。

2）表观体积的测定：对砂、碎石等近于密实的材料，不磨细，经 24h 浸泡后（排出开口孔隙）用排水法测定。自然体积的测定：外形规则的材料可根据外形尺寸计算求得；外形不规则的材料可蜡封材料表面用排水法求得。

材料的表观密度、体积密度与材料的含水状态有关，含水状态不同，材料的质量及体积均会发生改变，故在提供材料的表观密度的同时，应提供材料的含水状态或含水率。一般指材料干燥时的表观密度和堆积密度。

（3）堆积密度。散粒（粉状、粒状或纤维状）材料，在堆积状态下单位体积的质量，称为堆积密度。它反映散粒材料堆积的紧密（压实）程度及可能的堆放空间。

$$\rho_0' = \frac{m}{V_0'} \qquad (1-4)$$

式中 ρ_0'——散粒材料的堆积密度，kg/m^3；

$\qquad m$——散粒材料的质量，kg；

$\quad V_0'$——材料在自然状态下的堆积体积，m^3。

注意：1）堆积体积＝所有颗粒绝对体积＋所有颗粒孔隙体积＋颗粒之间的空隙体积。

2）堆积体积测定：以散粒材料所占容器的容积作为堆积体积。

堆积密度与含水状态有关，一般指材料干燥时的堆积密度。材料在干燥状态下有如下关系：密度 ＞表观密度＞体积密度＞堆积密度。

根据散粒材料堆放的紧密程度不同，堆积密度又可分为疏松堆积密度、振实堆积密度及紧密堆积密度 3 种。

常用材料的密度、体积密度及堆积密度见表 1-3。

表 1-3　　　　　　　常用材料的密度、体积密度及堆积密度

材　料	密度/（g/cm^3）	体积密度/（kg/m^3）	堆积密度/（kg/m^3）
花岗岩	2.6～2.8	2500～2700	
碎石（石灰岩）	2.6		1400～1700
砂	2.6		1450～1650
黏土	2.6		1600～1800
黏土空心砖	2.5	1000～1400	
水泥	3.1		1200～1300
普通混凝土		2100～2600	
钢材	7.85	7850	
木材	1.55	400～800	
泡沫塑料		20～50	

4. 材料的密实度与孔隙率

(1) 密实度。密实度也称压实度,是指材料体积内被固体物质所充实的程度。以 D 表示,按下式计算:

$$D = \frac{V}{V_0} \times 100\% = \frac{\rho_0}{\rho} \times 100\% \qquad (1-5)$$

密实度反映了材料的致密程度,含有孔隙的固体物质的密实度均小于1。

(2) 孔隙率。孔隙率指材料体积内,孔隙体积($V_孔$)占材料总体积的百分比。以 P 表示,按下式计算:

$$P = \frac{V_孔}{V_0} = \left(\frac{V_0 - V}{V_0}\right) \times 100\% = \left(1 - \frac{V}{V_0}\right) \times 100\% = \left(1 - \frac{\rho_0}{\rho}\right) \times 100\% \qquad (1-6)$$

材料的密实度和孔隙率之和等于1,即 $D + P = 1$。孔隙率的大小直接反映了材料的致密程度。材料的许多性质如强度、热工性质、声学性质、吸水性、吸湿性、抗渗性、抗冻性等都与孔隙有关。这些性质不仅与材料的孔隙率大小有关,而且与材料的孔隙特征有关。孔隙特征是指孔隙的种类(开口孔与闭口孔)、孔隙的大小及孔的分布是否均匀等。

按孔隙尺寸大小,可把孔隙分为为微孔(孔径小于 100nm)、毛细孔(孔径为 100~1000nm)和大孔(孔径大于 1000nm)3 种。

按孔隙之间是否相互贯通,把孔隙分为孤立孔和连通孔;按孔隙与外界之间是否连通,把孔隙分为开口孔和封闭孔。开口毛细孔越多,材料吸水性越大;开口孔隙越多,材料抗渗、抗冻性越差;闭口孔隙越多,材料抗渗、抗冻性和隔热性反而越好。

5. 材料的填充率与空隙率

(1) 填充率。填充率是指散粒体材料在某堆积体积内,被其颗粒填充的程度。以 D' 表示,按下式计算:

$$D' = \frac{V_0}{V_0'} \times 100\% = \frac{\rho_0'}{\rho_0} \times 100\% \qquad (1-7)$$

(2) 空隙率。空隙率是指散粒体材料在某堆积体积内,颗粒之间的空隙体积($V_空$)占堆积体积的百分数。以 P' 表示,按下式计算:

$$P' = \frac{V_空}{V_0'} = \left(\frac{V_0' - V_0}{V_0'}\right) \times 100\% = \left(1 - \frac{V_0}{V_0'}\right) \times 100\% = \left(1 - \frac{\rho_0'}{\rho_0}\right) \times 100\% \qquad (1-8)$$

材料的填充率和空隙率之和等于1,即 $D' + P' = 1$。空隙率的大小反映了散粒体材料的颗粒之间相互填充的致密程度。在混凝土配合比设计时,可作为控制混凝土骨料级配以及计算含砂率的依据。

二、材料与水有关的性质

1. 亲水性与憎水性

材料在使用过程中常常遇到水,不同的材料遇水后和水的作用情况是不同的。根据材料能否被润湿,将材料分为亲水性材料和憎水性材料。

在材料、空气、水三相交界处,沿水滴表面做切线,切线与材料和水接触面的夹角 θ,称为润湿角。θ 越小,浸润性越强,当 θ 为零时,表示材料完全被水润湿。一般认为,当 θ 不大于 90° 时,水分子之间的内聚力小于水分子之间与材料分子之间的吸引力,此种材料称为亲水性材料。当 θ 大于 90° 时,水分子之间的内聚力大于水分子与材料之间的吸引力,材料表面不易被水湿润,称此材料为憎水性材料,如图 1-4 所示。建筑材料中水泥制品、玻璃、陶瓷、金属材料、石材等无机材料和部分木材等为亲水性材料；荷叶、沥青、油漆、塑料、防水油膏等为憎水性材料。憎水性材料能阻止水分进入材料内部的毛细孔中，常用作防水材料。

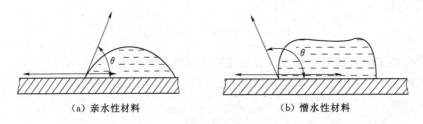

（a）亲水性材料　　　　　　　（b）憎水性材料

图1-4　材料的润湿示意图

2. 吸湿性

材料在潮湿空气中吸收水分的性质称为吸湿性，用含水率表示。

$$W = \frac{m_1 - m_0}{m_0} \times 100\% \qquad (1-9)$$

式中　W——材料的含水率（%）；

m_0、m_1——材料在干燥状态和气干状态下的质量，g。

材料的含水率与材料的组成、构造有关，也与所处环境的温度和湿度有关。材料开口毛细孔数量越多则吸湿性越强。环境温度越低，相对湿度越大，材料的含水率越大。

平衡含水率是指材料中所含水分与周围空气的湿度相平衡时的含水率。潮湿材料在干燥空气中放出水分的性能称为还湿性。

3. 吸水性

材料在水中吸收水分的性质称为吸水性，用吸水率表示。

（1）质量吸水率：材料饱水时，吸收水分的质量占材料干质量的百分率。

$$W_{吸} = \frac{m_2 - m_0}{m_0} \times 100\% \qquad (1-10)$$

式中　$W_{吸}$——材料质量吸水率（%）；

m_2——材料在吸水饱和状态下的质量，g。

（2）体积吸水率：材料饱水时，吸收水分的体积占材料干表观体积百分率。

$$W'_{吸} = \frac{m_2 - m_0}{\rho_水 V_0} \times 100\% = \frac{m_2 - m_0}{\rho_水 (m_0/\rho_0)} \times 100\% = W \frac{\rho_0}{\rho_水} \qquad (1-11)$$

式中　$W'_{吸}$——材料体积吸水率（%）；

V_0——材料干自然体积；

ρ_0——材料干体积密度。

材料的吸水率只与材料的组成、构造有关。开口毛细孔越多，吸水率越大。一般情况下，体积吸水率等于开口空隙率。各种材料的吸水率相差很大，如花岗岩等致密岩石的吸水率仅为0.5%～0.7%，普通混凝土为2%～3%，黏土砖为8%～20%，而木材或其他轻质材料吸水率可大于100%。

材料吸水后，自重增加，强度降低，保温性能下降，抗冻性能变差，有时还会发生明显的体积膨胀及变形。

4. 耐水性

材料长期在水作用下不破坏、强度也不明显下降的性质称为耐水性。耐水性用软化系数表示。

$$K_R = \frac{f_b}{f_g} \qquad (1-12)$$

式中 K_R——材料的软化系数；

f_b、f_g——材料饱水状态和干燥状态时的抗压强度，MPa。

多数材料吸水后，强度会降低，故 K_R 介于 $0\sim1$。K_R 大于 0.85 为耐水材料，该值越小耐水性越差。长期处于水中或潮湿环境中的重要结构，必须选用 K_R 大于 0.85 的材料。受潮较轻或次要结构材料，K_R 不宜小于 0.75。

5. 抗渗性

材料的抗渗性是指材料抵抗压力水渗透的能力。材料的抗渗性通常用渗透系数或抗渗等级表示。

$$K = \frac{Qd}{AtH} \qquad (1-13)$$

式中 K——材料渗透系数，cm/s；

Q——透水量，cm³；

d——试件厚度，cm；

A——透水面积，cm²；

t——透水时间，s；

H——静水压力水头，cm。

渗透系数 K 的物理意义是：一定时间内，在一定的水压作用下，单位厚度的材料，单位面积上的透水量。K 值越小，表明材料的抗渗能力越强。

抗渗等级常用于混凝土和砂浆等材料，是指在规定试验条件下，材料所能承受的最大水压力。用符号"W"来表示。如混凝土的抗渗等级为 W_6、W_8、W_{12}，表示其分别能承受 0.6MPa、0.8MPa、1.2MPa 的水压力而不渗水。

材料抗渗性的好坏，与材料的孔隙率和孔隙特征有密切的关系。材料越密实，闭口孔隙越多，孔径越小，越难渗水；具有较大孔隙率，且孔连通、孔径较大的材料抗渗性较差。

对于地下建筑物、屋面、外墙及水工构筑物等，因常受到水的作用，所以要求材料有一定的抗渗性。对于专门用于防水的材料，则要求具有较高的抗渗性。

6. 抗冻性

材料的抗冻性是指材料在水饱和状态下，经受多次冻融循环而不破坏，其强度也不显著降低的性质。

材料在吸水后，如果在负温下受冻，水在毛细孔内结冰，体积膨胀约 9%，冰的冻胀压力将造成材料的内应力，使材料遭到局部破坏。随着冻结和融化的循环进行，材料表面将出现裂纹、剥落等现象，造成质量损失、强度降低。这是由于材料内部孔隙中的水分结冰使体积增大对孔壁产生很大的压力，冰融化时压力又骤然消失所致。无论是冻结还是融化都会在材料冻融交界层间产生明显的压力差，并作用于孔壁使之破坏。

材料的抗冻性用抗冻等级来表示。抗冻等级表示吸水饱和后的材料在规定的条件下所能经受的最大冻融循环次数，用符号"F"来表示。如混凝土的抗冻等级为 F_{50}、F_{100}，分别表示在标准试验条件下，经过 50 次、100 次的冻融循环后，其质量损失、强度降低不超过规定值。抗冻等级越高，材料的抗冻性能越好。

材料的抗冻性主要与其孔隙率、孔隙特征、含水率及强度有关。抗冻性良好的材料，抵抗温度变化、干湿交替等破坏作用也较强。对于室外温度低于−15℃的地区，其主要材料必须进行抗冻性试验。

影响材料抗冻性的主要因素如下：

（1）孔隙充水程度。孔隙未充满水，即使受冻也不一定会破坏，因为有孔隙中有多余的空间容纳结冰时产生的膨胀。

（2）开口孔隙率越大则抗冻性越差。

（3）极细孔隙中的水的冰点降低，不会降低材料抗冻性。

根据热力学理论，孔中的水是否结冰，还取决于孔的孔径。孔径为 10nm 时，水在−5℃时才结冰；而孔径为 3.5nm 时，水在−20℃时才结冰。

（4）闭口孔隙率越大则抗冻性好。

三、材料与热有关的性质

1. 导热性

材料传导热量的性质称为导热性。材料的导热能力用导热系数 λ 表示，计算公式如下：

$$\lambda = \frac{Q\delta}{At(T_1 - T_2)} \tag{1-14}$$

式中　λ——材料的导热系数，$W/(m \cdot K)$；

　　　Q——传导的热量，J；

　　　A——热传导面积，m^2；

　　　δ——材料厚度，m；

　　　t——导热时间，s；

　T_1、T_2——材料两侧的温度，K。

材料的导热能力与材料的孔隙率、孔隙特征及材料的含水状态有关。密闭空气的导热系数很小 $[\lambda = 0.023 W/(m \cdot K)]$，故材料闭口孔隙率大时，导热系数小。开口连通孔隙具有空气对流作用，材料的导热系数较大。由于水的导热系数较大 $[\lambda = 0.58 W/(m \cdot K)]$，故材料受潮时，导热系数增大。

材料的导热系数越小，隔热保温效果越好。有隔热保温要求的建筑物宜选用导热系数小的材料作围护结构。工程中通常将 $\lambda < 0.23 W/(m \cdot K)$ 的材料称为绝热材料。几种常用材料的导热系数见表 1-4。

表 1-4　　　　　　　　　　常用材料的导热系数及比热容

材　料	导热系数/[W/(m·K)]	比热容/[J/(kg·K)]	材　料	导热系数/[W/(m·K)]	比热容/[J/(kg·K)]
铜	370	0.38	绝热纤维板	0.05	1.46
钢	55	0.46	玻璃棉板	0.04	0.88
花岗岩	2.9	0.80	泡沫塑料	0.03	1.30
普通混凝土	1.8	0.88	冰	2.20	2.05
普通黏土砖	0.55	0.84	水	0.58	4.19
松木（顺纹）	0.15	1.63	密闭空气	0.025	1.00

2. 热容量及比热容

材料受热时吸收热量，使温度升高；冷却时放出热量，使温度降低。材料温度升高（或降低）1K 时，所吸收（或放出）的热量，称为材料的热容量。1kg 材料的热容量称为材料的比热容（简称比热）。用下述公式表示：

$$Q = cm(T_2 - T_1) \tag{1-15}$$

$$c = \frac{Q}{m(T_2 - T_1)} \tag{1-16}$$

式中　Q——材料吸收或放出的热量，J；

　　　c——材料的比热容，J/(kg·K)；

　　　m——材料的质量，kg；

　$T_2 - T_1$——材料受热或冷却前后的温差，K。

材料的热容量值对保持材料温度的稳定性有很大作用。热容量值高的材料，对室温的调节作用大。冬季或夏季施工对材料进行加热或冷却处理时，均需考虑材料的热容量。几种常用材料的比热容值见表 1-4。

单元三　材料的力学性质

材料的力学性质是指材料在外力作用下的体积变形性质和抵抗形体破坏的性质。

一、材料的变形性质

1. 材料的弹性与塑性

材料在外力的作用下会发生形状、体积的改变，即变形。当外力除去后，能完全恢复原有形状的性质，称为材料的弹性，这种变形，称为弹性变形。

弹性变形的大小与外力成正比，比例系数 E 称为弹性模量。在材料的弹性范围内，弹性模量是一个常数，用下式表示：

$$E = \frac{\sigma}{\varepsilon} \tag{1-17}$$

式中　E——材料的弹性模量，MPa；

　　　σ——材料所受的应力，MPa；

　　　ε——材料的应变，无量纲。

弹性模量是材料刚度的度量，E 值越大，材料越不容易变形。

材料在外力作用下产生变形，但不破坏，除去外力后材料仍保持变形后的形状、尺寸的性质，称为材料的塑性，这种变形称为塑性变形。

完全的弹性材料是没有的，有的材料在受力不大的情况下，表现为弹性变形，但受力超过一定限度后，则表现为塑性变形，如低碳钢材；有的材料在受力后，弹性变形和塑性变形同时产生，如果取消外力，则弹性变形部分可以恢复，而塑性变形部分则不能恢复，如混凝土。

2. 徐变与应力松弛

在恒定外力的长期作用下，固体材料的变形随时间的延续而逐渐增大的现象，称为徐变；若总变形不变，其中塑性变形随时间的延续增大，弹性变形逐渐减小，因而引起材料中弹性应力随时间延长而逐渐降低的现象，称为应力松弛。

引起材料徐变和应力松弛的原因，主要是在材料中存在某些非晶体物质，在外力作用下产生黏性流动。晶体物质在剪应力作用下产生晶格错动或滑移也是一种重要原因。

徐变和应力松弛除与材料本身的性质有关外，还与材料所受外力的大小有关。当应力未超过某一极限时，徐变会随时间延长逐渐减小，最后徐变变形停止发展；当应力超过某一极限值时，徐变变形会随时间延长而逐渐加大，直至材料破坏。徐变和应力松弛还与材料所处的环境温度和湿度有关，温度越高、湿度越大，材料的徐变和应力松弛越大。

二、材料的静力强度

1. 静力强度

材料抵抗静荷载作用而不被破坏的能力，称为静力强度。静力强度以材料试件按规定的试验方法，在静荷载作用下达到破坏时的极限应力值表示。

材料的强度按外力作用方式的不同，分为抗压强度、抗拉强度、抗弯强度、抗剪强度等，见表1-5。

表1-5 　　　　　　　　　　常 用 材 料 的 强 度 　　　　　　　　　　单位：MPa

材　料	抗压强度	抗拉强度	抗弯强度
花岗岩	100～250	5～8	10～14
烧结多空砖	7.5～30	—	1.6～4.0
混凝土	10～100	1～8	—
松木（顺纹）	30～50	80～120	60～100
建筑钢材	240～1500	240～1500	—

不同种类的材料具有不同的强度特点，如砖、石材、混凝土和铸铁等材料具有较高的抗压强度，而抗拉、抗弯强度均较低；钢材的抗拉及抗压强度大致相同，而且都很高；木材的抗拉强度大于抗压强度。应根据材料在工程中的受力特点合理选用。

几种强度计算公式见表1-6。

表1-6 　　　　　　　　　　　静 力 强 度 计 算 公 式

强度类型	计算简图	计算公式	说　明
抗压强度 f_c		$f_c = \dfrac{P}{A}$	
抗拉强度 f_t		$f_t = \dfrac{P}{A}$	P——破坏荷载，N； A——受力面积，mm^2； l——跨度，mm； b——断面宽度，mm；
抗剪强度 f_v		$f_v = \dfrac{P}{A}$	h——断面高度，mm； f——静力强度，MPa
抗弯强度 f_{tm}		$f_{tm} = \dfrac{3Pl}{2bh^2}$	

2. 强度等级及比强度

为生产及使用的方便，对于以力学性质为主要性能指标的材料常按材料强度的大小分为不同的强度等级。强度等级越高的材料，所能承受的荷载越大。对于混凝土、砌筑砂浆、普通砖、石材等脆性材料，由于主要用于抗压，因此以其抗压强度来划分等级，而建筑钢材主要用于抗拉，故以其抗拉强度来划分等级。表1-7给出了建筑钢材、木材和混凝土的比强度值。

表1-7 钢材、木材和混凝土的表观密度、抗压强度和比强度

材　料	表观密度/（kg/m³）	抗压强度/MPa	比强度
低碳钢	7860	415	0.053
松木	500	34.3（顺纹）	0.069
普通混凝土	2400	29.4	0.012

比强度是指材料单位质量的强度，常用来衡量材料轻质高强的性质。比强度高的材料具有轻质高强的特性，可用作高层、大跨度工程的结构材料。轻质高强是材料的发展方向。

3. 影响材料强度的因素

材料的组成及构造是决定材料强度的内在因素。材料强度除受内在因素的影响外，还受外在因素的影响。外在因素主要包括材料的表观密度、孔隙率、含水率、环境温度等。

试件强度还与试件形状、大小和试验条件密切相关。受试件与承压板表面摩擦的影响：棱柱体形状等长试件的抗压强度较立方体等短试件的抗压强度低；大试件由于材料内部缺陷出现机会的增多，强度比小试件低一些；表面凹凸不平的试件受力面受力不均匀，强度也会降低；试件含水率的增大，环境湿度的升高，都会使材料强度降低；由于材料的破坏是其变形达到极限变形的破坏，而应变发展总是滞后于应力发展的，故加荷速度越快，所测强度值也越高。为了使试验结果具有可比性，材料试验应严格按国家有关试验规程的规定进行。

三、材料的其他力学性质

1. 冲击韧性

材料抵抗冲击或振动荷载作用而不破坏的能力，称为冲击韧性。以标准试件破坏时消耗于试件单位面积上的功（J/cm²）表示。根据荷载作用的方式不同，冲击韧性分为冲击抗压、冲击抗拉、冲击抗弯等。冲击试验是用带缺口的试件做冲击抗弯试验。材料的韧性越大，抵抗冲击力破坏的能力就越强。桥梁、路面、吊车梁及某些设备基础等有冲击抗震要求的结构，应考虑材料的冲击韧性。

建筑钢材、木材的冲击韧性较好，而脆性材料的冲击韧性均较差。

2. 硬度

材料表面抵抗其他较硬物体压入或刻画的性能称为硬度。不同材料其硬度的测定方法不同，矿物质材料硬度按刻画法（莫氏硬度）分为10级，钢材的硬度常用钢球压入法（布氏硬度）测定。硬度大的材料具有耐磨性较强、强度较高的特点，但不易机械加工。

3. 磨损及磨耗

材料表面在外界物质的摩擦作用下，其质量和体积减小的现象称为磨损。磨损用磨损率表示：

$$K_m = \frac{m_1 - m_2}{A} \tag{1-18}$$

式中　K_m——试件的磨损率，g/cm^2；

　m_1、m_2——试件磨损前、后的质量，g；

　　A——试件受磨表面积，cm^2。

材料在摩擦和冲击的同时作用下，其质量和体积减小的现象，称为磨耗。磨耗以试验前、后的试件质量损失百分数表示。

磨损及磨耗统称为材料的耐磨性。材料的硬度大、韧性好、构造均匀致密时，其耐磨性较强。多泥沙河流上，水闸的消能结构的材料，要求使用耐磨性较强的材料。

单元四　材料的其他性质

一、材料的化学性质

某些材料在使用环境条件下与周围介质或与其他材料配合时会发生化学反应，根据化学反应能力的强弱，可将材料分为活性材料和非活性材料两类。活性材料容易和其他物质发生化学反应并生成新物质，改变材料原有的技术性质；非活性材料在周围环境介质中或与其他材料配合时不易发生化学反应，能较好地保持其原有的化学成分和技术性质的稳定性。

材料在使用过程中，往往受到周围环境侵蚀性介质（酸、碱、盐溶液或气体）的作用，长期作用的结果会使材料受到化学侵蚀。材料抵抗化学介质侵蚀作用不破坏，其性质也不发生显著改变的性质，称为化学稳定性。影响材料化学稳定性的主要因素是材料的组成成分和材料构造的密实程度。选用材料时，要考虑材料的使用环境，从材料的组成成分、结构和构造方面着手，提高材料的抗侵蚀能力。

有些活性材料在激发剂的作用下发生化学反应，生成的新物质能满足工程所要求的性质，这是材料改性方面的一条重要途径，也是充分利用一些工业废料的有效方法，如粒化高炉矿渣。

二、材料的耐久性

耐久性是指材料在使用过程中，能长期抵抗各种环境因素作用而不破坏，且能保持原有性质的性能。各种环境因素的作用可概括为物理作用、化学作用和生物作用3个方面。

物理作用包括干湿变化、温度变化、冻融变化、溶蚀、磨损等。这些作用会引起材料体积的收缩或膨胀，导致材料内部裂缝的扩展，长时间或反复多次的作用会使材料逐渐破坏。

化学作用包括酸、碱、盐等物质的溶解及有害气体的侵蚀作用，以及日光和紫外线等对材料的作用。这些作用使材料逐渐变质破坏，例如钢筋的锈蚀、沥青的老化等。

生物作用包括昆虫、菌类等对材料的作用，它将使材料由于虫蛀、腐蚀而破坏，例如木材及植物纤维材料的腐烂等。

实际上，材料的耐久性是多方面因素共同作用的结果，即耐久性是一个综合性质，无法用一个同一的指标去衡量所有材料的耐久性，而只能对不同的材料提出不同的耐久性要求。水工建筑物常用材料的耐久性主要包括抗渗性、抗冻性、大气稳定性、抗化学侵蚀性等。材料的耐久性与环境破坏因素的关系见表1-8。

对材料耐久性的判断，需要在其使用条件下进行长期的观察和测定，通常是根据对所有材料的使用要求，在实验室进行有关的快速试验，如干湿循环、冻融循环、加湿与紫外线干燥循环、碳化、盐溶解浸渍与干燥循环、化学介质浸渍等。

表 1 - 8   耐久性与环境破坏因素关系

名　称	破坏作用	环境因素	评定指标
抗渗性	物理	压力水	渗透系数、抗渗等
抗冻性	物理	水、冻融	级
冲磨气蚀	物理	流水、泥沙	抗冻等级
碳化	化学	CO_2、H_2O	磨损率
化学侵蚀	化学	酸、碱、盐及其溶液	碳化深度
老化	化学	阳光、空气、水	*
锈蚀	物理、化学	H_2O、O_2、Cl^-、电流	锈蚀率
碱骨料反应	物理、化学	K_2O、活性骨料	*
腐朽	生物	H_2O、O_2、菌	*
虫蛀	生物	昆虫	*
耐热	物理	湿热、冷热交替	*
耐火	物理	高温、火焰	*

注　* 表示可参考其强度变化率、裂缝开裂情况、变形情况进行评定。

由于矿物质材料的抗冻性可以综合反映材料抵抗温度变化、干湿变化等风化作用的能力，因此抗冻性可作为矿物质材料抵抗周围环境物理作用的耐久性综合指标。在水利工程中，处于温暖地区的结构材料，为抵抗风化作用，对材料也提出一定的抗冻性要求。

复 习 思 考 题

1. 建筑材料划分为哪些类？各有什么特点？

2. 什么是建筑材料标准？我国技术标准的等级分为哪几级？

3. 某材料的密度为 $2.67g/cm^3$，干表观密度为 $1930kg/m^3$，现将 860g 的该材料浸入水中，吸水饱和后取出称重为 925g，试求该材料的孔隙率、质量吸水率、开口孔隙率、闭口孔隙率。

4. 收到含水率为 4% 的湿砂 600t，问砂中所含水的重量有多少？若需干砂 500t，则应进含水率为 5% 的砂子多少吨？

5. 有不少住宅的木地板使用一段时间后出现接缝不严，但亦有一些木地板出现起拱。请分析原因。

6. 某一河堤浆砌石护坡水下工程，所选用石料在气干、干燥、饱和面干状态下测得的抗压强度分别为 172MPa、177MPa 和 169MPa。问所选石料可否用于该工程？

项目二 无机胶凝材料

任务一 气硬性无机胶凝材料

【学习任务和目标】 介绍工程中常用的石灰、石膏、水玻璃的生产、特性、技术标准及工程中的应用。掌握①气硬性胶凝材料与水硬性胶凝材料的凝结硬化条件及适用范围；②石灰、建筑石膏和水玻璃的技术性质、用途以及储运和使用中应注意的问题。理解石灰、建筑石膏和水玻璃的水化和凝结硬化特点和规律以及3种材料各自的特性。了解①胶凝材料的概念和分类；②石灰、建筑石膏和水玻璃3种材料的生产原料和生产过程。

胶凝材料是一种经自身的物理、化学作用，能由浆体（液态或半固态）变成坚硬的固体物质，并能将散粒材料或块状材料黏结成一个整体的物质。胶凝材料按化学成分可分为无机胶凝材料和有机胶凝材料两大类。无机胶凝材料按凝结硬化的条件不同又可分为气硬性胶凝材料和水硬性胶凝材料。气硬性胶凝材料只能在空气中凝结硬化，并保持和提高自身强度；水硬性胶凝材料不仅能在空气中还能在水中凝结硬化，保持和提高自身强度。工程中常用的石灰、石膏、水玻璃属于气硬性胶凝材料，各种水泥均属于水硬性胶凝材料。沥青、树脂属于有机胶凝材料。

单元一 石 灰

石灰具有原料来源广、生产工艺简单、成本低廉和使用方便等特点，是工程中最早和较常用的无机胶凝材料之一。

一、石灰的生产

生产石灰的原料是石灰岩、白垩或白云质石灰岩等天然岩石，其化学成分主要是碳酸钙。原料经高温煅烧后得到的白色块状产品，称为石灰（亦称生石灰），其主要化学成分为氧化钙。反应式为

$$CaCO_3 \xrightarrow{900\sim1200℃} CaO + CO_2 \uparrow$$

由于窑内煅烧温度不均匀，产品中常含有少量的欠火石灰和过火石灰。欠火石灰含有未完全分解的碳酸钙内核，降低了石灰的产量；过火石灰表面有一层深褐色熔融物质，阻碍石灰的正常熟化；正火石灰质轻（表观密度为 $800\sim1000kg/m^3$）、色匀（白色或灰白色），工程性质优良。

石灰原料中常含有少量碳酸镁，煅烧时生成氧化镁。根据石灰中氧化镁的含量，将石灰分为钙质石灰（氧化镁含量不大于5%）和镁质石灰（氧化镁含量大于5%）。镁质石灰具有熟化稍慢、凝结硬化后强度较高的特点。

二、石灰的熟化与凝结硬化

（一）石灰的熟化

石灰的熟化又称消解或消化，是指生石灰加水生成氢氧化钙的过程。氢氧化钙俗称熟石灰或消石灰。石灰熟化的化学反应如下：

$$CaO + H_2O \!=\!\!=\!\! Ca(OH)_2$$

石灰熟化时放出大量的热，体积膨胀 1.0～2.5 倍。通过熟化时加水量的控制，可将熟石灰制成熟石灰粉（加水量约为生石灰质量的 70%）和熟石灰膏（加水量约为生石灰质量的 2.5～3 倍），供不同施工场合使用。

石灰膏多存放在工地现场的储灰坑中，产品含水量约 50%，表观密度为 1300～1400kg/m³。由于过火石灰熟化缓慢，为防止过火石灰在建筑物中吸收空气中水分继续熟化，造成建筑物局部膨胀开裂，石灰膏使用之前应在储灰坑中隔绝空气存放 2 周以上，使生石灰充分熟化后再用于工程，这一过程称为石灰的"陈伏"。

（二）石灰的凝结硬化

胶凝材料的凝结硬化是一个连续的物理、化学变化过程，经过凝结硬化这个过程，具有可塑性的胶凝材料能逐渐变成坚硬的固体物质。为便于研究，通常将具有可塑性的浆体逐渐失去塑性的过程，称为凝结；随着物理、化学作用的延续，浆体产生强度，并逐渐提高，最终变成坚硬的固体物质的过程，称为硬化。

石灰的凝结硬化是干燥结晶和碳化两个交错进行的过程。

1. 干燥结晶

石灰浆体中的水分被砌体部分吸收及蒸发后，石灰胶粒更加紧密，同时氢氧化钙从饱和溶液中逐渐结晶析出，使石灰浆体凝结硬化，产生强度并逐步提高。

2. 碳化

浆体中的氢氧化钙与空气中的二氧化碳发生化学反应，生成碳酸钙，反应式如下：

$$Ca(OH)_2 + CO_2 + nH_2O \!=\!\!=\!\! CaCO_3 + (n+1)H_2O$$

碳酸钙与氢氧化钙两种晶体在浆体中交叉共生，构成紧密的结晶网，使石灰浆体逐渐变成坚硬的固体物质。由于干燥结晶和碳化过程十分缓慢，且氢氧化钙易溶于水，故石灰不能用于潮湿环境及水下的建筑物中。

三、石灰的技术性质

（一）石灰的技术指标

石灰的商业品种主要有建筑生石灰（块灰）、建筑生石灰粉和建筑消石灰粉。根据我国建材行业标准《建筑生石灰》（JC/T 479—2013）、《建筑消石灰》（JC/T 481—2013）的规定，石灰产品按化学成分分为钙质石灰和镁质石灰两类，按照化学成分的含量每类分成若干个等级，各等级的化学成分和物理性质详见表 2-1 和表 2-2。

石灰的识别标志由产品名称、加工情况和产品依据标准编号组成，生石灰块在代号后加 Q，生石灰粉加 QP，如 90 级钙质生石灰粉标记为"CL 90 - QP JC/T 479—2013"。

每批产品出厂时，应向用户提供产品质量证明书。证明书中应注明生产厂家、产品名称、标记、检验结果、批号、生产日期等。

表 2-1　　　　　　　　　　　建筑生石灰技术指标（JC/T 479—2013）

产品名称、代号		化学成分				物理性质		
		氧化钙＋氧化镁（CaO＋MgO）	氧化镁（MgO）	二氧化碳（CO_2）	三氧化硫（SO_3）	产浆量/（dm³/10kg）	细度	
							0.2mm筛余量	90μm筛余量
钙质石灰	CL90-Q	≥90	≤4			≥26	—	—
	CL90-QP					—	≤2%	≤7%
	CL85-Q	≥85	≤5	≤7		≥26	—	—
	CL85-QP					—	≤2%	≤7%
	CL75-Q	≥75		≤12	≤2	≥26	—	—
	CL75-QP					—	≤2%	≤7%
镁质石灰	ML85-Q	≥85	>5	≤7			≤2%	≤7%
	ML85-QP						≤2%	≤7%
	ML80-Q	≥80						
	ML80-QP						≤7%	≤2%

表 2-2　　　　　　　　　　　建筑消石灰技术指标（JC/T 481—2013）

产品名称、代号		化学成分			物理性质			
		氧化钙＋氧化镁（CaO＋MgO）	氧化镁（MgO）	三氧化硫（SO_3）	游离水	细度		安定性
						0.2mm筛余量	90μm筛余量	
钙质消石灰	HCL90	≥90	≤5	≤2	≤2%	≤2%	≤7%	合格
	HCL85	≥85						
	HCL75	≥75						
镁质消石灰	HML85	≥85	>5					
	HML80	≥80						

（二）石灰的特性

石灰与其他材料相比，具有如下特性。

1. 拌和物可塑性好

石灰浆体的氢氧化钙颗粒极细（粒径约 1μm），比表面很大，表面能吸附一层较厚的水膜。用石灰拌制的拌和物均匀，保持水分的能力强，拌和物可塑性好。

2. 硬化过程中体积收缩大

石灰浆体需水量大，硬化时要脱去大量游离水使体积产生显著收缩。为抑制体积收缩，避免建筑物开裂，常在石灰中掺入砂、纸筋、麻刀等。

3. 硬化慢、强度低

石灰的凝结硬化过程十分缓慢，特别是表层碳酸钙薄层的形成，阻碍了浆体内部的水分蒸发及碳化向其内部的深入。硬化后的石灰强度较低，1∶3 的石灰砂浆 28d 抗压强度只有0.2～0.5MPa，受潮后强度更低。

4. 耐水性差

由于氢氧化钙易溶于水，所以石灰不能用于水工建筑物或潮湿环境中的建筑物。

四、石灰的应用与储运

1. 石灰的应用

建筑石灰主要有以下 3 个应用途径。

（1）现场配制石灰土与石灰砂浆。石灰和黏土按比例配合形成灰土，再加入砂，可配成三合土。灰土或三合土经分层夯实，具有一定的强度（抗压强度一般 4～5MPa）和耐水性，多用于建筑物的基础或路面垫层。石灰砂浆或水泥石灰砂浆是建筑工程中常用的砌筑、抹面材料。

（2）制作硅酸盐及碳化制品。以生石灰粉和硅质材料（如砂、粉煤灰、火山灰等）为基料，加少量石膏、外加剂，加水拌和成型，经湿热处理而得的制品，统称为硅酸盐制品，如蒸养粉煤灰砖及砌块等。石灰碳化制品是将石灰粉和纤维料（或集料）按规定比例混合，在水湿条件下混拌成型，经干燥后再进行人工碳化而成，如碳化砖、瓦、管材及石灰碳化板等。

（3）配制无熟料水泥。石灰是生产无熟料水泥的重要原料，如石灰矿渣水泥、石灰粉煤灰水泥和石灰火山灰水泥等。无熟料水泥具有生产成本低、工艺简单的特点。

2. 石灰的储运

生石灰在运输时应注意防雨，且不得与易燃、易爆及液体物品混运。石灰应存放在封闭严密、干燥的仓库中。石灰存放太久，会吸收空气中的水分自行熟化，与空气中的二氧化碳作用生成碳酸钙，失去胶结性。

单元二　建　筑　石　膏

石膏是一种传统的胶凝材料。我国石膏资源丰富。建筑石膏生产工艺简单，其制品质轻、防火性能好、装饰性强，具有广阔的发展前景。

一、建筑石膏的生产

生产建筑石膏的主要原料是天然二水石膏（$CaSO_4 \cdot 2H_2O$）矿石（或称生石膏），也可以是一些富含硫酸钙的化学工业副产品，如磷石膏、氟石膏等。建筑石膏是由生石膏在非密闭状态下低温焙烧，再经磨细制成的半水石膏粉。反应式如下：

$$CaSO_4 \cdot 2H_2O \xrightarrow{107\sim170℃} CaSO_4 \cdot 0.5H_2O + 1.5H_2O$$

建筑石膏晶粒较细，调制浆体时需水量较大。产品中杂质含量少，颜色洁白者可作为模型石膏。建筑石膏的密度为 $2.5\sim2.8g/cm^3$，表观密度为 $1000\sim1200kg/m^3$。

二、建筑石膏的凝结硬化

建筑石膏加水生成二水石膏，其反应式如下：

$$CaSO_4 \cdot 0.5H_2O + 1.5H_2O = CaSO_4 \cdot 2H_2O$$

二水石膏在水中的溶解度远小于半水石膏，故二水石膏首先从石膏饱和溶液中以胶粒形式沉淀析出，并不断转化为晶体。浆体中水分由于水化作用及蒸发而逐渐减少，浆体慢慢变稠，呈现凝结；随着二水石膏晶体的不断生成，相互交织形成空间晶体网，浆体逐渐硬化。

三、建筑石膏的技术性质

（一）建筑石膏的技术指标

根据《建筑石膏》（GB/T 9776—2008）的规定，建筑石膏按原材料种类分为天然建筑石膏（N）、脱硫建筑石膏（S）和磷建筑石膏（P）三类，按 2h 抗折强度分为 3.0、2.0、1.6 三个等级，各项指标见表 2-3。

建筑石膏的组成中 β 半水硫酸钙的含量应不小于 60.0%。工业副产品建筑石膏的放射性核素限量应符合《建筑材料放射性核素限量》（GB 6566—2010）的要求。

表 2-3　　　　　建筑石膏技术指标（见 GB/T 9776—2008）

等级	细度（0.2mm 方孔筛筛余）	凝结时间/min		2h 强度/MPa	
		初凝	终凝	抗折	抗压
3.0				≥3.0	≥6.0
2.0	≤10%	≥3	≤30	≥2.0	≥4.0
1.6				≥1.6	≥3.0

石膏的识别标志由产品名称、代号、等级和产品依据标准编号组成，如等级为 2.0 的天然建筑石膏标记为"N 2.0 GB/T 9776—2008"。

（二）建筑石膏的特性

1. 凝结硬化快

建筑石膏浆体凝结极快，初凝一般只需几分钟，终凝也不超过半小时。在施工过程中，如需降低凝结速度，可适量加入缓凝剂，如加入 0.1%～0.2% 的动物胶或 1% 的亚硫酸酒精废液。

2. 硬化初期有微膨胀性

建筑石膏在硬化初期能产生约 1% 的体积膨胀，充模性能好，石膏制品不易开裂。

3. 孔隙率高

建筑石膏水化反应理论需水量约 18.6%，为获得良好可塑性的石膏浆体，通常加水量达石膏质量的 60%～80%。石膏硬化后多余的水分蒸发掉，使石膏制品的孔隙率高达 40%～60%。因此，石膏制品具有表观密度小、隔热保温及吸声性能好的特点。同时，由于孔隙率大又使得石膏制品的强度降低，耐水性、抗渗性及抗冻性变差。

4. 防火性能好

硬化后的石膏制品遇到火灾时，在高温下，二水石膏中的结晶水蒸发，蒸发水分能在火与石膏制品之间形成蒸汽幕，降低了石膏表面的温度，从而可阻止火势蔓延。

四、建筑石膏的应用及储存

建筑石膏洁白细腻、装饰性强，常用于室内抹灰、粉刷；又由于建筑石膏质轻、多孔及具有良好的防火性能，常将建筑石膏制成各种建筑装饰制品及石膏板材，用作建筑物的室内隔断及吊顶等装饰材料。建筑石膏还是生产水泥、制作硅酸盐制品的重要原材料。

建筑石膏及其制品在运输和储存时，要注意防雨防潮。建筑石膏的储存期为 3 个月，过期或受潮后，强度会有一定程度的降低。

单元三　水　玻　璃

建筑上用的水玻璃是硅酸钠的水溶液，为无色、略带色的透明或半透明黏稠状液体。

一、水玻璃的生产

水玻璃的生产方法是将石英砂和碳酸钠磨细拌匀，在 $1300 \sim 1400℃$ 的玻璃熔炉内加热熔化，冷却后成为固体水玻璃，然后在高压蒸汽锅内加热溶解成液体水玻璃。反应式如下：

$$Na_2CO_3 + nSiO_2 \xrightarrow{1300 \sim 1400℃} Na_2O \cdot nSiO_2 + CO_2 \uparrow$$

硅酸钠中氧化硅与氧化钠的分子数比 "n"，称为水玻璃模数。n 越大，水玻璃的黏度越大，越难溶于水，但越容易凝结硬化。建筑上常用的水玻璃模数为 $2.6 \sim 2.8$，密度为 $1.36 \sim 1.50 g/cm^3$。

二、水玻璃的凝结硬化

水玻璃与空气中的二氧化碳反应，析出无定形二氧化硅凝胶，凝胶逐渐脱水成为氧化硅而硬化。反应式如下：

$$Na_2O \cdot nSiO_2 + CO_2 + mH_2O = Na_2CO_3 + nSiO_2 \cdot mH_2O$$

上述反应十分缓慢，为加速其硬化，常在水玻璃中加入促硬剂 "氟硅酸钠"，以加速二氧化硅凝胶的析出。反应式如下：

$$2(Na_2O \cdot nSiO_2) + mH_2O + Na_2 \cdot SiF_6 = (2n+1)SiO_2 \cdot mH_2O + 6NaF$$

氟硅酸钠的掺量为水玻璃质量的 $12\% \sim 15\%$。

三、水玻璃的技术性质

（一）水玻璃的技术指标

根据《工业硅酸钠》（GB/T 4209—2008）的规定，水玻璃（液体硅酸钠）分为 "液-1、液-2、液-3、液-4" 四种型号，各项技术指标见表 2-4。

表 2-4　　　　　水玻璃技术指标（见 GB/T 4209—2008）

型号级别 指标项目	液-1			液-2			液-3			液-4		
	优等品	一等品	合格品	优等品	一等品	合格品	优等品	一等品	合格品	优等品	一等品	合格品
铁（Fe）含量（≤）	0.02%	0.05%	—	0.02%	0.05%	—	0.02%	0.05%	—	0.02%	0.05%	—
水不溶物含量（≤）	0.10%	0.40%	0.50%	0.10%	0.40%	0.50%	0.20%	0.60%	0.80%	0.20%	0.80%	1.00%
密度（20℃）/（g/mL）	1.336～1.362			1.368～1.394			1.436～1.465			1.526～1.559		
氧化钠（Na₂O）含量（≥）	7.5%			8.2%			10.2%			12.8%		
二氧化硅（SiO₂）含量（≥）	25.0%			26.0%			25.7%			29.2%		
水玻璃模数（n）	3.41～3.60			3.10～3.40			2.60～2.90			2.20～2.50		

（二）水玻璃的特性

水玻璃具有良好的黏结性和很强的耐酸性及耐热性，硬化后具有较高的强度。

四、水玻璃的应用及储存

水玻璃在工程中常用作以下几种材料：

（1）灌浆材料。用水玻璃及氯化钙的水溶液交替灌入土壤，可加固地基。反应式如下：

$$Na_2O \cdot nSiO_2 + CaCl_2 + mH_2O = nSiO_2 \cdot (m-1)H_2O + Ca(OH)_2 + 2NaCl$$

硅胶起胶结和填充土壤的作用，使地基的承载力及不透水性提高。

（2）涂料。用水玻璃溶液对砖石材料、混凝土及硅酸盐制品表面进行涂刷或浸渍，可提高上述材料的密实度、强度和抗风化能力。

（3）耐酸材料。水玻璃能抵抗大多数无机酸（氢氟酸、过热磷酸除外）的作用，可配制耐酸胶泥、耐酸砂浆及耐酸混凝土。

（4）耐热材料。水玻璃具有良好的耐热性，可配制耐热砂浆和耐热混凝土，耐热温度可高达 1200℃。

（5）防水剂。取蓝矾、明矾、红矾和紫矾各 1 份，溶于 60 份水中，冷却至 50℃ 时投入 400 份水玻璃溶液中，搅拌均匀，可制成四矾防水剂。四矾防水剂与水泥浆调和，可堵塞建筑物的漏洞、缝隙。

（6）隔热保温材料。以水玻璃为胶凝材料，膨胀珍珠岩或膨胀蛭石为集料，加入一定量的赤泥或氟硅酸钠，经配料、搅拌、成型、干燥、焙烧而制成的制品，是良好的保温隔热材料。

水玻璃应采用清洁的铁桶、塑料桶或槽车密封后储存在通风干燥、无腐蚀的库房内。

任务二　水硬性无机胶凝材料

【学习任务及目标】　介绍工程中常用的 6 种通用硅酸盐水泥的生产、特性、技术指标、性能检测及合理选用，特性水泥的性能特点及使用要领。掌握①通用硅酸盐水泥的技术指标、性能检测及合理选用；②常见侵蚀类型及防止。理解①水硬性胶凝材料的凝结硬化机理；②硅酸盐水泥的水化特性。了解 5 种特性水泥的特点及应用。

单元一　通用硅酸盐水泥

水泥是当今用量最多的水硬性胶凝材料。在土木工程中，常用于拌制水泥砂浆、水泥混凝土，也常用作灌浆材料加固地基。水泥的种类繁多，按所含水硬性物质的不同，可分为硅酸盐系水泥、铝酸盐系水泥及硫铝酸盐系水泥等，其中以硅酸盐系水泥应用最广；按水泥的用途及性能，可分为通用水泥、专用水泥与特性水泥 3 类。通用水泥是指大量用于一般土木工程的水泥，包括硅酸盐水泥、普通水泥、矿渣水泥、火山灰水泥、粉煤灰水泥和复合水泥等六大水泥。专用水泥是指有专门用途的水泥，如砌筑水泥、道路水泥、大坝水泥等。特性水泥则是指某种性能比较突出的水泥，如快硬水泥、抗硫酸盐水泥等。

一、通用硅酸盐水泥的定义、分类、生产及矿物成分

国家标准《通用硅酸盐水泥》（GB 175—2007）规定，以硅酸盐水泥熟料、适量石膏及规定的混合材料制成的水硬性胶凝材料，称为通用硅酸盐水泥。

通用硅酸盐水泥按混合材料的品种和掺量分为硅酸盐水泥、普通硅酸盐水泥、矿渣硅酸盐水泥、火山灰质硅酸盐水泥、粉煤灰硅酸盐水泥和复合硅酸盐水泥。各品种的代号和组分应符合表 2-5 的规定。

从表 2-5 中可以看出，除Ⅰ型硅酸盐水泥外，其他通用硅酸盐水泥均掺入了数量不等的混合材料。Ⅰ型硅酸盐水泥也称为纯熟料水泥。

表 2-5　　　　　　　　　　　　　　通用硅酸盐水泥的代号和组分

品　种	代号	组　分				
		熟料＋石膏	混　合　材　料			
			粒化高炉矿渣	火山灰质混合材料	粉煤灰	石灰石
硅酸盐水泥	P·Ⅰ	100％				
	P·Ⅱ	≥95％	≤5％			
		≥95％				≤5％
普通硅酸盐水泥	P·O	≥80％且＜95％	＞5％且≤20％			
矿渣硅酸盐水泥	P·S·A	≥50％且＜80％	＞20％且≤50％			
	P·S·B	≥30％且＜50％	＞50％且≤70％			
火山灰质硅酸盐水泥	P·P	≥60％且＜80％		＞20％且≤40％		
粉煤灰硅酸盐水泥	P·F	≥60％且＜80％			＞20％且≤40％	
复合硅酸盐水泥	P·C	≥50％且＜80％	＞20％且≤50％			

通用硅酸盐水泥熟料的原料主要是石灰质原料（石灰石、白垩等）和黏土质原料（黏土、页岩等），以及辅助原料（铁矿石、砂岩等）。

通用硅酸盐水泥的生产过程可概括为"两磨一烧"。其生产过程简图如图 2-1 所示。

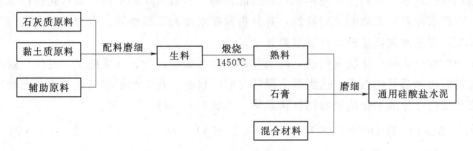

图 2-1　通用硅酸盐水泥的生产过程

通用硅酸盐水泥熟料的主要矿物成分有 4 种，其名称及分子式见表 2-6。

表 2-6　　　　　　　　　　　　通用硅酸盐水泥熟料的主要矿物成分

矿物名称	分子式	缩写形式	含　量	
硅酸三钙	$3CaO \cdot SiO_2$	C_3S	37％～60％	75％～82％
硅酸二钙	$2CaO \cdot SiO_2$	C_2S	15％～37％	
铝酸三钙	$3CaO \cdot Al_2O_3$	C_3A	7％～15％	18％～25％
铁铝酸四钙	$4CaO \cdot Al_2O_3 \cdot Fe_2O_3$	C_4AF	10％～18％	

为得到合理的熟料矿物，生产中要严格控制生料的化学成分及烧成条件。硅酸盐水泥中不含或含很少的混合材料，所以其性质由硅酸盐水泥熟料所决定。

二、通用硅酸盐水泥的凝结硬化

通用硅酸盐水泥的凝结硬化是一个复杂的物理、化学变化过程。

1. 通用硅酸盐水泥熟料的水化特性及水化生成物

水泥熟料与水发生的化学反应，简称为水泥的水化反应。通用硅酸盐水泥熟料矿物的水化反应如下：

$$2(3CaO \cdot SiO_2) + 6H_2O = 3CaO \cdot 2SiO_2 \cdot 3H_2O + 3Ca(OH)_2$$

$$2(2CaO \cdot SiO_2) + 4H_2O = 3CaO \cdot 2SiO_2 \cdot 3H_2O + Ca(OH)_2$$

$$3CaO \cdot Al_2O_3 + 6H_2O = 3CaO \cdot Al_2O_3 \cdot 6H_2O$$

$$4CaO \cdot Al_2O_3 \cdot Fe_2O_3 + 7H_2O = 3CaO \cdot Al_2O_3 \cdot 6H_2O + CaO \cdot Fe_2O_3 \cdot H_2O$$

从上述反应式可知，通用硅酸盐水泥熟料的水化产物分别是水化硅酸钙（凝胶体）、氢氧化钙（晶体）、水化铝酸钙（晶体）和水化铁酸钙（凝胶体）。通常认为，水化硅酸钙凝胶体对水泥石的强度和其他性质起着决定性的作用。4 种熟料矿物水化反应时所表现出的水化特性见表 2－7。

表 2－7   4 种熟料矿物的水化特性

名　称	硅酸三钙	硅酸二钙	铝酸三钙	铁铝酸四钙
水化速度	快	慢	最快	快
放热量	大	小	最大	中
强度	高，发展快	高，但发展慢	低	低

通用硅酸盐水泥熟料是几种矿物熟料的混合物，熟料的比例不同，其水化特性也会发生改变。掌握水泥熟料矿物的水化特性，对分析判断水泥的工程性质、合理选用水泥以及改良水泥品质，研发水泥新品种，具有重要意义。

由于铝酸三钙的水化反应极快，使水泥产生瞬时凝结，为了方便施工，在生产通用硅酸盐水泥时需掺加适量的石膏，达到调节凝结时间的目的。石膏和铝酸三钙的水化产物水化铝酸钙发生反应，生成水化硫铝酸钙针状晶体（钙矾石），反应式如下：

$$3CaO \cdot Al_2O \cdot 6H_2O + 3(CaSO_4 \cdot 2H_2O) + 19H_2O = 3CaO \cdot Al_2O \cdot 3CaSO_4 \cdot 31H_2O$$

水化硫铝酸钙难溶于水，生成时附着在水泥颗粒表面，能减缓水泥的水化反应速度。

2. 水泥熟料的凝结硬化过程及水泥石结构

通用硅酸盐水泥熟料的凝结硬化过程主要是随着水化反应的进行，水化产物不断增多，水泥浆体结构逐渐致密，大致可分为 3 个阶段。

（1）溶解期。水泥加水拌和后，水化反应首先从水泥颗粒表面开始，水化生成物迅速溶解于周围水体。新的水泥颗粒表面与水接触，继续水化反应，水化产物继续生成并不断溶解，如此继续，水泥颗粒周围的水体很快达到饱和状态，形成溶胶结构。如图 2－2（a）、（b）所示。

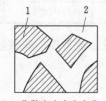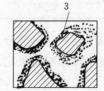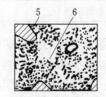

（a）分散在水中未水化 的水泥颗粒	（b）在水泥颗粒表面形成 水化物膜层	（c）膜层长大并出现 网状构造（凝胶）	（d）水化物逐步发展， 填充毛细孔（硬化）

图 2－2　水泥凝结硬化过程示意图

1—水泥颗粒；2—水分；3—凝胶；4—晶体；5—水泥颗粒的未水化内核；6—毛细孔

（2）凝结期。溶液饱和后，继续水化的产物逐渐增多并发展成为网状凝胶体（水化硅酸钙、水化铁酸钙胶体中分布有大量的氢氧化钙、水化铝酸钙及水化硫铝酸钙晶体）。随着凝胶体逐渐增多，水泥浆体产生絮凝并开始失去塑性，如图 2-2（c）所示。

（3）硬化期。凝胶体的形成与发展，使水泥的水化反应越来越困难。随着水化反应继续缓慢地进行，水化产物不断生成并填充在浆体的毛细孔中，随着毛细孔的减少，浆体逐渐硬化，如图 2-2（d）所示。

硬化后的水泥石结构由凝胶体、未完全水化的水泥颗粒和毛细孔组成。

3. 影响水泥熟料凝结硬化的主要因素

影响水泥熟料凝结硬化的因素，除了水泥熟料矿物成分及其含量外，还与下列因素有关。

（1）细度。细度指水泥颗粒的粗细程度。细度越大，水泥颗粒越细，比表面积越大，水化反应越容易进行，水泥的凝结硬化越快。

（2）用水量。水泥水化反应理论用水量约占水泥质量的 23%。加水太少，水化反应不能充分进行；加水太多，难以形成网状构造的凝胶体，延缓甚至不能使水泥浆硬化。

（3）温度和湿度。水泥的水化反应随温度升高，反应加快。负温条件下，水化反应停止，甚至水泥石结构有冻坏的可能。水泥水化反应必须在潮湿的环境中才能进行，潮湿的环境能保证水泥浆体中的水分不蒸发，水化反应得以维持。

（4）养护时间（龄期）。保持合适的环境温度和湿度，使水泥水化反应不断进行的措施，称为养护。水泥凝结硬化过程的实质是水泥水化反应不断进行的过程。水化反应时间越长，水泥石的强度越高。水泥石强度增长在早期较快，后期逐渐减缓，28d 以后显著变慢。据试验资料显示，水泥的水化反应在适当的温度与湿度的环境中可延续数年。

三、通用硅酸盐水泥的技术性质

1. 化学指标

化学指标应符合表 2-8 的规定。

表 2-8　　　　　　　　　　通用硅酸盐水泥的化学指标

品　种	代号	不溶物 （质量分数）	烧失量 （质量分数）	三氧化硫 （质量分数）	氧化镁 （质量分数）	氯离子 （质量分数）
硅酸盐水泥	P·Ⅰ	≤0.75%	≤3.0%	≤3.5%	≤5.0%	≤0.06%
	P·Ⅱ	≤1.50%	≤3.5%			
普通硅酸盐水泥	P·O	—	≤5.0%			
矿渣硅酸盐水泥	P·S·A	—	—	≤4.0%	≤6.0%	
	P·S·B	—	—		—	
火山灰质硅酸盐水泥	P·P	—	—	≤3.5%	≤6.0%	
粉煤灰硅酸盐水泥	P·F	—	—			
复合硅酸盐水泥	P·C	—	—			

2. 物理指标

（1）凝结时间。水泥的凝结时间分初凝和终凝。初凝是指自水泥加水拌和时起，至水泥浆开始失去可塑性所经历的时间；终凝是指自水泥加水拌和时起，至水泥浆完全失去可塑性所经历的时间。为保证水泥拌和物有足够的时间进行搅拌、运输和成型，初凝时间不得太短；成型后的水泥石应尽快凝结硬化，以利于后续工作的进行，故终凝时间不得太长。《通用硅酸盐水泥》（GB 175—2007）规定硅酸盐水泥初凝不小于45min，终凝不大于390min；其他5种通用硅酸盐水泥初凝不小于45min，终凝不大于600min。

相关国家标准规定，水泥的凝结时间以标准稠度的水泥净浆，在规定的温度和湿度条件下，用凝结时间测定仪测定。

（2）水泥的细度。水泥的细度是指水泥颗粒的平均粗细程度，可用筛分析法和透气式比表面仪测定。《通用硅酸盐水泥》（GB 175—2007）规定硅酸盐水泥和普通硅酸盐水泥以比表面积表示，不小于$300m^2/kg$；其他4种通用硅酸盐水泥以筛余表示，其$80\mu m$方孔筛筛余不大于10％或$45\mu m$方孔筛筛余不大于30％。

水泥的细度反映了水泥的水化活性，细度越大，水化活性越高，水泥的凝结硬化越快。但细度太大，会增加水泥生产成本，而且不易储存。

（3）安定性。用沸煮法检验必须合格。安定性是指水泥在凝结硬化过程中，体积变化的均匀性。水泥中含有过量的氧化镁、三氧化硫及游离氧化钙，会导致水泥的安定性不良，造成水泥石结构局部膨胀甚至开裂，破坏了水泥石结构的整体性，严重的会造成工程质量事故。

（4）强度。水泥的强度是指水泥胶结砂的强度。由于水泥强度随凝结硬化逐渐增长，所以国家标准规定了不同龄期的强度值，用以限定不同强度等级水泥的强度增长速度。水泥强度等级按规定龄期的抗压强度和抗折强度来划分，各强度等级水泥的各龄期强度不得低于表2-9中数值。

表 2-9　　　　通用硅酸盐水泥的强度指标（见 GB 175—2007/XG 2—2015）　　　单位：MPa

品　种	强度等级	抗压强度		抗折强度	
		3d	28d	3d	28d
硅酸盐水泥	42.5	≥17.0	≥42.5	≥3.5	≥6.5
	42.5R	≥22.0		≥4.0	
	52.5	≥23.0	≥52.5	≥4.0	≥7.0
	52.5R	≥27.0		≥5.0	
	62.5	≥28.0	≥62.5	≥5.0	≥8.0
	62.5R	≥32.0		≥5.5	
普通硅酸盐水泥	42.5	≥17.0	≥42.5	≥3.5	≥6.5
	42.5R	≥22.0		≥4.0	
	52.5	≥23.0	≥52.5	≥4.0	≥7.0
	52.5R	≥27.0		≥5.0	
矿渣硅酸盐水泥、火山灰质硅酸盐水泥、粉煤灰硅酸盐水泥	32.5	≥10.0	≥32.5	≥2.5	≥5.5
	32.5R	≥15.0		≥3.5	
	42.5	≥15.0	≥42.5	≥3.5	≥6.5
	42.5R	≥19.0		≥4.0	
	52.5	≥21.0	≥52.5	≥4.0	≥7.0
	52.5R	≥23.0		≥4.5	

品　种	强度等级	抗压强度		抗折强度	
		3d	28d	3d	28d
复合硅酸盐水泥	32.5R	≥15.0	≥32.5	≥3.5	≥5.5
	42.5	≥15.0	≥42.5	≥3.5	≥6.5
	42.5R	≥19.0		≥4.0	
	52.5	≥21.0	≥52.5	≥4.0	≥7.0
	52.5R	≥23.0		≥4.5	

注　强度等级中带"R"者为早强型水泥。

按国家标准对水泥的上述各项技术指标进行检验。通用硅酸盐水泥的水泥化学指标、凝结时间、安定性和强度的检验结果均满足上述国家标准规定，该产品为合格品，否则为不合格品。

为满足工程设计需要，常对水泥的密度和水化热进行检测。硅酸盐水泥的密度值一般为 $3.0 \sim 3.2 \mathrm{g/cm^3}$，储存过久，密度会有所降低。水泥在松散状态时的堆积密度为 $1000 \sim 1300 \mathrm{kg/m^3}$，紧密状态时可达 $1400 \sim 1700 \mathrm{kg/m^3}$。

水泥在水化反应过程中放出的热量，称为水化热。水化热大部分在 7d 之内放出，以后逐渐减少。水化热对大体积混凝土（如大坝、桥墩、大型基础）不利，对于非大体积混凝土的冬季施工，水化热有利于混凝土的凝结硬化。

四、通用硅酸盐水泥的侵蚀与防止

通常情况下，通用硅酸盐水泥硬化后具有较强的耐久性。但在某些含侵蚀性物质（酸、强碱、盐类）的介质中，由于水泥石结构存在开口孔隙，有害介质浸入水泥石内部，水泥石中的水化产物与介质中的侵蚀性物质发生物理、化学作用，反应生成物若易溶解于水，或松软无胶结力，或产生有害的体积膨胀，都会使水泥石结构产生侵蚀性破坏。

（一）侵蚀的类型

1. 溶出性侵蚀（软水侵蚀）

水泥石长期处于软水中，氢氧化钙易被水溶解，使水泥石中的石灰浓度逐渐降低，当浓度低于其他水化产物赖以稳定存在的极限浓度时，其他水化产物，如水化硅酸钙、水化铝酸钙等，也将被溶解。在流动及有压水的作用下，溶解物不断被水流带走，水泥石结构遭到破坏。

2. 酸性侵蚀

（1）碳酸侵蚀。某些工业污水及地下水中常含有较多的二氧化碳。二氧化碳与水泥石中的氢氧化钙反应生成碳酸钙，碳酸钙与二氧化碳反应生成碳酸氢钙，反应式如下：

$$Ca(OH)_2 + CO_2 + H_2O = CaCO_3 + 2H_2O$$

$$CaCO_3 + CO_2 + H_2O = Ca(HCO_3)_2$$

由于碳酸氢钙易溶于水，若被流动的水带走，化学平衡遭到破坏，反应不断向右边进行，则水泥石中的石灰浓度不断降低，水泥石结构逐渐被破坏。

（2）一般酸性侵蚀。某些工业废水或地下水中常含有游离的酸类物质，当水泥石长期与这些酸类物质接触时，产生的化学反应如下：

$$2HCl + Ca(OH)_2 = CaCl_2 + 2H_2O$$

$$H_2SO_4 + Ca(OH)_2 = CaSO_4 \cdot 2H_2O$$

生成的氯化钙易溶解于水，被水带走后，降低了水泥石的石灰浓度；二水石膏在水泥石孔隙中结晶膨胀，使水泥石结构开裂。

3. 盐类侵蚀

（1）硫酸盐侵蚀。在海水、盐沼水、地下水及某些工业废水中常含有硫酸钠、硫酸钙、硫酸镁等硫酸盐，硫酸盐与水泥石中的氢氧化钙发生反应，均能生成石膏。石膏与水泥石中的水化铝酸钙反应，生成水化硫铝酸钙。石膏和水化硫铝酸钙在水泥石孔隙中产生结晶膨胀，使水泥石结构发生破坏。

（2）镁盐侵蚀。在海水及某些地下水中常含有大量的镁盐，水泥石长期处于这种环境中，发生如下反应：

$$MgSO_4 + Ca(OH)_2 + 2H_2O = CaSO_4 \cdot 2H_2O + Mg(OH)_2$$

$$MgCl_2 + Ca(OH)_2 = CaCl_2 + Mg(OH)_2$$

生成的氯化钙易溶解于水，氢氧化镁松软无胶结力，石膏产生有害性膨胀，均能造成水泥石结构的破坏。

（二）侵蚀的防止

根据水泥石侵蚀的原因及侵蚀的类型，工程中可采取下列防止侵蚀的措施。

（1）根据环境介质的侵蚀特性，合理选择水泥品种。如掺混合材料的硅酸盐水泥具有较强的抗溶出性侵蚀能力，抗硫酸盐硅酸盐水泥抵抗硫酸盐侵蚀的能力较强。

（2）提高水泥石的密实度。通过合理的材料配比设计，提高施工质量，均可以获得均匀密实的水泥石结构，避免或减缓水泥石的侵蚀。

（3）设置保护层。必要时可在水泥石表面设置保护层，隔绝侵蚀性介质，使之不遭受侵蚀。如设置沥青防水层、不透水的水泥喷浆层及塑料薄膜防水层等，均能起到保护作用。

五、通用硅酸盐水泥的特性及其应用

通用硅酸盐水泥的熟料相同，除Ⅰ型硅酸盐水泥外，其余均在生产过程中掺入了数量不等的混合材料。

（一）混合材料

为了改善硅酸盐水泥的某些性能或调节水泥强度等级，生产水泥时，在水泥熟料中掺入人工或天然矿物材料而得到其他通用硅酸盐水泥，这种矿物材料称为混合材料。混合材料分活性混合材料和非活性混合材料两种。

1. 活性混合材料

活性混合材料是指具有微弱水硬性或潜在水硬性，在激发剂的作用下，能生成水硬性物质的矿物。混合材料的这种性质，称为火山灰性或潜在水硬性。常用的激发剂有碱性激发剂（石灰）与硫酸盐激发剂（石膏）两类。

活性混合材料常经过骤冷处理，结构呈非晶体（玻璃体）状态，内部储存有大量的化学潜能。

工程上常用的活性混合材料有以下 3 类：

（1）粒化高炉矿渣。粒化高炉矿渣是冶炼生铁时高炉中的熔融矿渣，经骤冷处理而成的粒状矿物。粒化高炉矿渣质地疏松、呈玻璃体结构，主要化学成分为二氧化硅及三氧化二铝。

（2）火山灰质混合材料。凡具有火山灰性的天然或人工的矿物质材料，统称为火山灰质混合材料。火山灰质材料中含有较多的活性氧化硅及活性氧化铝，能与石灰在常温下反应，生成水化硅酸钙及水化铝酸钙。

火山灰质混合材料品种较多，天然的主要有火山灰、凝灰岩、浮石、沸石岩、硅藻土等，人工的主要有煤矸石、烧页岩、烧黏土、硅质渣、硅粉等。

（3）粉煤灰。粉煤灰是火山灰质混合材料的一种。粉煤灰是从火力发电厂的煤粉炉烟道气体中收集的粉末，主要化学成分为氧化硅及氧化铝，含少量氧化钙，具有火山灰性质。

2. 非活性混合材料

凡不具有活性或活性甚低的人工或天然矿物质材料，统称为非活性混合材料。非活性混合材料经磨细后，掺加到水泥中，可以调节水泥强度，节约水泥熟料，还可以降低水泥的水化热。

常用的非活性混合材料，主要有磨细的石灰岩、砂岩以及活性指标低于国家标准规定的活性混合材料。非活性混合材料应具有足够的细度，不含或较少含有对水泥有害的杂质。

（二）6 种通用硅酸盐水泥的特性及其应用

硅酸盐水泥的成分基本上与硅酸盐水泥熟料相同，其性质主要由熟料的性质决定。硅酸盐水泥具有快硬早强、水化热高、抗冻性较好、耐热性较差和耐侵蚀性较差的特点。

普通硅酸盐水泥的混合材料用量较硅酸盐水泥略有增加，其性能与硅酸盐水泥基本相同，但早期强度略有降低，抗冻及耐冲磨性能稍差。

由于矿渣水泥、火山灰水泥、粉煤灰水泥及复合水泥在生产时掺加了较多的混合材料，使得这 4 种水泥中水泥熟料大为减少，又由于活性混合材料能与水泥中的水化产物发生二次反应，故上述 4 种水泥与硅酸盐水泥相比较具有以下共同特性：

（1）凝结硬化慢，早期强度低。由于水泥熟料的减少，4 种水泥中硅酸三钙及铝酸三钙的含量相应减少，使得 4 种水泥凝结硬化较慢，早期强度较低。

（2）水化热低。由于熟料矿物的减少，使发热量大的硅酸三钙、铝酸三钙含量相对减少，水泥水化放热速度减缓，水化热低，故 4 种水泥适合于大体积混凝土工程的混凝土配制。

（3）抗侵蚀能力稍强。由于熟料水化产物氢氧化钙与活性混合材料发生二次反应，易受侵蚀的氢氧化钙含量大为减少，故 4 种水泥抗溶出性侵蚀能力及抗硫酸盐侵蚀能力稍强。

（4）抗冻、耐磨性较差。水泥熟料矿物的减少，硅酸三钙、铝酸三钙这些决定水泥早强及水化热高的矿物相应减少，4 种水泥早期强度较低，故抗冻及耐磨性能较差。

（5）抗碳化能力差。熟料中的水化产物氢氧化钙参与二次反应后，水泥石中石灰浓度（碱度）降低，水泥石表层的碳化发展速度加快，碳化深度加大，容易造成钢筋混凝土中的钢筋锈蚀。

由于 4 种水泥中所掺混合材料的数量及品种有所不同，矿渣水泥、火山灰水泥及粉煤灰水泥又具有各自的特性：

矿渣难于磨细，且矿渣玻璃体亲水性差，故矿渣水泥的泌水性较大，干缩性较大；由于矿渣的耐火性强，矿渣水泥具有较高的耐热性（温度不大于 200℃）。

火山灰水泥颗粒较细，泌水性较小，在潮湿环境下养护时，水泥石结构致密，抗渗性强；但在干燥环境下，硬化时会产生较大的干缩。

粉煤灰颗粒细且呈球形（玻璃微珠），吸水性较小，故粉煤灰水泥的干缩性较小，抗裂能力强。

普通水泥、矿渣水泥、火山灰水泥、粉煤灰水泥及复合水泥的不合格品的判定标准与硅酸盐水泥相同。

上述特性决定了 6 种通用硅酸盐水泥的用途，适用范围见表 2-10。

表 2-10　　　　　　　　　通用硅酸盐水泥的选用

种类		混凝土工程特点及所处环境	优先选用	可以选用	不宜选用
普通混凝土	1	一般气候环境	普通水泥	矿渣水泥、火山灰水泥、粉煤灰水泥、复合水泥	
	2	干燥环境	普通水泥	矿渣水泥	火山灰水泥、粉煤灰水泥
	3	高湿度环境或长期处于水中	矿渣水泥、火山灰水泥、粉煤灰水泥、复合水泥	普通水泥	
	4	大体积混凝土	矿渣水泥、火山灰水泥、粉煤灰水泥、复合水泥		硅酸盐水泥、普通水泥
有特殊要求的混凝土	1	要求快硬高强（大于 C40）的混凝土	硅酸盐水泥	普通水泥	矿渣水泥、火山灰水泥、粉煤灰水泥、复合水泥
	2	严寒地区露天混凝土，寒冷地区处于水位升降范围内的混凝土	普通水泥	矿渣水泥（强度等级 32.5）	火山灰水泥、粉煤灰水泥
	3	严寒地区处于水位升降范围内的混凝土	普通水泥（强度等级 42.5）		矿渣水泥、火山灰水泥、粉煤灰水泥、复合水泥
	4	有抗渗要求的混凝土	普通水泥、火山灰水泥		矿渣水泥
	5	有抗磨要求的混凝土	硅酸盐水泥、普通水泥	矿渣水泥（强度等级 32.5）	火山灰水泥、粉煤灰水泥
	6	受侵蚀性介质作用的混凝土	矿渣水泥、火山灰水泥、粉煤灰水泥、复合水泥		硅酸盐水泥、普通水泥

单元二　特性水泥

一、快硬硅酸盐水泥

凡以硅酸盐水泥熟料和适量石膏磨细制成的，以 3d 抗压强度表示抗压强度等级的水硬性胶凝材料，称为快硬硅酸盐水泥（简称快硬水泥），分为 32.5、37.5 和 42.5 三个强度等级。

快硬硅酸盐水泥的生产方法与硅酸盐水泥基本相同，在生产过程中，通过控制生产工艺条件，减少原料中有害杂质，提高熟料中凝结硬化快的硅酸三钙及铝酸三钙含量，使制品的性质符合国家标准要求。快硬水泥中硅酸三钙含量为 50%～60%，铝酸三钙含量为 8%～14%，硅酸三钙和铝酸三钙总量应不少于 60%～65%。

快硬硅酸盐水泥具有早期强度高、水化放热量大的特点，主要用来配制早强、高强混凝土。适用于紧急抢修、低温施工及抗冲击、抗震性工程，也常用于配制高强度混凝土及预应力混凝土预制构件。

二、抗硫酸盐硅酸盐水泥

抗硫酸盐硅酸盐水泥（简称抗硫酸盐水泥）可分为中、高两种抗硫酸盐水泥，其生产方法基本上同硅酸盐水泥，主要是控制水泥熟料中的矿物成分含量，使其各项技术指标达到国家标准的要求。《抗硫酸盐硅酸盐水泥》（GB 748—2005）规定：硅酸三钙的含量对中抗硫酸盐水泥不得大于 55%，对高抗硫酸盐水泥不得大于 50%；铝酸三钙的含量对中抗硫酸盐水泥不得大于 5%，对高抗硫酸盐水泥不得大于 3%。抗硫酸盐水泥具有抗硫酸盐侵蚀能力强及水化热低的特点，适用于受硫酸盐侵蚀、受冻融和干湿作用的海港工程及水利工程。抗硫酸盐水泥分 32.5 和 42.5 两种强度等级。

三、中热硅酸盐水泥、低热硅酸盐水泥及低热矿渣硅酸盐水泥

国家标准《中热硅酸盐水泥、低热硅酸盐水泥及低热矿渣硅酸盐水泥》（GB 200—2003）规定：以适当成分的硅酸盐水泥熟料，加入适量石膏磨细制成的具有中等水化热的水硬性胶凝材料，称为中热硅酸盐水泥（简称中热水泥）。以适当成分的硅酸盐水泥熟料，加入适量石膏磨细制成的具有低水化热的水硬性胶凝材料，称为低热硅酸盐水泥（简称低热水泥）。以适当成分的硅酸盐水泥熟料，加入矿渣、适量石膏磨细制成的具有低水化热的水硬性胶凝材料，称为低热矿渣硅酸盐水泥（简称低热矿渣水泥）。中热水泥、低热水泥及低热矿渣水泥是专门为要求水化热低的大坝和大体积混凝土工程研制的，在生产过程中，控制水泥熟料中发热量大的矿物成分。其中，中热水泥熟料中的铝酸三钙含量不得超过 6%，硅酸三钙含量不得超过 55%；低热水泥中铝酸三钙含量不得超过 6%，硅酸三钙含量不得超过 40%；低热矿渣水泥中的铝酸三钙含量不得超过 8%。三种水泥的比表面积应不低于 250m²/kg；初凝时间不得早于 60min，终凝时间不得迟于 12h。安定性用沸煮法检验必须合格。

中热水泥及低热水泥主要用于大坝溢流面和水位变动区等部位，要求低水化热和较高耐磨性及抗冻性的工程；低热矿渣水泥主要用于大坝或大体积混凝土建筑物内部及水下等要求低水化热的工程。

四、铝酸盐水泥

按照国家标准《铝酸盐水泥》（GB 201—2000）规定：凡以铝酸钙为主的铝酸盐水泥熟料磨细制成的水硬性胶凝材料，称为铝酸盐水泥（旧称高铝水泥），代号 CA。

铝酸盐水泥凝结硬化快，早期强度高，水化放热量大，适用于抢建抢修和冬季施工等特殊需要工程，但不能用于大体积混凝土工程。由于铝酸盐水泥水化产物不含氢氧化钙，而且硬化后结构致密，因此它具有较强的抗硫酸盐侵蚀能力，适用于受硫酸盐侵蚀及海水侵蚀的

工程。铝酸盐水泥具有较高的耐热性，可用来配制耐火混凝土等。铝酸盐水泥还是配制不定形耐久材料，配制膨胀水泥、自应力水泥等化学建材的添加料。

在施工过程中，为防止凝结时间失控（闪凝），铝酸盐水泥一般不得与硅酸盐水泥、石灰等能析出氢氧化钙的胶凝材料混合，使用前拌和设备等必须冲洗干净。铝酸盐水泥对碱液侵蚀无抵抗能力，故不得用于接触碱性溶液的工程。用铝酸盐水泥配制的混凝土后期强度下降较大，应按最低稳定强度设计。

五、膨胀水泥

一般水泥在硬化过程中均会产生一定的收缩，收缩造成的裂缝破坏了结构的整体性，使混凝土的抗渗、抗冻、抗侵蚀等性能显著降低。膨胀水泥是由胶凝物质和膨胀剂混合制成的，这种水泥在硬化过程中能生成大量膨胀性物质，形成比较密实的水泥石结构。

膨胀水泥一般可分为以下几类：

（1）硅酸盐膨胀水泥。以硅酸盐水泥熟料、膨胀剂和石膏，按一定比例混磨而成。

（2）铝酸盐膨胀水泥。以铝酸盐水泥熟料、二水石膏和少量助磨剂，按一定比例粉磨而成。

（3）硫铝酸盐膨胀水泥。以无水硫铝酸钙和硅酸二钙为主要矿物成分的熟料，加适量石膏磨细制成。

（4）自应力水泥。线膨胀率一般为 $1\% \sim 3\%$，除补偿水泥收缩外，尚有一定的线膨胀值，在膨胀过程受到限制时（如受到钢筋的限制），水泥石本身会受到压应力，称自应力。自应力值大于 2MPa 的膨胀水泥，称为自应力水泥。

自应力水泥的膨胀作用，是由于在水泥硬化初期铝酸盐与石膏遇水化合，生成高硫型水化硫铝酸钙（钙矾石），钙矾石结晶长大使水泥石结构膨胀所致。自应力水泥主要用于制造自应力混凝土压力管及其配件。

单元三　水泥的验收与储运

水泥可以袋装或散装，袋装水泥每袋净含量 50kg，且不得少于标志质量的 99%；随机抽取 20 袋总质量不得少于 1000kg。水泥袋上应标明产品名称、代号、净含量、强度等级、生产许可证编号、生产者名称和地址、出厂编号、执行标准号以及包装的年、月、日。散装水泥交货时也应提交与袋装水泥标志相同内容的卡片。

水泥出厂前，生产厂家应按国家标准规定的取样规则和检验方法对水泥进行检验，并向用户提供试验报告。试验报告内容应包括国家标准规定的各项技术要求及其试验结果。

交货时水泥的质量验收可抽取实物试样以其检验结果为依据，也可以以水泥厂同编号水泥的检验报告为依据。采用前者验收方法，当买方检验认为产品质量不符合国家标准要求，而卖方又有异议时，则双方应将卖方保存的另一份试样送省级或省级以上国家认可的水泥质量监督检验机构进行仲裁检验；采用后者验收方法时，异议期为 3 个月。

水泥在运输与储存时，不得受潮和混入杂物，不同品种和强度等级的水泥应分别储运，不得混杂。水泥存放过久，强度会有所降低，因此国家标准规定：水泥出厂超过 3 个月（快硬水泥超过 1 个月）时，应对水泥进行复验，并按其实测强度结果使用。

任务三 水泥的试验检测

一、试验依据

水泥的试验检测以《水泥标准稠变用水量、凝结时间、安定性检验方法》（GB/T 1346—2011）、《水泥胶砂强度检验方法（ISO法）》（GB/T 17671—1999）等现行规定为依据。

二、一般规定

1. 取样方法

水泥出厂前按同品种、同强度等级进行编号、取样。每一编号为一取样单位，水泥出厂编号根据水泥厂年生产能力按国家规定进行。取样要有代表性，可连续取，亦可从20个以上不同部位取等量样品，总量不少于12kg。

2. 养护条件

实验室温度应为20±2℃,相对湿度不低于50%；湿气养护箱温度应为20±1℃,相对湿度不低于90%。试体养护池水温应在20±1℃范围内。

3. 对试验材料的要求

（1）试验前，水泥试样应充分拌匀，用0.9mm方孔筛过筛，并记录筛余物的百分数。当试验水泥从取样至试验要保持24h以上时，应把它储存在基本装满和气密的容器里，该容器应不与水泥起反应。

（2）试验用水必须是洁净的饮用水，重要试验、仲裁试验或如有争议时应以蒸馏水为准。

（3）试验用材料及试验用仪器、试模均应与实验室同温。

三、试验

（一）水泥细度测定

1. 试验目的

水泥的细度与水泥的物理力学性质有关，故应对水泥细度进行测定。

2. 主要设备

负压筛析仪：由筛座、负压筛（图2-3）、负压源及收尘器组成。筛座由转速30±2r/min的喷气嘴、负压表、微电机及壳体组成。负压筛为边长0.8mm的方孔铜布筛，上设透明盖，密封性良好。

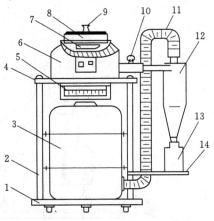

图2-3 负压筛结构示意图

1—底座；2—立柱；3—吸尘器；4—面板；5—负压筛；6—筛析仪；7—喷嘴；8—试验筛；9—筛盖；10—气压接头；11—吸尘软管；12—收尘器；13—收集容器；14—把座

3. 试验方法（负压筛法）

（1）置负压筛于筛座上并盖上筛盖，接通电源，检查控制系统，调节负压至4000～6000Pa。

（2）称取试样25g置于洁净的负压筛中，盖上筛盖，开动筛析仪，连续筛析2min，筛析中如有试样附在筛盖上，应轻轻敲击，使试样落下。筛毕，称量筛余物。

（3）试验结果计算。水泥细度按试样筛余百分数计算：

$$F=\frac{R_s}{W}\times100\%$$

(2-1)

式中　F——试样筛余百分数（%）；

　　　R_s——水泥筛余物的质量，g；

　　　W——水泥试样质量，g。

以一次检验结果作为鉴定结果。

（二）水泥标准稠度用水量测定

1. 试验目的及原理

为水泥凝结时间和安定性测定提供标准稠度水泥净浆。水泥净浆对标准试杆（或试锥）的沉入具有一定的阻力；通过试验不同含水量水泥净浆的穿透性，以确定水泥标准稠度净浆中所需加入的水量。

2. 主要仪器

（1）水泥净浆搅拌机。由搅拌锅、搅拌叶片、传动机构和控制系统组成。搅拌叶片做旋转方向相反的公转和自转，控制系统可自动控制或手动控制。

（2）标准法维卡仪。如图2-4所示，由金属滑杆（下部可旋接测标准稠度用试杆或试

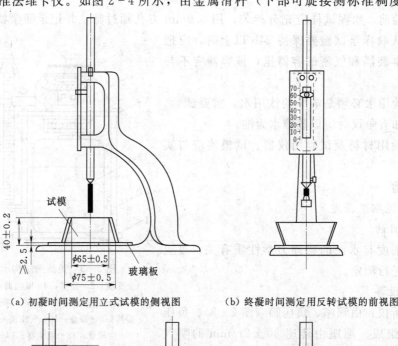

（a）初凝时间测定用立式试模的侧视图　　　（b）终凝时间测定用反转试模的前视图

（c）标准稠度试杆　　（d）初凝用试针　　（e）终凝用试针

图2-4　标准法维卡仪（单位：mm）

锥、测凝结时间用试针，滑动部分的总质量为 300±1g）、底座、松紧螺丝、标尺和指针组成。标准法采用金属圆模。

（3）其他仪器。天平：最大称量不小于 1000g，分度值不大于 1g；量筒：最小刻度为 0.1mL，精度 1%。

3. 试验方法

（1）标准法。

1）仪器设备检查。维卡仪的金属滑杆能自由滑动；调整至试杆接触玻璃板时指针对准零点；搅拌机运转正常。

2）水泥净浆制备。搅拌锅和搅拌叶片先用湿布擦过，将拌和用水倒入搅拌锅内，然后在 5~10s 内小心将称好的 500g 水泥加入水中；拌和时，先将锅放在搅拌机的锅座上，升至搅拌位置，启动搅拌机，低速搅拌 120s，停 15s，同时将叶片和锅壁上的水泥浆刮入锅内，再高速搅拌 120s 后停机。

3）标准稠度用水量的测定。将拌制好的水泥净浆装入已置于玻璃板上的圆模中，用小刀插捣并轻轻振动数次，刮去多余的净浆；抹平后迅速将试模和玻璃底板移到维卡仪上，并将其中心定在试杆下，降低试杆至与水泥浆表面接触，拧紧螺丝 1~2s 后，突然放松，使试杆自由地沉入水泥浆中。在试杆停止沉入或释放试杆 30s 时，记录试杆距底板之间的距离。以试杆沉入净浆并距底板 6±1mm 的水泥净浆为标准稠度净浆。其拌和用水量为该水泥的标准稠度用水量（P），按水泥质量的百分数计算。

（2）代用法。

1）仪器设备检查。稠度仪金属滑杆应能自由滑动；试锥降至模顶面位置时，指针应对准标尺零点；搅拌机运转正常。

2）水泥净浆制备。同标准法。

3）标准稠度用水量的测定。有调整水量法和固定水量法两种方法，可用任一种测定，如发生争议时以调整水量法为准。

拌和水量按调整水量法时应按经验找水；按固定水量法时，拌和用水量为 142.5mL。拌和结束后，立即将拌和好的净浆装入锥模，用小刀插捣，振动数次，刮去多余净浆。抹平后放到试锥下面的固定位置上，调整金属棒使锥尖接触净浆并固定松紧螺丝 1~2s，然后突然放松，让试锥垂直自由地沉入水泥浆中。在试锥停止下沉或释放试锥 30s 时记录试锥下沉深度。整个操作应在搅拌后 1.5min 内完成。

4）结果处理。用调整水量法时，当试锥下沉深度为 28±2mm 时的净浆为标准稠度净浆，其拌和用水量即为标准稠度用水量（P），按水泥质量的百分数计算。若试锥下沉深度超出范围，应重新称样，调整水量，重新试验，直至达到 28±2mm 为止。

用固定水量法测定时，依测定的试锥下落深度 S(mm)，按下式计算 P(%)：

$$P=33.4-0.185S \tag{2-2}$$

当试锥下沉深度小于 13mm 时，应改用调整水量法。

（三）凝结时间测定

1. 试验目的及原理

测定水泥初凝及终凝时间，评定水泥质量。凝结时间以试针沉入水泥标准稠度净浆至一定深度所需的时间表示。

2. 主要仪器设备

(1) 湿气养护箱。温度控制在 20±2℃,相对湿度大于 90%。

(2) 其他同标准稠度用水量测定试验。

3. 试验方法

(1) 仪器准备。将维卡仪金属滑杆下的试杆(试锥)改为试针,调整凝结时间测定仪的试针,接触玻璃板时指针对准标尺零点。

(2) 试件制备。制备标准稠度净浆后,立即一次装入圆模,振动数次刮平,然后放入湿气养护箱内。记录水泥全部加入水中的时间作为凝结时间的起始时间。

(3) 初凝时间测定。试件在湿气养护箱中养护至加水后 30min 时进行第一次测定。测定时,从养护箱中取出圆模放到试针下,使试针与净浆表面接触,拧紧螺丝 1~2s 后,突然放松,试针垂直自由沉入净浆。观察试针停止下沉或释放试针 30s 时指针的读数。当试针沉至距底板 4±1mm 时,水泥达到初凝状态。从水泥全部加入水中至初凝状态的时间为水泥的初凝时间,用 "min" 表示。

(4) 终凝时间测定。完成初凝时间测定后,立即将试模连同浆体以平移的方式从玻璃板上取下,翻转 180°。直径大端向上,放在玻璃板上,再放入养护箱中,临近终凝时每隔 15min 测定一次,当试针沉入浆体 0.5mm 时,即终凝针上的环形附件开始不能在试体上留下痕迹时,水泥达到终凝状态。水泥全部加入水中至终凝状态的时间为水泥的终凝时间,用 "min" 表示。

(5) 测定时应注意的问题。在最初测定时,应轻轻扶持金属滑杆,以防止试针撞弯,但结果必须以自由下落为准。在整个测试过程中,试针沉入的位置距离圆模内壁至少 10mm。临近初凝时,每隔 5min 测一次,临近终凝时每隔 15min 测一次。到达初凝或终凝状态时应立即重复测一次,当两次结果相同时才能定为到达初凝或终凝状态。每次测试不得让试针落入原针孔,每测一次要将针擦干净并将圆模放回湿气养护箱内,整个测试过程中圆模要轻拿轻放,不得受震动。

(四) 体积安定性测定

1. 试验目的及原理

检验水泥硬化后体积变化的均匀性。雷氏法是观测两个试针的相对位移;试饼法是观测水泥试饼的外形变化来判断水泥体积的安定性。

2. 主要仪器设备

(1) 沸煮箱。箱内装入的水,应保证在 30±5min 内由室温至沸腾,并保持 3h 以上,沸煮过程中不得补充水。

(2) 雷氏夹。如图 2-5 所示,由标准弹性铜板制成。当一根指针根部悬挂在一根尼龙丝上,另一根指针的根部挂上 300g 的砝码时,两根针针尖的距离增加应该在 17.5±2.5mm 范围内,如图 2-5 所示,去掉砝码后针尖的距离能恢复到挂砝码前的状态。

(3) 雷氏夹膨胀测定仪。如图 2-6 所示,标尺最小刻度为 0.5mm。

(4) 其他同标准稠度用水量试验。

3. 试验方法

试验方法用标准法(雷氏法)。操作步骤如下:

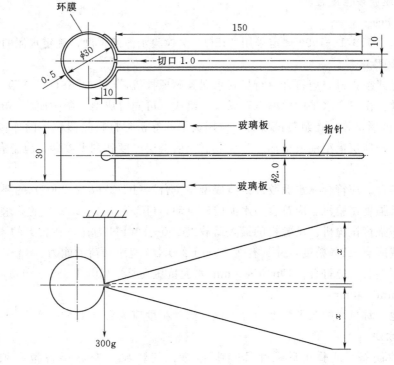

图 2-5　雷氏夹及其受力示意图

（1）准备工作。两个平行试验的雷氏夹均配备 75～85g 的玻璃板两块，凡与水泥浆接触的玻璃板和雷氏夹内表面都要稍稍涂上一层油。

（2）试件成型将雷氏夹预先放在涂油的玻璃板上，立即将制好的标准稠度净浆一次装入雷氏夹。边装边用小刀插捣数次并抹平，盖上玻璃板，立即移到湿气养护箱中养护 24±2h。

（3）沸煮。沸煮结束后，立即脱去玻璃板取下试件，先测量雷氏夹指针尖端间的距离（A），精确到 0.5mm，然后将试件放在沸煮箱水中的试件架上，指针朝上，接着在 30±5min 内加热至沸腾并恒沸 180±5min。

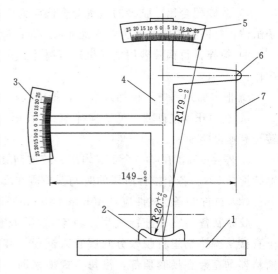

图 2-6　雷氏夹膨胀测定仪

1—底座；2—模子座；3—秘弹性标尺；4—立柱；
5—测膨胀值标尺；6—悬臂；7—悬丝

（4）结果判别。沸煮结束后，立即放掉沸煮箱中的热水，打开箱盖，待箱体冷却至室温，取出试件进行判别。测量雷氏夹指针尖端间的距离（C），精确到 0.5mm。当两个试件沸煮后增加距离（$C-A$）的平均值不大于 5.0mm 时，即认为该水泥安定性合格。当两个试件的（$C-A$）值相差超过 4.0mm 时，应用同一样品立即重做一次试验，若结果再如此，则认定该水泥安定性不合格。

（五）水泥胶砂强度检验

1. 试验目的

根据 GB/T 17671—1999 规定采用"ISO"法检验水泥的强度，确定水泥的强度等级。

2. 主要仪器设备

（1）行星式搅拌机。应符合《行星式水泥胶砂搅拌机》（JC/T 681—1997）的要求。

（2）试模。由三个水平的模槽（三联模）组成，可同时成型三条截面为 40mm×40mm、长 160mm 的棱形试体。在组装试模时，应用黄干油等密封材料涂覆模型的外接缝，试模的内表面应涂上一薄层模型油或机油。为控制试模内料层厚度和刮平胶砂，应备有两个播料器和一个金属刮平直尺。

（3）振实台。应符合《水泥胶砂试体成型振实台》（JC/T 682—2005）的要求。

（4）抗折强度试验机。应符合《水泥胶砂电动》（JC/T 724—2005）的要求。

（5）抗压强度试验机。试验机的最大荷载以 200～300kN 为佳，在较大的 4/5 量程范围内记录的荷载应有 ±1% 精度，并具有按 2400±200N/s 速率加荷的能力。

（6）抗压夹具。应符合《40mm×40mm 水泥抗压夹具》（JC/T 683—2005）的要求，受压面积为 40mm×40mm。

（7）其他。称量用的天平精度应为 ±1g，滴管精度应为 ±1mL。

3. 试验方法

（1）胶砂制备。试验用砂采用 ISO 标准砂：其颗粒分布和湿含量必须符合 GB/T 17671—1999 的要求。

1）胶砂配合比。胶砂的质量配合比应为 1 份水泥、3 份标准砂和半份水。一锅胶砂成 3 条试体，每锅材料需要量为：水泥 450±2g；标准砂 1350±5g；水 225±1g。

2）搅拌。每锅胶砂用搅拌机进行搅拌。先使搅拌机处于待工作状态，然后按以下程序操作：

a. 把水加入锅中，再加入水泥，把锅放在固定架上，上升至固定位置。

b. 立即开动搅砂器，低速搅拌 30s，在第二个 30s 开始的同时均匀地将砂加入。把机器转至高速再拌 30s。

c. 停拌 90s，在第一个 15s 内用一胶皮刮具将叶片和锅壁上的胶砂刮入锅中。在高速下继续搅拌 60s。各个搅拌阶段的时间误差应在 ±1s 以内。

（2）试件制备。试件应是 40mm×40mm×160mm 的棱柱体。

胶砂制备后立即进行成型。将空试模和模套固定在振实台上，用一个大小适当的勺子直接从搅拌锅里将胶砂分两层装入试模。装第一层时，每个槽里约放 300g 胶砂，用大播料器垂直架在模套顶部，沿每个模槽来回一次将料层播平，接着振实 60 次。再装入第二层胶砂，用小播料器播平，再振实 60 次。移走模套，从振实台上取下试模，用一金属直尺以近似 90° 的角度架在试模模顶的一端，然后沿试模长度方向以横向锯割动作慢慢向另一端移动。一次将超过试模部分的胶砂刮去，并用同一直尺在近乎水平的情况下将试件表面抹平。

在试模上做标记标明试件编号和试件相对于振实台的位置。

（3）试件养护。

1）脱模前的处理和养护。去掉试模四周的胶砂，立即放入雾室或湿箱的水平架上养护，湿空气应能与试模各边接触。养护时不应将试模放在其他试模上，一直养护到规定的脱模时间再取出试件。脱模前用防水墨汁或颜料笔给试件编号，两个以上龄期的试件，在编号时应将同一试模中的三条试件分在两个以上龄期内。

2）脱模。脱模可用塑料锤、橡皮榔头或专门的脱模器，应非常小心。对于 24h 龄期的，应在破型试验前 20min 内脱模。对于 24h 以上龄期的，应在成型后 20～24h 之间脱模。

3）水中养护。将脱模后已做好标记的试件立即水平或竖直放在 20±1℃水中养护，水平放置时刮平面应朝上。

试件放在不易腐烂的算子上，并彼此间保持一定距，以让水与试件的 6 个面接触。养护期间试件之间间隔或试件上表面的水深不得小于 5mm。每个养护池只养护同类型的水泥试件。不允许在养护期间全部换水。

除 24h 龄期或延迟至 48h 脱模的试件外，任何到龄期的试件应在破型前 15min 从水中取出。揩去试件表面沉积物，并用湿布覆盖至试验为止。

（4）试件强度测定。试件龄期是从水泥加水开始搅拌时算起的。不同龄期强度试验在下列时间里进行：24h±15min；48h±30min；72h±45min；7d±2h；不小于 28d±8h。

1）抗折强度测定。将试件一个侧面放在试验机支撑圆柱上，试件长轴垂直于支撑圆柱，通过加荷圆柱以 50±10N/s 的速率均匀地将荷载垂直地加在棱柱体相对侧面上，直至折断。

保持两个半截棱柱体处于潮湿状态直至抗压试验。

抗折强度按下式计算：

$$f_{tm} = \frac{1.5PL}{B^3} \qquad (2-3)$$

式中　f_{tm}——抗折强度，MPa，计算精确至 0.1MPa；

　　　P——折断时施加于棱柱体中部的荷载，N；

　　　L——支撑圆柱之间的距离，mm；

　　　B——棱柱体正方形截面的边长，mm。

2）抗压强度测定。将半截棱柱体放入抗压夹具中，加压在半截棱柱体的侧面上进行。加荷速率控制在 2400+200N/s 的范围内。

抗压强度按下式计算：

$$f_c = \frac{P}{A} \qquad (2-4)$$

式中　f_c——抗压强度，MPa，计算精确至 0.1MPa；

　　　P——破坏时的最大荷载，N；

　　　A——受压部分面积，mm²。

（5）结果处理。以一组 3 个棱柱体抗折强度结果的平均值作为试验结果。当 3 个强度值中有超出平均值±10%时，应剔除后再取平均值作为抗折强度试验结果。

以一组 3 个棱柱体上得到的 6 个抗压强度测定值的算术平均值作为试验结果。如 6 个测定值中有 1 个超出 6 个平均值的±10%，应剔除这个结果，以剩下 5 个的平均数为结果。若 5 个测定值中再有超过它们平均值±10%的，则此组结果作废。

复习思考题

1. 气硬性胶凝材料与水硬性胶凝材料的凝结硬化条件有何不同？

2. 生石灰运抵施工现场后为何不宜存放过久？使用石灰膏时为何还需"陈伏"一段时间后方可使用？

3. 水泥石的侵蚀类型及防止措施有哪些？

项目三 水泥混凝土

任务一 混凝土概述

【**学习任务和目标**】 介绍了水泥混凝土的分类，水泥混凝土各组成材料的技术要求以及混凝土配合比设计和混凝土质量评定方法等内容。掌握混凝土的概念和基本性质。理解①混凝土组成材料在混凝土中的作用及其质量对混凝土的影响；②影响混凝土和易性和强度性能的主要因素；③混凝土配合比设计的基本方法；④混凝土的质量评价及控制方法。了解混凝土的优缺点。

一、混凝土的定义及分类

（一）定义

由胶凝材料、细骨料、粗骨料、水以及必要时掺入的外加剂、掺合料，按适当比例配合，经均匀拌和，密实成型及养护硬化而成的具有一定强度和耐久性的人造石材，称为混凝土。

（二）分类

1. 按胶凝材料分类

混凝土按所用胶凝材料分为水泥混凝土、石膏混凝土、水玻璃混凝土、硅酸盐混凝土、沥青混凝土、聚合物水泥混凝土、聚合物浸渍混凝土等。

2. 按表观密度分类

（1）重混凝土。表观密度大于 $2800kg/m^3$，一般采用密度很大的重质骨料，如重晶石、铁矿石、钢屑等配制而成，具有防射线、耐磨等特性。

（2）普通混凝土。表观密度为 $2000\sim2800kg/m^3$，以水泥为胶凝材料，以天然砂石为骨料配制而成的混凝土。普通混凝土是建筑工程中应用最广、用量最大的混凝土，主要用作建筑工程的承重结构材料。

（3）轻混凝土。表观密度小于 $1950kg/m^3$。轻混凝土按组成材料可分为轻骨料混凝土、多孔混凝土、大孔混凝土三类，按用途可分为结构用、保温用和结构兼保温用混凝土。常用作绝热、隔声或承重材料。

3. 按用途分类

混凝土按其用途可分为结构混凝土、防水混凝土、耐热混凝土、道路混凝土、耐酸混凝土、装饰混凝土、大体积混凝土、膨胀混凝土、防辐射混凝土、抗冲磨混凝土等。

4. 按生产工艺和施工方法分类

混凝土按其生产工艺可分为预拌混凝土（商品混凝土）和现场拌制混凝土；按其施工方法可分为泵送混凝土、喷射混凝土、碾压混凝土、离心混凝土、挤压混凝土、真空吸水混凝土等。

5．按强度分类

混凝土按其强度高低可分为普通混凝土、高强混凝土和超高强混凝土。普通混凝土的强度等级一般在 C60 级以下；高强混凝土的强度等级大于或等于 C60 级；超高强混凝土的抗压强度在 100MPa 以上。

二、混凝土的特点

1．优点

（1）原料资源丰富，造价低廉。普通混凝土组成材料中，按体积计算约 70％以上为天然砂、石子，因此可就地取材，降低成本。

（2）良好的可塑性。可以根据需要浇筑成任意形状的构件，即混凝土具有良好的可加工性。

（3）配制灵活，适应性强。按照工程要求和使用环境的不同，不需要采取更多的工艺措施，只需改变混凝土各组成材料的品种和比例，就能配制出不同品种和技术性能的混凝土。

（4）抗压强度高。混凝土硬化后的强度可达 100MPa 以上，是一种较好的结构材料。

（5）能和钢筋协同工作。混凝土与钢筋有着牢固的握裹力，且两者线膨胀系数大致相同，复合而成钢筋混凝土能互补优劣，混凝土强度得到增强，而混凝土对钢筋还有良好的保护作用，大大拓宽了混凝土的应用范围。

（6）耐久性好。性能良好的混凝土具有很高的抗冻性、抗渗性及耐腐蚀性等，通常能使用几十年，甚至数百年。混凝土一般不需维护和保养，即使需要也很简单，故日常维修费很低。

（7）耐火性好。普通混凝土的耐火性远比木材、塑料和钢材好，可耐数小时的高温作用而仍保持其力学性能，有利于及时扑救火灾。

（8）装饰性好。如果混凝土施工时采取适当的工艺方法和措施，在其表面形成一定的造型、线型、质感或色泽，就可使混凝土展现出独特的装饰效果。

2．缺点

（1）自重大。混凝土的表观密度大约为 2400kg/m³，造成在建筑工程中形成肥梁、胖柱、厚基础的现象，对高层、大跨度建筑不利，不利于提高有效承载能力，也给施工安装带来一定困难。

（2）抗拉强度低。混凝土是一种脆性材料，抗拉强度约为抗压强度的 1/20～1/10，因此受拉易产生脆性破坏。

（3）硬化较缓慢，生产周期长。混凝土浇筑成型受气候（温度、湿度）影响，同时需要较长时间养护才能达到一定的强度。

（4）导热系数大，保温隔热性能差。普通混凝土的导热系数约为 1.4W/(m·K)，是砖的两倍，保温隔热性能差。

此外，混凝土的质量受原材料质量、施工工艺、施工人员、施工条件和气温的变化等方面的影响因素较多，难以得到精确控制。但随着混凝土技术的不断发展，混凝土的不足正在不断被克服。

三、水泥混凝土的组成材料及其作用

水泥混凝土是以水泥、砂、石子、水以及必要时掺入的外加剂、掺合料为原料，经搅拌、成型、养护、硬化而成的一种人造石材。其中，砂、石子称为骨料，主要起骨架作用，砂填充石子的空隙，砂和石子构成的坚硬骨架可抑制由于水泥浆硬化和水泥石干缩而产生的收缩。水泥与水形成水泥浆，水泥浆包裹在骨料表面并填充其空隙。在混凝土硬化前，水泥浆主要起润滑作用，赋予混凝土拌和物一定的流动性，以便于施工；水泥浆硬化后主要起胶结作用，将砂、石骨料胶结成为一个坚实的整体，并使混凝土具有一定的强度。混凝土的结构如图 3-1 所示。

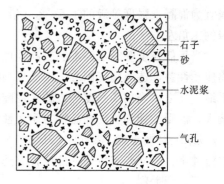

图 3-1 混凝土结构

任务二 水泥混凝土

【学习任务及目标】 介绍水泥混凝土组成材料的技术要求，混凝土拌和物及硬化混凝土性能及评定指标，混凝土配合比设计方法及混凝土质量控制方法。掌握①集料颗粒级配的评定，细度模数、粗集料最大粒径的确定；②混凝土拌和物和易性的涵义及影响混凝土和易性的主要因素；③影响混凝土强度的因素及提高强度的措施；④影响混凝土耐久性的因素及提高耐久性的措施；⑤混凝土配合比设计的方法。理解①混凝土组成材料在混凝土中的作用及其质量要求；②混凝土配合比设计原理；③混凝土的质量评价及控制方法。了解常见混凝土外加剂及掺合料的种类与作用原理。

单元一 水泥混凝土的组成材料

水泥混凝土是用于水利水电工程的挡水、发电、泄洪、输水、排沙等建筑物，密度为 $2400kg/m^3$ 左右的水泥基混凝土。水泥混凝土是由水泥、砂、石、水、外加剂和掺合料组成。混凝土的技术性质在很大程度上是由原材料的性质及其相对含量决定的。

一、水泥

水泥的选择直接关系到混凝土的耐久性和经济性。

1. 品种的选择

配制混凝土的水泥品种，应根据混凝土的工程特点及所处的环境条件并结合水泥的性能，进行合理地选择。

《水工混凝土施工规范》（SL 677—2014）规定：水位变化区外部、监流面及经常受水流冲刷、有抗冻要求的部位，宜选用中热硅酸盐水泥或低热硅酸盐水泥，也可选用硅酸盐水泥和普通硅酸盐水泥。内部混凝土、水下混凝土和基础混凝土，宜选用中热硅酸盐水泥、低热硅酸盐水泥和普通硅酸盐水泥，也可选用低热微膨胀水泥、低热矿渣硅酸盐水泥、矿渣硅酸盐水泥、火山灰质硅酸盐水泥、粉煤灰硅酸盐水泥。环境水对混凝土有硫酸盐侵蚀性时，宜选用抗硫酸盐硅酸盐水泥。受海水、盐雾作用的混凝土，宜选用矿渣硅酸盐水泥。

2. 强度等级的选择

水泥的强度等级应与设计的混凝土的强度等级相适应，对于一般的混凝土，水泥强度等级宜为混凝土强度等级的 1.5～2.0 倍。配制高强混凝土时，水泥强度等级为混凝土强度等级的 1 倍左右。

当用低强度等级水泥配制较高强度等级混凝土时，水泥用量过大，水胶比过小而使拌和物流动性差，造成施工困难，不易成型密实，不但不经济，而且显著增加混凝土的水化热和干缩。反之，当用高强度等级的水泥配制较低强度等级的混凝土时，水泥用量偏小，水胶比偏大，混凝土拌和物的和易性与耐久性较差。

《水工混凝土施工规范》（SL 677—2014）规定：对于水位变化区外部、溢流面及经常受水流冲刷、抗冻要求较高的部位，宜选用较高强度等级的水泥。

二、细骨料

砂是混凝土中的细骨料。《水利水电工程天然建筑材料勘察规程》（SL 251—2015）规定：水工混凝土用细骨料是指粒径小于 5mm 且大于等于 0.075mm 的岩石颗粒。砂按产源分为天然砂和人工砂（机制砂）两大类。

天然砂是指自然生成的岩石颗粒，包括河砂、湖砂、山砂、淡化海砂，但不包括软质、风化的岩石颗粒。山砂和海砂含杂质较多，拌制的混凝土质量较差。河砂颗粒坚硬、含杂质较少，拌制的混凝土质量较好，在工程中应用普遍。人工砂是指经除土处理，经机械破碎、筛分制成的岩石、矿山尾矿或工业废渣颗粒，但不包括软质、风化的颗粒。

《水工混凝土施工规范》（SL 677—2014）对细骨料总的品质要求是：质地坚硬、清洁、级配良好、粗细适当。细骨料品质要求见表 3-1。

表 3-1　　　　　　　　　　细骨料的品质要求（见 SL 677—2014）

项　　目		指　标	
		天然砂	人工砂
表观密度/(kg/m³)		≥2500	
细度模数		2.2～3.0	2.4～2.8
石粉含量		—	6%～18%
表面含水率		≤6%	
含泥量	设计龄期强度等级≥30MPa 和有抗冻要求的混凝土	≤3	—
	设计龄期强度等级＜30MPa	≤5	
坚固性（质量损失）	有抗冻和抗侵蚀要求的混凝土	≤8	
	无抗冻要求的混凝土	≤10	
泥块含量		不允许	
硫化物及硫酸盐含量		≤1%	
云母含量		≤2%	
轻物质含量		≤1%	—
有机质含量		浅于标准色	不允许

1. 颗粒级配和粗细程度

砂粒之间存在空隙，空隙由水泥浆所填充。从图 3-2 可以看出，同一粒径组成的砂，空隙率最大，如图 3-2（a）所示；两种粒径搭配的砂，空隙率有所减小，如图 3-2（b）所示；多种粒径搭配的砂，空隙率较小，如图 3-2（c）所示。

 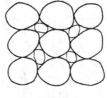 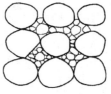

（a）同一粒径　　　　　　　　（b）两种粒径　　　　　　　　（c）多种粒径

图 3-2　骨料颗粒级配示意图

（1）颗粒级配。颗粒级配是指各种粒径（各粒级）的砂按比例搭配的情况，即粗细搭配的情况。颗粒级配良好的砂，颗粒之间搭配适当，大颗粒之间的空隙由小一级颗粒填充，这样颗粒之间逐级填充，能使砂的空隙率达到最小，从而达到节约水泥的目的。

（2）粗细程度。粗细程度是指各粒级的砂搭配在一起后的平均粗细程度。砂颗粒越粗，其总表面积较小，包裹砂颗粒表面的水泥浆数量可减少，也可达到节约水泥的目的。

在选择砂时，既要考虑砂的颗粒级配，又要考虑砂的粗细程度。

《水工混凝土砂石骨料试验规程》（DL/T 5151—2014）规定：砂的颗粒级配和粗细程度采用筛分法测定。筛分试验采用的标准砂筛，由 7 个标准筛及底盘组成，筛孔尺寸分别为 10mm、5mm、2.5mm、1.25mm、0.63mm、0.315mm 和 0.16mm。称取烘干至恒量的砂 500g，将砂倒入按筛孔尺寸从大到小排列的标准砂筛中，按规定方法进行筛分后，称量各号筛的筛余量，并分别计算出各号筛的分计筛余百分率和累计筛余百分率，具体计算方法见表 3-2。

表 3-2　　　　　　　　　　分计筛余百分率和累计筛余百分率的计算

筛孔尺寸/mm	筛余量/g	分计筛余百分率	累计筛余百分率
5	m_1	a_1	$A_1 = a_1$
2	m_2	a_2	$A_2 = a_1 + a_2$
1.25	m_3	a_3	$A_3 = a_1 + a_2 + a_3$
0.63	m_4	a_4	$A_4 = a_1 + a_2 + a_3 + a_4$
0.315	m_5	a_5	$A_5 = a_1 + a_2 + a_3 + a_4 + a_5$
0.16	m_6	a_6	$A_6 = a_1 + a_2 + a_3 + a_4 + a_5 + a_6$

根据各号筛的累计筛余百分率测定值绘制筛分曲线，筛分曲线应符合《水利水电工程天然建筑材料勘察规程》（SL 251—2015）规定，即实测得到的曲线应落入图 3-3 任意 3 个曲线范围内。水泥混凝土用砂以中砂区为宜。中砂区的砂使混凝土拌和物获得良好的和易性；粗砂区的砂由于砂颗粒偏粗，配制的混凝土流动性大，但黏聚性和保水性较差，因此应适当提高砂率，以保证混凝土拌和物的和易性；细砂区的砂由于颗粒偏细，配制的混凝土黏聚性和保水性较好，但流动性较差，因此应适当减小砂率，以保证混凝土硬化后的强度。

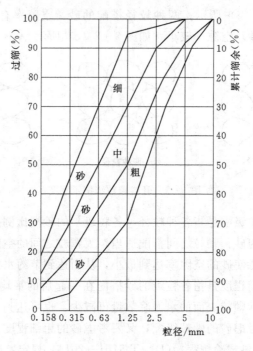

图 3-3 砂的级配区曲线图（SL 251—2015）

砂的粗细程度，用细度模数表示：

$$F \cdot M = \frac{(A_2 + A_3 + A_4 + A_5 + A_6) - 5A_1}{100 - A_1} \tag{3-1}$$

式中 $F \cdot M$——细度模数；

A_1、A_2、A_3、A_4、A_5、A_6——分别为 5.00mm、2.50mm、1.25mm、0.63mm、0.315mm、
                    0.16mm 筛的累计筛余百分率（%）。

混凝土用砂按细度模数的大小分为粗砂、中砂和细砂 3 种。粗砂：$F \cdot M = 3.1 \sim 3.7$；
中砂：$F \cdot M = 2.3 \sim 3.0$；细砂：$F \cdot M = 1.6 \sim 2.2$。

【案例 3-1】 某工程用天然砂，用 500g 烘干砂进行筛分试验，测得各号筛的筛余量见
表 3-3。试评定该砂的级配和粗细程度。

表 3-3   **烘干砂的各筛筛余量**

筛孔尺寸/mm	筛余量/g	分计筛余百分率	累计筛余百分率
5.00	31	$a_1 = 6.2\%$	$A_1 = 6.2\%$
2.50	42	$a_2 = 8.4\%$	$A_2 = 6.2\% + 8.4\% = 14.6\%$
1.25	53	$a_3 = 10.6\%$	$A_3 = 6.2\% + 8.4\% + 10.6\% = 25.2\%$
0.63	198	$a_4 = 39.6\%$	$A_4 = 6.2\% + 8.4\% + 10.6\% + 39.6\% = 64.8\%$
0.315	102	$a_5 = 20.4\%$	$A_5 = 6.2\% + 8.4\% + 10.6\% + 39.6\% + 20.4\% = 85.2\%$
0.16	70	$a_6 = 14.0\%$	$A_6 = 6.2\% + 8.4\% + 10.6\% + 39.6\% + 20.4\% + 14.0\% = 99.2\%$
筛底	4		

解 （1）计算细度模数：

$$F \cdot M = \frac{(A_2 + A_3 + A_4 + A_5 + A_6) - 5A_1}{100 - A_1}$$

$$= \frac{(14.6 + 25.2 + 64.8 + 85.2 + 99.2) - 5 \times 6.2}{100 - 6.2}$$

$$= 2.75$$

（2）根据计算出的累计筛余百分率绘制曲线，在Ⅱ区规定的范围内，故可判定该砂为Ⅱ区砂。

（3）结果评定：此砂细度模数为2.75，属于Ⅱ区砂，属于中砂且级配良好，可用于配制混凝土。

2. 含泥量、石粉含量和泥块含量

《水工混凝土砂石骨料试验规程》（DL/T 5151—2014）规定：含泥量是指天然砂中粒径小于0.08mm的颗粒含量，包括黏土、淤泥及细屑。石粉含量是指人工砂中粒径小于0.16mm，且其矿物组成及化学组成与被加工母岩相同的颗粒含量。泥块含量是指砂中原粒径大于1.25mm，经水浸洗、手捏后变成小于0.63mm的颗粒含量。

天然砂的含泥量影响砂与水泥石的黏结，使混凝土达到一定流动性时需水量增加，混凝土的强度降低，耐久性变差，同时硬化后的干缩性较大。人工砂颗粒坚硬、多棱角，拌制的混凝土在同样条件下比天然砂的和易性差，而人工砂中适量的石粉可弥补机制砂形状和表面特征引起的不足，起到完善砂级配的作用。砂中含泥量、泥块含量、石粉含量应符合表3-1的规定。

3. 有害物质

砂中有害物质包括云母、轻物质、有机物、硫化物及硫酸盐、氯化物、贝壳等，有的会对水泥石产生侵蚀，有的会增大砂子的空隙，降低混凝土强度，其限量应符合表3-1的规定。

4. 坚固性

骨料在自然风化和其他外界物理化学因素作用下抵抗破裂的能力。砂的坚固性采用硫酸钠溶液法进行试验，砂的坚固性应符合表3-1的规定。

三、粗骨料

《水利水电工程天然建筑材料勘察规程》（SL 251—2015）规定：粗骨料是指粒径大于5mm的岩石颗粒。常用的粗骨料有卵石和碎石两种。卵石是由自然风化、水流搬运和分选、堆积形成，按产源不同分为山卵石、河卵石和海卵石等，其中河卵石应用较多。碎石是由天然岩石、卵石或矿山废石经机械破碎、筛分制成。

《水工混凝土施工规范》（SL 677—2014）对粗骨料总的品质要求是：质地坚硬、清洁、级配良好。粗骨料的品质要求见表3-4和表3-5。

表3-4　　　　　　　　　　粗骨料的压碎指标值（见 SL 677—2014）

骨料类别		设计龄期混凝土抗压强度等级	
		≥30MPa	<30MPa
碎石	沉积岩	≤10%	≤16%
	变质岩	≤12%	≤20%
	岩浆岩	≤13%	≤30%
卵石		≤12%	≤16%

表 3 - 5 粗骨料的其他品质要求（见 SL 677—2014）

项　目		指标
表观密度/（kg/m³）		≥2550
吸水率	有抗冻要求和侵蚀作用的混凝土	≤1.5%
	无抗冻要求的混凝土	≤2.5%
含泥量	D_{20}、D_{40} 粒径级	≤1%
	D_{80}、D_{150}（D_{120}）粒径级	≤0.5%
坚固性	有抗冻要求和侵蚀作用的混凝土	≤5%
	无抗冻要求的混凝土	≤12%
软弱颗粒含量	设计龄期强度等级≥30MPa 和有抗冻要求的混凝土	≤5%
	设计龄期强度等级＜30MPa	≤10%
针状、片状颗粒含量	设计龄期强度等级≥30MPa 和有抗冻要求的混凝土	≤15%
	设计龄期强度等级＜30MPa	≤25%
泥块含量		不允许
硫化物及硫酸盐含量		≤0.5%
有机质含量		浅于标准色

（一）公称最大粒径及颗粒级配

1. 公称最大粒径

粗骨料的公称最大粒径是指公称粒级的上限值。当粗骨料的粒径增大时，其表面积随之减小。因此，达到一定流动性时包裹其表面的水泥砂浆数量减小，可节约水泥。试验研究证明，当粗骨料的公称最大粒径小于 150mm 时，最大粒径增大，水泥用量明显减少，因此，在大体积混凝土中应尽量采用较大粒径的粗骨料。在水利、海港等大型工程中公称最大粒径常采用 120mm 或 150mm。

具体工程中，粗骨料公称最大粒径的选择受结构型式、配筋疏密和施工条件的限制。《水工混凝土施工规范》（SL 677—2014）规定，骨料最大粒径不应超过钢筋最小净间距的2/3、构件断面最小尺寸的 1/4、素混凝土板厚的 1/2。对少筋或无筋混凝土，应选用较大的骨料最大粒径。受海水、盐雾或侵蚀性介质影响的钢筋混凝土面层，骨料最大粒径不宜大于钢筋保护层厚度。

2. 颗粒级配

石子级配好坏对节约水泥和保证混凝土具有良好的和易性有很大关系。特别是拌制高强度混凝土时，石子级配更为重要。

石子级配按生产和供应情况分为连续粒级（连续级配）和单粒级两种。

连续级配是指颗粒从大到小连续分级，其中每一粒级的石子都占适当的比例。连续级配中大颗粒形成的空隙由小颗粒填充，颗粒大小搭配合理，可提高混凝土的密实性，因此采用连续级配拌制的混凝土和易性较好，且不易产生分层、离析现象，在工程中应用较广泛。

单粒级石子能避免连续粒级中的较大颗粒在堆放及装卸过程中的离析现象，一般不单独使用。

水泥混凝土所用骨料分为小石、中石、大石和特大石四级，粒径分别为 5～20mm、20～40mm、40～80mm 和 80～150（120）mm，用符号分别表示为 D_{20}、D_{40}、D_{80}、D_{150}（D_{120}）。

　　根据建筑物结构情况及施工条件，水泥混凝土用粗骨料可以采用一级、二级、三级或四级的石子配合使用。若最大粒径为 20mm，采用一级配，即只用小石一级；最大粒径为 40mm，采用二级配，即用小石与中石两级；以此类推，采用三级配、四级配。各级石子的配合比例，需通过试验确定，其原理为空隙率达到最小或堆积密度最大且满足混凝土拌和物和易性要求。表 3-6 中配合比例可参考使用。

表 3-6　　　　　　　　　　　　　　　　粗骨料级配选择参考值

石子比例（按质量计） 粒级/mm 最大粒径/mm	5～20	20～40	40～60	40～80	80～150（120）	总计
40	45%～60%	40%～55%				100%
60	35%～50%		50%～65%			100%
80	25%～35%	25%～35%		35%～50%		100%
150（120）	15%～25%	15%～25%		25%～35%	30%～45%	100%

　　另外还有一种间断级配，即有意剔除中间尺寸的颗粒，使大颗粒与小颗粒间有较大的"空当"，按理论计算，当分级增大时集料空隙率的降低速率较连续级配大，可较好地发挥集料的骨架作用而减少水泥用量，可用于低流动性或干硬性混凝土。但间断级配集料配制的混凝土拌和物往往易于离析、和易性较差，工程中较少采用。

　　在实际工程中，必须将试验选定的最优级配与料场中天然级配结合起来考虑，要进行调整与平衡计算，以减少弃料。

　　3. 超径、逊径含量

　　施工现场的分级石子中往往存在超径、逊径现象。超径或逊径是指在某一级石子中混有大于或小于这一级粒径的石子。超径、逊径会影响混凝土骨料的级配，因此，《水工混凝土施工规范》（SL 677—2014）规定：以原孔筛检验时，其控制标准为超径不大于 5%，逊径不大于 10%。当以超径、逊径筛（方孔）检验时，其控制标准为超径为零，逊径不大于 2%。

　　（二）含泥量和泥块含量

　　含泥量是指卵石、碎石中粒径小于 0.08mm 的颗粒含量；泥块含量是指卵石、碎石中原粒径大于 5.00mm，经水浸洗、手捏后小于 2.5mm 的颗粒含量。卵石、碎石中的含泥量、泥块含量应符合表 3-5 的规定。

　　（三）针状、片状颗粒含量

　　凡岩石颗粒的长度大于该颗粒所属相应粒级的平均粒径 2.4 倍者为针状颗粒，厚度小于平均粒径 0.4 倍者为片状颗粒。平均粒径是指该粒级上、下限的平均值。针状、片状颗粒易折断，还会使石子的空隙率增大，对混凝土的和易性及强度影响很大。卵石、碎石的针状、片状颗粒含量应符合表 3-5 的规定。

（四）有害物质

卵石、碎石中有害物质限量应符合表 3-5 的规定。

（五）强度及坚固性

1. 强度

为保证混凝土的强度要求，粗骨料应质地致密、具有足够的强度。碎石、卵石的强度，用岩石抗压强度和压碎指标表示。在选择采石场或对粗骨料强度有严格要求或对质量有争议时，宜用岩石抗压强度检验。对经常性的生产质量控制则用压碎指标值检验较为方便。

（1）岩石抗压强度。岩石的抗压强度测定，采用碎石母岩，制成 50mm×50mm×50mm 的立方体试件或 $\phi 50mm×50mm$ 的圆柱体试件，在水饱和状态下，所测定的抗压强度，火成岩的抗压强度应不小于 80MPa，变质岩应不小于 60MPa，水成岩应不小于 30MPa。

（2）压碎指标。压碎指标检验是将一定质量气干状态下 10～20mm 的石子，装入标准圆模内，开动压力机在 3～5min 内均匀加荷至 200kN 并稳定 5s，卸载后称取试样质量 G_0，然后用孔径为 2.5mm 的筛筛除被压碎的颗粒，称出剩余在筛上的试样质量 G_1，按式（3-2）计算压碎指标 C。

$$C = \frac{G_0 - G_1}{G_0} \times 100\% \tag{3-2}$$

卵石、碎石的压碎指标越小，则表示石子抵抗压碎的能力越强。卵石、碎石的压碎指标应符合表 3-4 的规定。

2. 坚固性

坚固性是指卵石、碎石在自然风化和其他外界物理化学因素作用下抵抗破裂的能力，采用硫酸钠饱和溶液法进行试验，卵石、碎石的质量损失应符合表 3-5 的规定。

（六）表观密度、吸水率

卵石、碎石的表观密度应不小于 2550kg/m³。卵石、碎石的吸水率应符合表 3-5 的规定。

（七）碱骨料反应

碱骨料反应是指硬化混凝土中的碱与骨料中的碱活性物质在潮湿环境下缓慢发生并导致混凝土膨胀、开裂甚至破坏的化学反应。经碱集料反应试验后，试件应无裂缝、酥裂、胶体外溢等现象，在规定的试验龄期膨胀率应小于 0.10%。

四、混凝土拌和及养护用水

混凝土拌和用水和养护用水包括：饮用水、地表水、地下水、再生水、混凝土企业设备洗刷水和海水等。地表水指存于江、河、湖、塘、沼泽和冰川等中的水。地下水指存在于岩石缝隙或土壤孔隙中可以流动的水。再生水指污水经适当再生工艺处理后具有使用功能的水。

混凝土拌和和养护用水应符合《水工混凝土施工规范》（SL 677—2014）规定，不得含有影响水泥正常凝结与硬化的有害杂质，凡是符合现行国家标准《生活饮用水卫生标准》（GB 5749—2006）要求的饮用水，可以不经检验，直接作为混凝土用水。未经处理的工业污水和生活污水不应用于拌和混凝土。

地表水、地下水和其他类型水在首次用于拌和混凝土时，应经检验合格方可使用。检验项目和标准应同时符合下列要求：

（1）混凝土拌和用水与饮用水样进行水泥凝结时间对比试验。对比试验的水泥初凝时间差及终凝时间差均不应大于 30min，且初凝和终凝时间应符合《通用硅酸盐水泥》（GB

175—2007）的规定。

（2）混凝土拌和用水与饮用水样进行水泥胶砂强度对比试验。被检验水样配制的水泥胶砂 3d 和 28d 龄期强度不应低于饮用水配制的水泥胶砂 3d 和 28d 龄期强度的 90％。

混凝土拌和用水水质要求应符合表 3－7 的规定。

表 3－7　　　　　混凝土拌和用水水质要求（见 SL 677－2014）

项　目	单　位	钢筋混凝土	素混凝土
pH 值		≥4.5	≥4.5
不溶物	mg/L	≤2000	≤5000
可溶物	mg/L	≤5000	≤10000
氯化物，以 Cl^- 计	mg/L	≤1200	≤3500
硫酸盐，以 SO_4^{2-} 计	mg/L	≤2700	≤2700
碱含量	mg/L	≤1500	≤1500

注　碱含量按 $Na_2O+0.658K_2O$ 计算值来表示。采用非碱活性骨料时，可不检验碱含量。

五、混凝土外加剂

在拌制混凝土过程中掺入的不超过水泥质量的 5％（特殊情况除外），用以改善混凝土性能的化学物质，称为混凝土外加剂。混凝土外加剂可以明显改善混凝土的性能，包括改善混凝土拌和物和易性、调节凝结时间、提高混凝土强度及耐久性等。

根据国家标准《混凝土外加剂》（GB/T 8076－2008）的规定，混凝土外加剂按照其主要使用功能分为 4 类。

（1）改善混凝土拌和物流变性能的外加剂，包括各种减水剂和泵送剂等。

（2）调节混凝土凝结时间、硬化性能的外加剂，包括缓凝剂、早强剂和速凝剂等。

（3）改善混凝土耐久性的外加剂，包括引气剂、防水剂和阻锈剂等。

（4）改善混凝土其他性能的外加剂，包括膨胀剂、防冻剂、着色剂等。

水泥混凝土外加剂的品质要求和工程应用要求应符合《水工混凝土外加剂技术规程》（DL/T 5100—2014）的相关规定。

（一）减水剂

减水剂是指在混凝土坍落度基本相同的条件下，能减少拌和用水量的外加剂。根据减水剂的作用效果及功能不同，减水剂可分为普通减水剂、高效减水剂、高性能减水剂、早强减水剂、缓凝减水剂、缓凝高效减水剂等。

1. 减水剂的作用机理

常用的减水剂属于离子型表面活性剂。当表面活性剂溶于水后，受水分子的作用，亲水基团指向水分子，溶于水中；憎水基团则吸附于固相表面，溶解于油类或指向空气中，作定向排列，降低了水的表面张力。

在水泥加水拌和形成水泥浆的过程中，由于水泥为颗粒状材料，其比表面积较大，颗粒之间容易吸附在一起，把一部分水包裹在颗粒之间而形成絮凝状结构，包裹的水分不能起到增大流动性的作用，因此混凝土拌和物流动性降低。

当水泥浆中加入表面活性剂后，一方面表面活性剂在水泥颗粒表面作定向排列使水泥颗粒表面带有同种电荷，这种排斥力远远大于水泥颗粒之间的分子引力，使水泥颗粒分散，絮凝状结构中包裹的水分释放出来，混凝土拌和用水的作用得到充分发挥，拌和物的流动性明显提高，其原理如图3-4所示。另一方面，表面活性剂的极性基与水分子产生缔合作用，使水泥颗粒表面形成一层溶剂化水膜，阻止了水泥颗粒之间直接接触，起到润滑作用，改善了拌和物的流动性。

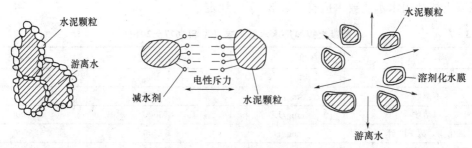

图3-4 减水剂的作用示意图

2. 减水剂的作用效果

在混凝土中掺入减水剂后，具有以下技术经济效果：

（1）提高混凝土强度。在混凝土中掺入减水剂后，可在混凝土拌和物坍落度基本不变的情况下，减少混凝土的单位用水量8%以上（普通减水剂大于8%，高效减水剂大于15%，高性能减水剂大于25%），从而降低了混凝土水胶比，提高混凝土强度。

（2）提高混凝土拌和物的流动性。在混凝土各组成材料用量一定的条件下，加入减水剂能明显提高混凝土拌和物的流动性，一般坍落度可提高100~200mm。

（3）节约水泥。在混凝土拌和物坍落度、强度一定的情况下，拌和用水量减少的同时，水泥用量也可以减少，可节约水泥5%~20%。

（4）改善混凝土拌和物的其他性能。掺入减水剂后，可以减少混凝土拌和物的泌水、离析现象；延缓拌和物的凝结时间；减缓水泥水化放热速度；显著提高混凝土硬化后的抗渗性和抗冻性，提高混凝土的耐久性。

3. 常用的减水剂

减水剂是目前应用最广的外加剂，按化学成分分为木质素系减水剂、萘系减水剂、树脂系减水剂、糖蜜系减水剂及腐殖酸系减水剂等。各系列减水剂的主要品种、性能及适用范围见表3-8。

表3-8　　　　　　　　　　　　常用减水剂的品种及性能

种类	木质素系	萘系	聚羟酸系	树脂系	糖蜜系	腐殖酸系
类别	普通减水剂	高效减水剂	高性能减水剂	早强减水剂（高效减水剂）	缓凝减水剂	普通减水剂
主要品种	木质素磺酸钙（木钙粉、M型减水剂）、木质素磺酸钠等	NNO、NF、FDN、UNF、JN、MF等	德固赛、LG、巴斯夫、马贝等	FG-2、ST、TF	长城牌、天山牌	腐殖酸
适宜掺量	0.2%~0.3%	0.2%~1%	0.1%~0.4%	0.5%~2%	0.2%~0.3%	
减水率	10%左右	15%以上	25%~45%	20%~30%	6%~10%	8%~10%
早强效果	一般	显著	显著	显著（7d可达28d强度）	一般	有早强型、缓凝型两种

种类	木质素系	萘系	聚羧酸系	树脂系	糖蜜系	腐殖酸系
缓凝效果	1~3h	一般	一般	一般	3h以上	一般
引气效果	1%~2%	部分品种<2%	≤6%	一般	一般	一般
适用范围	一般混凝土工程及大模板、滑模、泵送、大体积及夏季施工的混凝土工程	适用于所有混凝土工程,特别适用于配制高强混凝土及大流动性混凝土	特别适用于配制高减水、高保坍、高增强($>C_{60}$)、高环保、低收缩等高性能混凝土	因价格较高,宜用于有特殊要求的混凝土工程	大体积混凝土工程及滑模、夏季施工的混凝土工程	一般混凝土工程

4. 减水剂的掺法

(1)先掺法。将粉状减水剂与水泥先混合后再与骨料和水一起搅拌。其优点是使用较为方便;缺点是当减水剂中有较粗颗粒时,难以与水泥相互分散均匀而影响其使用效果。先掺法主要适用于容易与水泥均匀分散的粉状减水剂。

(2)同掺法。先将减水剂溶解于水溶液中,再以此溶液拌制混凝土。优点是计量准确且易搅拌均匀,使用方便,它最适合于可溶性较好的减水剂。

(3)滞水法。在混凝土已经搅拌一段时间(1~3min)后再掺加减水剂。其优点是可更充分发挥减水剂的作用效果,但该法需要延长搅拌时间,影响生产效率。

(4)后掺法。混凝土初次拌和时不掺加减水剂,待其在运输途中或运至施工现场分一次或几次加入,再经二次或多次搅拌,成为混凝土拌和物。其优点是可减少、抑制混凝土拌和物在长距离运输过程中的分层、离析和坍落度损失,充分发挥减水剂的使用效果,但增加了搅拌次数,延长了搅拌时间。该法特别适用于远距离运输的商品混凝土。

(二)早强剂

早强剂是指掺入混凝土中能够提高混凝土早期强度,对后期强度无明显影响的外加剂。早强剂可在不同温度下加速混凝土强度发展,多用于要求早拆模、抢修工程及冬季施工的工程。

工程中常用早强剂的品种主要有无机盐类、有机物类和复合早强剂。常用早强剂的品种、掺量及作用效果等见表3-9。

表3-9　　　　　　　　　　常用早强剂的品种、掺量及作用效果

种类	无机盐类早强剂	有机物类早强剂	复合早强剂
主要品种	氯化钙、硫酸钠	三乙醇胺、三异丙醇胺、尿素等	二水石膏+亚硝酸钠+三乙醇胺
适宜掺量	氯化钙1%~2%;硫酸钠0.5%~2%	0.02%~0.05%	2%二水石膏+1%亚硝酸钠+0.05%三乙醇胺
作用效果	氯化钙可使2~3d强度提高40%~100%,7d强度提高25%		能使3d强度提高50%
注意事项	氯盐会锈蚀钢筋,掺量必须符合有关规定	对钢筋无锈蚀作用	早强效果显著,适用于严格禁止使用氯盐的钢筋混凝土

（三）引气剂

引气剂是指在混凝土搅拌过程中能引入大量均匀分布、稳定而封闭的微小气泡而改善混凝土性能的外加剂。引气剂具有降低固–液–气三相表面张力，并使气泡排开水分而吸附于固相表面的能力。在搅拌过程中使混凝土内部的空气形成大量孔径约为 0.05～0.25mm 的微小气泡，均匀分布于混凝土拌和物中，可改善混凝土拌和物的流动性；同时也改善了混凝土内部孔隙的特征，显著提高混凝土的抗冻性和抗渗性。但混凝土含气量的增加，会降低混凝土的强度。通常，混凝土中含气量每增加 1％，其抗压强度可降低 4％～6％。引气剂的掺量应根据混凝土含气量要求来确定，一般混凝土的含气量为 3.0％～6.0％。

工程中常用的引气剂为松香热聚物，其掺量为水泥用量的 0.01％～0.02％。

（四）缓凝剂

缓凝剂是指能延缓混凝土凝结时间，并对混凝土后期强度发展无不利影响的外加剂。兼有缓凝和减水作用的外加剂称为缓凝减水剂。

常用的缓凝剂是糖钙和木钙，它们具有缓凝及减水作用。其次有羟基羟酸及其盐类，如柠檬酸、酒石酸钾钠等。无机盐类有锌盐、硼酸盐。此外，还有胺盐及其衍生物、纤维素醚等。

缓凝剂适用于要求延缓混凝土凝结时间的施工中，如在气温高、运距长的情况下，可防止混凝土拌和物发生过早坍落度损失；又如分层浇筑的混凝土，为防止出现冷缝，也常加入缓凝剂。另外，在大体积混凝土中为了延长放热时间，也可掺入缓凝剂。

（五）速凝剂

能使混凝土迅速凝结硬化的外加剂称为速凝剂。速凝剂的主要种类有无机盐类和有机物类。常用的速凝剂是无机盐类，产品型号有红星 1 型、711 型和 782 型等。

通常，速凝剂的主要成分是铝酸钠或碳酸钠等盐类。当混凝土中加入速凝剂后，其中的铝酸钠、碳酸钠等盐类在碱性溶液中迅速与水泥中的石膏反应生成硫酸钠，并使石膏丧失原有的缓凝作用，导致水泥中的铝酸三钙（C_3A）迅速水化，促进溶液中水化物晶体的快速析出，从而使混凝土中水泥浆迅速凝固。

速凝剂主要用于矿山井巷、隧道、基坑等工程的喷射混凝土或喷射砂浆施工。

（六）防冻剂

能使混凝土在负温下硬化，并在规定养护条件下达到预期性能的外加剂，称为防冻剂。常用的防冻剂是由多组分复合而成的，其主要组分有防冻组分、减水组分、早强组分等。

防冻组分是复合防冻剂中的重要组分，按其成分可分为 3 类：

1. 氯盐类

常用的氯盐类防冻剂有氯化钙和氯化钠。由于氯化钙参与水泥的水化反应，不能有效地降低混凝土中液相的冰点，故常与氯化钠复合使用，通常采用配比为氯化钙∶氯化钠＝2∶1。

2. 氯盐阻锈类

氯盐阻锈类防冻剂由氯盐与阻锈剂复合而成。阻锈剂有亚硝酸钠、铬酸盐、磷酸盐、聚磷酸盐等，其中亚硝酸钠阻锈效果最好，故被广泛应用。

3. 无氯盐类

无氯盐类防冻剂有硝酸盐、亚硝酸盐、碳酸盐、尿素、乙酸盐等。

复合防冻剂中的减水组分、引气组分、早强组分则分别采用前面所述的减水剂、引气剂、早强剂。

（七）泵送剂

泵送剂是指能改善混凝土拌和物泵送性能的外加剂。所谓泵送性能，就是混凝土拌和物具有能顺利通过输送管道、不阻塞、不离析、黏塑性良好的性能。泵送剂是由减水剂、缓凝剂、引气剂等多组分复合而成的。

泵送剂具有高流化、黏聚、润滑、缓凝的功效，适合制作高强或流态型的混凝土，适用于工业与民用建筑物及其他构筑物泵送施工的混凝土，适用于滑模施工，也适用于水下灌注桩混凝土。

六、混凝土掺合料

矿物掺合料是指以氧化硅、氧化铝为主要成分，在混凝土中可以代替部分水泥、改善混凝土性能，且掺量不小于 5% 的具有火山灰活性的粉体材料，也称为矿物外加剂，是混凝土的第六组分。

混凝土掺合料分为活性和非活性两类。活性掺合料应用较为广泛，多数为工业废料，既可以取得良好的技术效果，也有利于环保、节能。常用的矿物掺合料有粉煤灰、硅粉、超细矿渣及各种天然的火山灰质材料粉末，如凝灰岩粉、沸石粉等。

（一）粉煤灰

粉煤灰又称飞灰，是从燃烧煤粉的锅炉烟气中收集到的细粉末，其颗粒多呈球形，表面光滑。粉煤灰按煤种分为 F 类和 C 类。F 类粉煤灰是指由无烟煤或烟煤煅烧收集的粉煤灰。C 类粉煤灰是指由褐煤或次烟煤煅烧收集的粉煤灰，其氧化钙含量一般大于 10%。

粉煤灰的化学成分主要有二氧化硅、氧化铝、氧化铁等，其中二氧化硅和氧化铝两者含量之和常在 60% 以上，是决定粉煤灰活性的主要成分。当粉煤灰掺入混凝土时，粉煤灰具有火山灰活性作用，它吸收氢氧化钙后生成硅酸钙凝胶，成为胶凝材料的一部分，微珠球状颗粒，具有增大混凝土拌和物流动性、减少泌水、改善混凝土和易性的作用。粉煤灰水化反应很慢，它在混凝土中长期以固体颗粒形态存在，具有填充骨料空隙的作用，可提高混凝土的密实性。此外，混凝土中加入粉煤灰还可以起到节约水泥、降低混凝土水化热、抑制碱-骨料反应等作用。

国家标准《用于水泥和混凝土中的粉煤灰》（GB/T 1596—2005）将粉煤灰分为Ⅰ级、Ⅱ级、Ⅲ级 3 个等级，见表 3-10。

表 3-10　　　　　　　　　　拌制混凝土和砂浆用粉煤灰技术要求

项　目		技术要求		
		Ⅰ级	Ⅱ级	Ⅲ级
细度（45μm 方孔筛筛余）	F 类粉煤灰	≤12.0%	≤25.0%	≤45.0%
	C 类粉煤灰			
需水量比	F 类粉煤灰	≤95.0%	≤105.0%	≤115.0%
	C 类粉煤灰			
烧失量	F 类粉煤灰	≤5.0%	≤8.0%	≤15.0%
	C 类粉煤灰			
含水量	F 类粉煤灰	≤1.0%		
	C 类粉煤灰			

续表

项 目		技 术 要 求		
		Ⅰ级	Ⅱ级	Ⅲ级
三氧化硫	F类粉煤灰	≤3.0%		
	C类粉煤灰			
游离氧化钙	F类粉煤灰	≤1.0%		
	C类粉煤灰	≤4.0%		
安定性 雷式夹沸煮后增加距离/mm	C类粉煤灰	≤5.0		

混凝土中掺入粉煤灰的效果与粉煤灰的掺入方式有关。常用的方式有等量取代水泥法、超量取代水泥法和粉煤灰代砂法。

(1) 当掺入粉煤灰等量取代水泥时,称为等量取代水泥法。此时,由于粉煤灰活性较低、混凝土早期及28d龄期强度较低,但随着龄期的延长,掺粉煤灰混凝土强度可逐步赶上基准混凝土(不掺粉煤灰,其他配合比一样的混凝土)。由于混凝土内水泥用量的减少,可节约水泥并减少混凝土发热量,还可以改善混凝土的和易性,提高混凝土抗渗性,故常用于大体积混凝土。

(2) 为了保持混凝土28d强度及和易性不变,常采用超量取代水泥法,即粉煤灰的掺入量大于所取代的水泥量,多出的粉煤灰取代同体积的砂,混凝土内石子用量及用水量基本不变。

(3) 当掺入粉煤灰时仍保持混凝土水泥用量不变,则混凝土黏聚性及保水性将显著优于基准混凝土,此时,可减少混凝土中砂的用量,称为粉煤灰代砂法。由于粉煤灰具有火山灰活性,混凝土强度将高于基准混凝土,混凝土和易性及抗渗性等都有显著改善。

混凝土中掺入粉煤灰时,常与减水剂或引气剂等外加剂同时掺用,称为双掺技术。减水剂的掺入可以克服某些粉煤灰增大混凝土需水量的缺点;引气剂的掺用,可以解决粉煤灰混凝土抗冻性较低的问题;在低温条件下施工时,宜掺入早强剂或防冻剂;阻锈剂可以改善粉煤灰混凝土抗碳化性能,防止钢筋锈蚀。

(二) 硅粉

硅粉也称硅灰,是从冶炼硅铁和其他硅金属工厂的废烟气中回收的副产品,其主要成分为二氧化硅。硅粉颗粒极细、活性很高,是一种较好地改善混凝土性能的掺合料。硅粉呈灰白色,无定形二氧化硅含量一般为$85\%\sim96\%$,其他氧化物的含量都很少。硅粉粒径为$0.1\sim1.0\mu m$,比表面积为$20000\sim25000m^2/kg$,密度为$2100\sim2200kg/m^3$,松散堆积密度为$250\sim300kg/m^3$。在混凝土中掺入硅粉后,可取得如下的效果:

1. 改善混凝土拌和物和易性

由于硅粉颗粒极细,比表面积大,需水量为普通水泥的$130\%\sim150\%$,故混凝土流动性随硅粉掺量的增加而减小。为了保持混凝土流动性,必须掺用高效减水剂。硅粉的掺入,能显著改善混凝土的黏聚性及保水性,使混凝土完全不离析和几乎不泌水,故适宜配制高流态混凝土、泵送混凝土及水下灌注混凝土。掺硅粉后,混凝土含气量略有减小,为了保持混凝土含气量不变,必须增加引气剂用量。当硅粉掺量为10%时,一般引气剂用量需增加2

倍左右。

2. 配制高强混凝土

硅粉的活性很高，当与高效减水剂配合掺入混凝土时，硅粉与氢氧化钙反应生成水化硅酸钙凝胶体，填充水泥颗粒间的空隙，改善界面结构及黏结力，可显著提高混凝土强度。一般硅粉掺量为 5％～15％（有时为了某些特殊目的，也可掺入 20％～30％）时，且在选用 52.5MPa 以上的高强度等级水泥、品质优良的粗骨料及细骨料、掺入适量的高效减水剂的条件下，可配制出 28d 强度达到 100MPa 的超高强混凝土。为了保证硅粉在水泥浆中充分地分散，当硅粉掺量增多时，高效减水剂的掺量也必须相应地增加，否则混凝土强度不会提高。

3. 改善混凝土的孔隙结构，提高耐久性

混凝土中掺入硅粉后，虽然水泥石的总孔隙与不掺时基本相同，但其大孔减少，超微细孔隙增加，改善了水泥石的孔隙结构。因此，掺硅粉的混凝土耐久性显著提高，抗冻性也明显提高。

硅粉混凝土的抗冲磨性随硅粉掺量的增加而提高。它比其他抗冲磨材料具有价廉、施工方便等优点，故适用于水工建筑物的抗冲刷部位及高速公路路面。硅粉混凝土抗侵蚀性较好，适用于要求抗溶出性侵蚀及抗硫酸盐侵蚀的工程。硅粉还具有抑制碱骨料反应及防止钢筋锈蚀的作用。

（三）超细矿渣

粒化高炉矿渣经超细粉磨后具有很高的活性和极大的表面能，可以满足配制不同性能要求的高性能混凝土的需求。超细矿渣的比表面积一般大于 450m²/kg，可等量替代 15％～50％的水泥，掺入混凝土中可收到以下几方面的效果：

（1）采用高强度等级水泥及优质粗、细骨料并掺入高效减水剂时，可配制出高强混凝土及超高强混凝土。

（2）所配制出的混凝土干缩率大大减小，抗冻、抗渗性能提高，混凝土的耐久性得到显著改善。

（3）混凝土拌和物的和易性明显改善，可配出大流动性且不离析的泵送混凝土。

另外，超细矿渣的生产成本低于水泥，使用其作为掺合料可以获得显著的经济效益。

（四）沸石粉

沸石粉是由天然沸石岩磨细而成的，含有大量活性的氧化硅和氧化铝，能与水泥水化析出的氢氧化钙反应，生成胶凝材料。沸石作为一种价廉且容易开采的天然矿物，用来配制高性能混凝土具有较普遍的适用性和经济性。

沸石粉用作混凝土掺合料主要有以下几方面的效果：①提高混凝土强度，配制高强度混凝土；②提高拌和物的裹浆量；③沸石粉高性能混凝土的早期强度较低，后期强度因火山灰反应使浆体的密实度增加而有所提高；④能够有效抑制混凝土的碱骨料反应，并可提高混凝土的抗碳化和抗钢筋锈蚀耐久性；⑤因沸石粉的吸水量较大，需同时掺加高效减水剂或与粉煤灰复合以改善混凝土的和易性。

单元二　水泥混凝土的技术性质

混凝土在未凝结硬化以前，称为混凝土拌和物。它必须具有良好的和易性，便于施工，以保证能获得良好的浇筑质量。混凝土拌和物凝结硬化以后，应具有足够的强度，以保证建筑物能安全地承受设计荷载，并应具有与所处环境相适应的耐久性。

一、混凝土拌和物的和易性

（一）和易性的概念

和易性也称工作性，是指混凝土拌和物易于施工操作（拌和、运输、浇筑、捣实），并能获得质量均匀、成型密实的混凝土的性能。和易性是一项综合技术性能，包括流动性、黏聚性和保水性3个方面的含义。

1. 流动性（稠度）

流动性是指混凝土拌和物在本身自重或施工机械振捣作用下，能产生流动，并均匀密实地填满模板的性能。其大小直接影响施工时振捣的难易和成型的质量。

2. 黏聚性

黏聚性是指混凝土拌和物各组成材料之间具有一定的黏聚力，在运输和浇筑过程中不致产生离析和分层现象。它反映了混凝土拌和物保持整体均匀性的能力。

3. 保水性

保水性是混凝土拌和物在施工过程中，保持水分不易析出，不至于产生严重泌水现象的能力。有泌水现象的混凝土拌和物，分泌出来的水分易形成透水的开口连通孔隙，影响混凝土的密实性并降低混凝土的质量。

混凝土拌和物的流动性、黏聚性和保水性，三者之间是对立统一的关系。流动性好的拌和物，黏聚性和保水性往往较差；而黏聚性、保水性好的拌和物，一般流动性可能较差。在实际工程中，应尽可能达到三者统一，既要满足混凝土施工时要求的流动性，同时也具有良好的黏聚性和保水性。

（二）和易性的测定方法

目前，尚没有能够全面反映混凝土拌和物和易性的测定方法。通常是测定拌和物的流动性，同时辅以直观经验评定黏聚性和保水性。对塑性和流动性混凝土拌和物，采用坍落度法测定；对干硬性混凝土拌和物，用维勃稠度法测定。

1. 坍落度法

坍落度法适用于骨料最大粒径不大于40mm、坍落度不小于10mm的混凝土拌和物稠度测定。

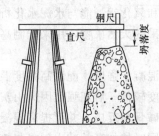

图 3-5　坍落度测定示意图

坍落度测定方法是将混凝土拌和物按规定的方法装入坍落度筒内，分层插实，装满刮平，垂直向上提起坍落度筒，拌和物因自重而向下坍落，测量筒高与坍落后混凝土试体顶部中心点之间的高度差（以mm为单位），即为该拌和物的坍落度值，以T表示，如图3-5所示。在测定坍落度的同时，应检查混凝土拌和物的黏聚性及保水性。黏聚性的检查方法是用捣棒在已坍落的拌和物锥体一侧轻轻敲打，若锥体缓慢下沉，表示黏聚性良好；如果锥体倒塌、部分崩裂或出现离析现象，则表示黏聚性不好。保水性以混凝土拌和物中稀浆析出的程度评定，提起坍落度筒后，如有较多稀浆从底部析出，拌和物锥体因失浆而骨料外露，表示拌和物的保水性不好；如提起坍落筒后，无稀浆析出或仅有少量稀浆从底部析出，则表示混凝土拌和物保水性良好。

坍落度在10～150mm对混凝土拌和物的稠度具有良好的反应能力，但当坍落度大于

150mm 时，由于粗骨料堆积的偶然性，坍落度就不能很好地代表拌和物的稠度，需做混凝土拌和物扩散度试验。

《水工混凝土试验规程》（SL 352—2006）规定：当混凝土拌和物坍落度大于 150mm 时，应测定扩散度。扩散度试验是在坍落度试验的基础上进行，将坍落度筒徐徐竖直提起，拌和物在重力作用下逐渐扩散，当拌和物不再扩散或扩散时间已达到 60s 时，用钢尺在不同方向测量拌和物扩散后的直径 2～4 个，用其算术平均值作为其扩散度值。

坍落度越大，混凝土拌和物流动性越大。根据坍落度的大小，可将混凝土拌和物分为低塑性混凝土（10～40mm）、塑性混凝土（50～90mm）、流动性混凝土（100～150mm）、大流动性混凝土（160～190mm）、流态混凝土（200～220mm）等 5 种级别。

2. 维勃稠度法

维勃稠度法适用于骨料最大粒径不大于 40mm、维勃稠度值在 5～30s 之间的混凝土拌和物稠度测定。

用维勃稠度仪测定，如图 3-6 所示。将混凝土拌和物按标准方法装入维勃稠度测定仪容器的坍落度筒内；缓慢垂直提起坍落度筒；将透明圆盘置于拌和物锥体顶面；开启振动台，并启动秒表计时，测出至透明圆盘底面完全被水泥浆布满所经历的时间（以 s 为单位），即为维勃稠度值。维勃稠度值越大，混凝土拌和物越干稠。

混凝土按维勃稠度值大小可分 4 级：超干硬性（$V \geqslant 31s$）、特干硬性（$V=21～30s$）、干硬性（$V=11～20s$）、半干硬性（$V=5～10s$）。

3. 流动性（稠度）的选择

混凝土拌和物坍落度的选择，应根据施工条件、构件截面尺寸、配筋情况、施工方法等来确定。一般构件截面尺寸较小、钢筋较密，或采用人工拌和与振捣时，坍落度应选择大些。反之，如构件截面尺寸较大、钢筋较疏，或采用机械振捣时，坍落度应选择小些。

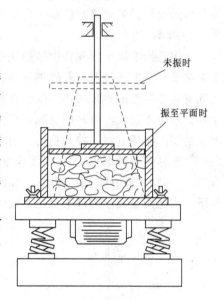

未振时

振至平面时

图 3-6 维勃稠度测定示意图

《水工混凝土施工规范》（SL 677—2014）规定，浇筑时的坍落度，可按表 3-11 选用。

表 3-11 混凝土在浇筑时的坍落度（见 SL 677—2014）

项次	混凝土类别	坍落度/mm
1	素混凝土	10～40
2	配筋率不超过 1% 的钢筋混凝土	30～60
3	配筋率超过 1% 的钢筋混凝土	50～90
4	泵送混凝土	140～220

注 有温控要求或高、低温季节浇筑混凝土时，其坍落度可根据实际情况酌量增减。

（三）影响和易性的主要因素

1. 水泥浆数量和单位用水量

在混凝土骨料用量、水胶比〔混凝土用水量与胶凝材料用量的质量比，用 $w/(c+p)$ 表示]一定的条件下，填充在骨料之间的水泥浆数量越多，水泥浆对骨料的润滑作用较充分，混凝土拌和物的流动性增大。但增加水泥浆数量过多，不仅浪费水泥，而且会使拌和物的黏聚性、保水性变差，产生分层、流浆现象。水泥浆过少，则不能填满骨料空隙或不能很好包裹骨料表面，拌和物显得干涩，不宜成型。因此，水泥浆的数量应以满足流动性要求为准。

混凝土中的用水量对拌和物的流动性起决定性的作用。实践证明，在骨料一定的条件下，为了达到拌和物流动性的要求，所加的拌和水量基本是一个固定值，即使水泥用量在一定范围内改变（每立方米混凝土增减 50～100kg），也不会影响流动性。这一法则在混凝土学中称为固定加水量法则。必须指出，在施工中为了保证混凝土的强度和耐久性，不允许采用单纯增加用水量的方法来提高拌和物的流动性，应在保持水胶比一定时，同时增加水和胶凝材料的数量，骨料绝对数量一定但相对数量减少，使拌和物满足施工要求。

2. 砂率

砂率是指混凝土拌和物中砂的质量占砂、石子总质量的百分数。单位体积混凝土中，在水泥浆量一定的条件下，若砂率过小，砂不能填满石子之间的空隙，或填满后不能保证石子之间有足够厚度的砂浆层，不仅会降低拌和物的流动性，而且还会影响拌和物的黏聚性和保水性。若砂率过大，骨料的总表面积及空隙率会增大，包裹骨料表面的水泥浆数量减少，水泥浆的润滑作用减弱，拌和物的流动性变差。因此，砂率不能过小也不能过大，应选取最优砂率（也称合理砂率），即在水泥用量和水胶比一定的条件下，拌和物的黏聚性、保水性符合要求，同时流动性最大的砂率，如图 3-7 (a) 所示。同理，在水胶比和坍落度不变的条件下，水泥用量最小的砂率也是最优砂率，如图 3-7 (b) 所示。

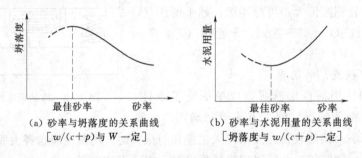

(a) 砂率与坍落度的关系曲线　　　(b) 砂率与水泥用量的关系曲线
$[w/(c+p)$ 与 W 一定$]$　　　　　$[$坍落度与 $w/(c+p)$ 一定$]$

图 3-7　最优砂率的确定

3. 原材料品种及性质

水泥的品种、颗粒细度，骨料的颗粒形状、表面特征、级配，外加剂等对混凝土拌和物的和易性都有影响。采用矿渣水泥拌制的混凝土流动性比用普通水泥拌制的混凝土流动性小，且保水性差；水泥颗粒越细，混凝土流动性越小，但黏聚性及保水性较好。卵石拌制的混凝土拌和物比碎石拌制的流动性好；河砂拌制的混凝土流动性好；级配好的骨料，混凝土拌和物的流动性也好。加入减水剂和引气剂可明显提高拌和物的流动性；引气剂能有效地改善混凝土拌和物的保水性和黏聚性。

4. 施工方面

混凝土拌制后，随时间的延长和水分的减少而逐渐变得干稠，流动性减小。施工中环境的温度、湿度变化，搅拌时间及运输距离的长短，称料设备及振捣设备的性能等都会对混凝土和易性产生影响。因此，施工中为保证混凝土具有良好的和易性，必须根据环境温湿度变化，采取相应的措施。

二、混凝土的强度

混凝土的强度包括抗压强度、抗拉强度、抗剪强度和抗弯强度等，其中抗压强度最高，在建筑结构中受力最为普遍的是抗压强度。

（一）混凝土的抗压强度

1. 立方体抗压强度与强度等级

按照《普通混凝土力学性能试验方法标准》（GB/T 50081—2002）的规定，混凝土立方体抗压强度是指制作以边长为 150mm 的标准立方体试件，成型后在标准养护条件下［温度为 $20\pm2℃$，相对湿度 95％以上］，养护至 28d 龄期，采用标准试验方法测得的混凝土极限抗压强度，用 f_{cu} 表示。

立方体抗压强度测定也可根据粗骨料的最大粒径选择边长为 100mm 和 200mm 的非标准立方体试件，但强度测定结果必须乘以换算系数，具体见表 3-12。

表 3-12　　　　　　　　　混凝土试件尺寸选择与强度的尺寸换算系数

试件种类	试件尺寸/mm	粗骨料公称最大粒径/mm	换算系数
标准试件	150×150×150	≤40	1.00
非标准试件	100×100×100	≤31.5	0.95
	200×200×200	≤60	1.05

混凝土强度等级是根据混凝土立方体抗压强度标准值划分的级别，采用符号 C 和混凝土立方体抗压强度标准值（$f_{cu,k}$）表示。主要有 C15、C20、C25、C30、C35、C40、C45、C50、C55、C60、C65、C70、C75、C80 等 14 个强度等级。

混凝土立方体抗压强度标准值系指按标准方法制作养护的边长为 150mm 的立方体试件，在规定龄期用标准试验方法测得的，具有 95％保证率的抗压强度值。

在水利水电工程中，混凝土抗压强度标准值常采用长龄期和非 95％保证率。《水工混凝土配合比设计规程》（DL/T 5330—2005）规定水工混凝土的强度等级采用符号 C 加设计龄期下角标再加立方体抗压强度标准值表示，如 $C_{90}15$。若设计龄期为 28d，则省略下角标，如 C15。此时，混凝土设计龄期立方体抗压强度标准值系指按照标准方法制作养护的边长为 150mm 的立方体试件，在设计龄期用标准试验方法测得的具有设计保证率的抗压强度，以 N/mm^2 或 MPa 计。

根据试验目的不同，试件可采用标准养护或与构件同条件养护。确定混凝土强度等级或进行材料性能研究时应采用标准养护。在施工过程中作为检测混凝土构件实际强度的试件（如决定构件的拆模、起吊、施加预应力等）应采用同条件养护。

2. 轴心抗压强度

轴心抗压强度是以 150mm×150mm×300mm 的棱柱体试件为标准试件，在标准养护条件下养护 28d 测得的抗压强度，以 f_{cp} 表示。

在钢筋混凝土结构设计中，计算轴心受压构件时都采用轴心抗压强度作为计算依据，因为其接近于混凝土构件的实际受力状态。混凝土轴心抗压强度值比同截面的立方体抗压强度要小，在结构设计计算时，一般取 $f_{cp}=0.67f_{cu}$。

3. 影响混凝土抗压强度的因素

影响混凝土抗压强度的因素很多，包括原材料的质量、材料用量之间的比例关系、施工方法以及试验条件等。

（1）胶凝材料强度和水胶比。混凝土中的水泥和活性矿物掺合料总称为胶凝材料。胶凝材料强度的大小直接影响着混凝土强度的高低。在配合比相同的条件下，所用的胶凝材料强度越高，配制的混凝土强度也越高。

当胶凝材料强度相同时，混凝土的强度主要取决于水胶比，水胶比越大，混凝土的强度越低。这是因为胶凝材料中水泥水化时所需的化学结合水，一般只占水泥质量 23% 左右，但在实际拌制混凝土时，为了获得必要的流动性，常需要加入较多的水，约占水泥质量的 40%～70%。多余的水分残留在混凝土中形成水泡，蒸发后形成气孔，使混凝土密实度降低，强度下降。但是，如果水胶比过小，拌和物过于干硬，在一定的捣实成型条件下，无法保证浇筑质量，混凝土中将出现较多的蜂窝、孔洞，强度也将下降。试验证明，混凝土强度随水胶比的增大而降低，其规律呈曲线关系，而与胶水比呈直线关系，如图 3-8 所示。

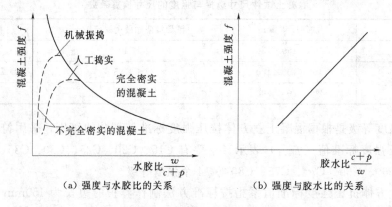

（a）强度与水胶比的关系　　　（b）强度与胶水比的关系

图 3-8　混凝土强度的确定

根据工程实践经验，应用数理统计方法，可建立混凝土强度与胶凝材料强度及胶水比等因素之间的线性经验公式（简称强度公式）：

$$f_{cu} = A f_{ce} [(c+p)/w - B] \tag{3-3}$$

式中　f_{cu}——混凝土 28d 龄期的抗压强度值，MPa；

　　　f_{ce}——水泥 28d 抗压强度实测值，MPa；

$(c+p)/w$——混凝土胶水比，即水胶比的倒数；

　　A、B——回归系数，与水泥、骨料的品种有关。

强度公式适用于流动性混凝土和低流动性混凝土，不适用于干硬性混凝土。对流动性混凝土而言，只有在原材料相同、工艺措施相同的条件下 A、B 才可视为常数。因此，必须结合工地的具体条件，如施工方法及材料的质量等，进行不同水胶比的混凝土强度试验，求出符合当地实际情况的 A、B，这样既能保证混凝土的质量，又能取得较好的经济效果。

强度公式可解决两个问题：①混凝土配合比设计时，估算应采用的 $w/(c+p)$ 值；②混凝土质量控制过程中，估算混凝土 28d 可以达到的抗压强度。

（2）骨料的种类和级配。骨料中有害杂质过多且品质低劣时，将降低混凝土的强度；骨料表面粗糙，则与水泥石黏结力较大，混凝土强度高；骨料级配好、砂率适当，能组成密实的骨架,混凝土强度也较高。

(3)养护温度和湿度。混凝土浇筑成型后,所处的环境温度,对混凝土的强度影响很大。混凝土的硬化,在于水泥的水化作用,周围温度升高,水泥水化速度加快,混凝土强度发展也就加快;反之,温度降低时,水泥水化速度降低,混凝土强度发展将相应迟缓。当温度降至冰点以下时,混凝土的强度停止发展,并且由于孔隙内水分结冰而引起膨胀,使混凝土的内部结构遭受破坏。混凝土早期强度低,更容易冻坏。养护温度对混凝土强度的影响如图3-9所示。

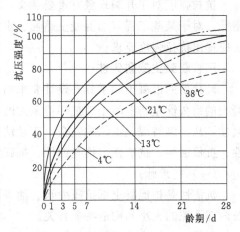

图3-9 养护温度对混凝土强度的影响

湿度适当时,水泥水化能顺利进行,混凝土强度得到充分发展。如果湿度不够,会影响水泥水化作用的正常进行,甚至停止水化。这不仅严重降低混凝土的强度,而且水化作用未能完成,使混凝土结构疏松,渗水性增大,或形成干缩裂缝,从而影响其耐久性。

《混凝土结构工程施工质量验收规范》(GB 50204—2015)规定,对已浇筑完毕的混凝土,应在12h内加以覆盖和浇水。覆盖可采用锯末、塑料薄膜、麻袋片等。对于硅酸盐水泥、普通硅酸盐水泥或矿渣硅酸盐水泥拌制的混凝土,浇水养护时间不得少于7d;对掺缓凝型外加剂或有抗渗要求的混凝土不得少于14d,浇水次数应能保持混凝土表面长期处于潮湿状态。当日平均气温低于5℃时,不得浇水。

(4)硬化龄期。混凝土在正常养护条件下,其强度将随着龄期的增长而增长。最初7~14d内,强度增长较快,28d达到设计强度,以后增长缓慢,但若保持足够的温度和湿度,强度的增长将延续几十年。普通水泥制成的混凝土,在标准条件下,混凝土强度的发展大致与其龄期的对数成正比关系(龄期不小于3d),如下式所示:

$$\frac{f_n}{f_{28}}=\frac{\lg n}{\lg 28} \tag{3-4}$$

式中 f_n——$n(n \geqslant 3)$d龄期混凝土的抗压强度,MPa;

f_{28}——28d龄期混凝土的抗压强度,MPa。

(5)混凝土外加剂与掺合料。在混凝土中掺入早强剂可提高混凝土早期强度;掺入减水剂可提高混凝土强度;掺入一些掺合料可配制高强度混凝土。

(6)施工工艺。混凝土的施工工艺包括配料、拌和、运输、浇筑、振捣、养护等工序,每一道工序对其质量都有影响。若配料不准确,误差过大;搅拌不均匀;拌和物运输过程中产生离析;振捣不密实;养护不充分等均会降低混凝土强度。因此,在施工过程中,一定要严格遵守施工规范,确保混凝土的强度。

(二)混凝土的抗拉强度

混凝土在直接受拉时,很小的变形就会开裂,它在断裂前没有残余变形,是一种脆性破坏。混凝土的抗拉强度一般为抗压强度的1/10~1/20。我国采用立方体的劈裂抗拉试验来测定混凝土的抗拉强度,称为劈裂抗拉强度 $f_{st}^{劈}$,可近似地用式(3-5)表示(精确至0.01MPa):

$$f_{st}^{\text{劈}}=\frac{2P}{\pi A}=0.637\frac{P}{A} \tag{3-5}$$

抗拉强度对于开裂现象有重要意义，在结构设计中抗拉强度是确定混凝土抗裂度的重要指标。对于某些工程（如混凝土路面、水槽、拱坝），在对混凝土提出抗压强度要求的同时，还应提出抗拉强度要求。

三、混凝土的耐久性

硬化后的混凝土除了具有设计要求的强度外，还应具有与所处环境相适应的耐久性。混凝土的耐久性是指混凝土抵抗环境条件的长期作用，并保持其稳定良好的使用性能和外观完整性，从而维持混凝土结构安全、正常使用的能力。混凝土的耐久性主要包括抗渗性、抗冻性、抗侵蚀性、抗磨性与抗气蚀性、抗碳化及碱骨料反应等。

（一）抗渗性

抗渗性是指混凝土抵抗压力水、油等液体渗透的性能。混凝土的抗渗性主要与其密实度及内部孔隙的大小和构造特征有关。

混凝土的抗渗性用抗渗等级表示，即以 28d 龄期的标准试件，按标准试验方法进行试验所能承受的最大水压力（MPa）来确定。混凝土的抗渗等级有 W2、W4、W6、W8、W10 和 W12 等 6 级。如抗渗等级 W6 表示混凝土能抵抗 0.6MPa 的静水压力而不发生渗透。

提高混凝土抗渗性能的措施有：①提高混凝土的密实度，改善孔隙结构，减少渗水通道；②减小水胶比；③掺加引气剂；④选用适当品种等级的水泥；⑤注意振捣密实、养护充分等。

水泥混凝土的抗渗等级，应根据结构所承受的水头、水力梯度以及下游排水条件、水质条件和渗透水的危害程度等因素按《水工混凝土结构设计规范》（DL/T 5057—2009）选用，见表 3-13。

表 3-13　　　　混凝土抗渗等级最小允许值（见 DL/T 5057—2009）

项次	结构类型及运用条件		抗渗等级
1	大体积混凝土结构的下游面或建筑物内部		W2
2	大体积混凝土结构的挡水面	$H<30\text{m}$	W4
		$30\text{m}\leqslant H<70\text{m}$	W6
		$70\text{m}\leqslant H<150\text{m}$	W8
		$H\geqslant150\text{m}$	W10
3	混凝土及钢筋混凝土结构构件的背面能自由渗水者	$i<10$	W4
		$10\leqslant i<30$	W6
		$30\leqslant i<50$	W8
		$i\geqslant50$	W10

注　1. 表中 H 为水头，i 为最大水力梯度。

2. 当建筑物的表层设有专门可靠的防水层时，表中规定的混凝土抗渗等级可适当降低。

3. 承受侵蚀性水作用的结构，混凝土抗渗等级应进行专门的实验研究，但不应低于 W4。

4. 埋置在地基中的结构构件（如基础防渗墙等），可按照表中项次 3 的规定选择混凝土抗渗等级。

5. 对背水面能自由渗水的素混凝土及钢筋混凝土结构构件，当水头小于 10m 时，其混凝土抗渗等级可按表中项次 3 的规定降低 1 级。

6. 对严寒、寒冷地区且水力梯度较大的结构，其抗渗等级应按表中的规定提高 1 级。

（二）抗冻性

混凝土的抗冻性是指混凝土在含水饱和状态下能经受多次冻融循环而不破坏，同时强度也不严重降低的性能。混凝土受冻后，混凝土中水分受冻结冰，体积膨胀，当膨胀力超过其抗拉强度时，混凝土将产生细微裂缝。反复冻融使裂缝不断扩展，混凝土强度降低甚至破坏，影响建筑物的安全。

混凝土的抗冻性用抗冻等级表示。抗冻等级是以 28d 龄期的混凝土标准试件，在饱和水状态下，承受反复冻融循环，以强度损失不超过 25% 且质量损失不超过 5% 时，混凝土所能承受的最大冻融循环次数来表示。混凝土抗冻等级划分为：F50、F100、F150、F200、F250、F300 和 F400 等 7 级，分别表示混凝土能够承受反复冻融循环次数为 50 次、100 次、150 次、200 次、250 次、300 次和 400 次。

混凝土的抗冻性主要决定于混凝土的孔隙率、孔隙特征及吸水饱和程度等因素。孔隙率较小，且具有封闭孔隙的混凝土，其抗冻性较好。

混凝土抗冻等级应根据工程所处环境及工作条件，按《水工混凝土结构设计规范》（DL/T 5057—2009）选择，见表 3-14。

表 3-14　　　　　　　混凝土抗冻等级（见 DL/T 5057—2009）

气 候 分 区	严寒		寒冷		温和
年冻融循环次数/次	≥100	<100	≥100	<100	
受冻严重且难于检修的部位： （1）水电站尾水部位、蓄能电站进出口的冬季水位变化区的构建、闸门槽二期混凝土、轨道基础。 （2）冬季通航或受电站尾水位影响的不通航船闸的水位变化区的构建。 （3）流速大于 25m/s、过冰、多沙或多推移质的溢洪道，深孔或其他输水部位的过水面及二期混凝土。 （4）冬季有水的露天钢筋混凝土压力水管、渡槽、薄壁充水闸门井	F400	F300	F300	F200	F100
受冻严重但有检修条件的部位： （1）大体积混凝土结构上游面冬季水位变化区。 （2）水电站或船闸的尾水渠，引航道的挡墙、护坡。 （3）流速小于 25m/s 的溢洪道、输水洞（孔）、引水系统的过水面。 （4）易积雪、结霜或饱和的路面、平台栏杆、挑檐、墙、梁、板、柱、墩、廊道或竖井的薄壁等构件	F300	F250	F200	F150	F50
受冻较重部位： （1）大体积混凝土结构外露的阴面部位。 （2）冬季有水或易长期积雪结冰的渠系建筑物	F250	F200	F150	F150	F50
受冻较轻部位： （1）大体积混凝土结构外露的阳面部位。 （2）冬季无水干燥的渠系建筑物。 （3）水下薄壁构件。 （4）水下流速大于 25m/s 的水下过水面	F200	F150	F100	F100	F50
水下、土中及大体积内部的混凝土	F50	F50	F50	F50	F50

注　1．气候分区划分标准为：严寒，最冷月平均气温低于-10℃；寒冷，最冷月平均气温高于或等于-10℃，但低于或等于-3℃；温和，最冷月平均气温高于-3℃。

　　2．冬季水位变化区是指运行期可能遇到的冬季最低水位以下 0.5~1m 至冬季最高水位以上 1m（阳面）、2m（阴面）、4m（水电站尾水区）的部位。

　　3．阳面指冬季大多为晴天，平均每天有 4h 阳光照射，不受山体或建筑物遮挡的表面，否则均按阴面考虑。

　　4．最冷月平均气温低于-25℃地区的混凝土抗冻等级宜根据具体情况研究确定。

（三）抗侵蚀性

当混凝土所处环境中含有侵蚀性介质时，混凝土便会遭受侵蚀。侵蚀介质对混凝土的侵蚀主要是对水泥石的侵蚀，其侵蚀机理详见项目四水泥部分。随着混凝土在地下工程、海岸与海洋工程等恶劣环境中的应用，对混凝土的抗侵蚀性提出了更高的要求。

混凝土的抗侵蚀性与所用水泥品种、混凝土的密实程度和孔隙特征等有关，密实和孔隙封闭的混凝土，环境水不易侵入，抗侵蚀性较强。

（四）抗磨性与抗气蚀性

磨损冲击与气蚀破坏是水工建筑物常见的病害之一。当高速水流中挟带砂、石等磨损介质时，这种现象更为严重。因此，水利工程要有较高的抗磨性与抗气蚀性。提高混凝土抗磨性与抗气蚀性的主要途径是：①选用坚硬耐磨的骨料；②选硫酸三钙（C_3S）含量较多的高强度硅酸盐水泥；③掺入适量的硅粉和高效减水剂以及适量的钢纤维；④采用强度等级 C50 以上的混凝土；⑤骨料最大粒径不大于 20mm；⑥改善建筑物的体型；⑦控制和处理建筑物表面的不平整度等。

（五）抗碳化

混凝土的碳化是指混凝土内水泥石中的氢氧化钙与空气中二氧化碳，在湿度适宜时发生化学反应，生成碳酸钙和水。碳化也称中性化。碳化是二氧化碳由表及里向混凝土内部逐渐扩散的过程。碳化引起水泥石化学组成及组织结构的变化，对混凝土的碱度、强度和收缩产生影响。

碳化对混凝土性能既有有利的影响，也有不利的影响。其不利影响首先是碱度降低减弱了对钢筋的保护作用。这是因为混凝土中水泥水化生成大量的氢氧化钙，使钢筋处在碱性环境中而在表面生成一层钝化膜，保护钢筋不易腐蚀。但当碳化深度穿透混凝土保护层而达钢筋表面时，钢筋钝化膜被破坏而发生锈蚀，此时产生体积膨胀，致使混凝土保护层产生开裂，开裂后的混凝土更有利于二氧化碳、水、氧等有害介质的进入，加剧了碳化的进行和钢筋的锈蚀，最后导致混凝土产生顺筋开裂而破坏。另外，碳化作用会增加混凝土的收缩，引起混凝土表面产生拉应力而出现细微裂缝，从而降低混凝土的抗拉、抗折强度及抗渗性能。

碳化作用对混凝土也有一些有利影响，即碳化作用产生的碳酸钙填充了水泥石的孔隙，且碳化时放出的水分有助于未水化水泥的水化，从而可提高混凝土碳化层的密实度，对提高抗压强度有利。

影响碳化速度的主要因素有环境中二氧化碳的浓度、环境湿度、水胶比、水泥品种等。二氧化碳浓度越高，碳化速度越快。当环境中的相对湿度在 50%～75% 时，碳化速度最快；当相对湿度小于 25% 或大于 100% 时，碳化将停止。水胶比越小，混凝土越密实，二氧化碳和水不易侵入，碳化速度就慢。掺混合材料的水泥碱度降低，碳化速度随混合材料掺量的增多而加快。

（六）碱骨料反应

碱骨料反应是指水泥、外加剂等混凝土组成物及环境中的碱与骨料中碱活性矿物在潮湿环境下缓慢发生并导致混凝土开裂破坏的膨胀反应。常见的碱骨料反应有碱-氧化硅反应、碱-硅酸盐反应、碱-碳酸盐反应 3 种类型。碱骨料反应后，会在骨料表面形成复杂的碱硅酸凝胶，吸水后凝胶不断膨胀而使混凝土产生膨胀性裂纹，严重时会导致结构破坏。碱骨料反应的发生必须具备 3 个条件：①水泥、外加剂等混凝土原材料中碱的含量必须高；②骨料中含有一定的碱活性成分；③要有潮湿环境。因此，为了防止碱骨料反应，应严格控制水泥等混凝土原材料中碱的含量和骨料中碱活性物质的含量。

（七）提高混凝土耐久性的措施

混凝土所处的环境和使用条件不同，其耐久性的要求也不相同，但影响耐久性的因素却有许多相同之处，混凝土的密实程度是影响耐久性的主要因素，其次是原材料的性质、施工质量等。提高混凝土耐久性的主要措施如下：

1. 合理选择混凝土的组成材料

（1）应根据混凝土的工程特点和所处的环境条件，合理选择水泥品种。

（2）选择质量良好、技术要求合格的骨料。

2. 提高混凝土制品的密实度

（1）严格控制混凝土的水胶比、最低强度等级和最小胶凝材料用量。水工混凝土结构的环境条件类别见表 3-15，混凝土的最大允许水胶比、最低强度等级和最小水泥用量应根据表 3-16～表 3-18 的规定执行。

（2）选择级配良好的骨料及合理砂率值，保证混凝土的密实度。

（3）掺入适量减水剂，可减少混凝土的单位用水量，提高混凝土的密实度。

（4）严格按操作规程进行施工操作，加强搅拌、合理浇筑、振捣密实、加强养护，确保施工质量，提高混凝土制品的密实度。

3. 改善混凝土的孔隙结构

在混凝土中掺入适量引气剂，可改善混凝土内部的孔隙结构，可以提高混凝土的抗渗性、抗冻性及抗侵蚀性。

表 3-15 　　　　　水工混凝土结构的环境条件类别（见 DL/T 5057—2009）

环境类别	环 境 条 件
一	室内正常环境
二	露天环境；室内潮湿环境；长期处于地下水或淡水水下环境
三	淡水水位变动区；弱腐蚀环境；海水水下环境
四	海上大气区；海上水位变动区；轻度盐雾作用区；中等腐蚀环境
五	海水浪溅区及重度盐雾作用区；使用除冰盐的环境；强腐蚀环境

注　1. 大气区与浪溅区的分界线为设计最高水位加 1.5m；浪溅区与水位变动区的分界线为设计最高水位减 1.0m；水位变动区与水下区的分界线为设计最低水位减 1.0m。

　　2. 重度盐雾作用区为离涨潮岸线 50m 内的陆上室外环境；轻度盐雾作用区为离涨潮岸线 50～100m 的陆上室外环境。

　　3. 冻融比较严重的三类、四类环境条件的建筑物，可将其环境类别提高一类。

表 3-16 　　　　　　水工混凝土的最大允许水胶比（见 DL/T 5057—2009）

环境类别	一	二	三	四	五
最大水胶比	0.60	0.55	0.50	0.45	0.40

注　1. 结构类型为薄壁或薄腹构件时，最大水胶比应适当减小。

　　2. 处于三类、四类、五类环境条件又受冻严重或受冲刷严重的结构，最大水胶比应按照 DL/T 5082 的规定执行。

　　3. 承受水力梯度较大的结构，最大水胶比应适当减小。

表 3-17   水工混凝土的最低强度等级（见 DL/T 5057—2009）

环境类别	素混凝土	钢筋混凝土		预应力混凝土	
		HPB235、HPB300	HRB335、HRB400、HRB500、RRB400	钢棒、螺纹钢筋	钢绞线、消除应力钢丝
一	C15	C20	C20	C30	C40
二	C15	C20	C25	C30	C40
三	C15	C20	C25	C35	C40
四	C20	C25	C30	C35	C40
五	C25	C30	C35	C35	C40

注　1. 本表适用于设计使用年限为 50 年的混凝土结构，对设计使用年限为 100 年的混凝土结构，混凝土最低强度等级宜按表中规定提高一级。

　　2. 桥面及处于露天的梁、柱子结构，混凝土强度等级不宜低于 C25。

　　3. 有抗冲耐磨要求的部位，其混凝土强度等级应进行专门研究确定，且不宜低于 C30。

　　4. 承受重复荷载的钢筋混凝土构件，混凝土强度等级不宜低于 C25。

　　5. 大体积预应力混凝土结构的混凝土强度等级不宜低于 C30。

表 3-18   水工混凝土的最小水泥用量（见 DL/T 5057—2009）

环境类别	最小水泥用量/(kg/m³)		
	素混凝土	钢筋混凝土	预应力混凝土
一	200	220	280
二	230	260	300
三	260	300	340
四	280	340	360
五	300	360	380

注　当混凝土中加入活性掺合料或能提高耐久性的外加剂时，可适当降低最小水泥用量。

单元三　水泥混凝土配合比设计

一、混凝土配合比的表示方法

混凝土配合比是指混凝土中各组成材料用量之间的比例关系。常用的表示方法有两种：

（1）以每立方米混凝土中各组成材料的质量来表示。如每立方米混凝土中水泥 300kg、水 180kg、砂子 600kg、石子 1200kg。

（2）以各组成材料相互间的质量比来表示。通常以水泥质量为 1，将上例换算成质量比，即水泥∶砂子∶石子＝1∶2.0∶4.0，水胶比＝0.60。

二、混凝土配合比设计应满足的 4 个基本要求

混凝土配合比设计的任务，就是根据原材料的技术性能及施工条件，确定出能满足工程所要求的各项技术指标，并符合经济原则的各组成材料的用量。具体地说，混凝土配合比设计的基本要求包括以下几方面：

（1）满足混凝土结构设计所要求的强度等级。

（2）满足施工所要求的混凝土拌和物的和易性。

（3）满足混凝土的耐久性，如抗冻等级、抗渗等级和抗侵蚀性等。

（4）在满足各项技术性质的前提下，使各组成材料经济合理，尽量节约水泥，降低混凝土成本。

三、混凝土配合比设计中的 3 个重要参数

1. 水胶比 $[w/(c+p)]$

水胶比是混凝土中水与胶凝材料质量的比值，是影响混凝土强度和耐久性的主要因素。其确定原则是在满足工程要求的强度和耐久性的前提下，尽量选择较大值，以节约水泥。

2. 砂率（β_s）

砂率是指混凝土中砂子质量占砂石总质量的百分比。砂率是影响混凝土拌和物和易性的重要指标。砂率的确定原则是在保证混凝土拌和物黏聚性和保水性要求的前提下，尽量取小值。

3. 单位用水量

单位用水量是指每立方米混凝土的用水量，反映混凝土中水泥浆与骨料之间的比例关系。在混凝土拌和物中，水泥浆的多少显著影响混凝土的和易性，同时也影响其强度和耐久性。其确定原则是在混凝土拌和物达到流动性要求的前提下取较小值。

水胶比、砂率和单位用水量是混凝土配合比设计的 3 个重要参数，其选择是否合理，将直接影响混凝土的性能和成本。

四、混凝土配合比设计的基本资料准备

（1）明确设计所要求的技术指标，如强度、和易性、耐久性等。

（2）合理选择原材料，并预先检验，明确所用原材料的品质及技术性能指标，如水泥品种及强度等级、密度等；砂的细度模数及级配；石子种类、最大粒径及级配；是否掺用外加剂及掺合料等。

五、混凝土配合比设计的方法步骤

混凝土配合比设计分 3 个步骤，首先根据经验公式、经验表格等资料计算初步配合比，然后按初步配合比进行混凝土和易性检测，试拌调整，得出满足要求的基准配合比，最后按基准配合比进行混凝土强度、耐久性检验，计算调整，得到设计配合比。

（一）初步配合比的计算

1. 确定混凝土的配制强度

在正常施工条件下，受人工、材料、机械、工艺、环境等因素的影响，混凝土的质量总是会产生波动，经验证明，这种波动符合正态分布。为使混凝土的强度保证率能满足规定的要求，在设计混凝土配合比时，必须使混凝土的试配强度高于设计强度等级，可按下式估计。

$$f_{cu,0}=f_{cu,k}+t\sigma \tag{3-6}$$

式中　$f_{cu,0}$——混凝土配制强度，MPa；

　　　$f_{cu,k}$——混凝土结构设计龄期要求的混凝土强度等级，MPa；

　　　σ——施工单位的混凝土强度标准差的历史统计水平，MPa；若无统计资料时，可参考表 3-19 取值。

　　　t——与混凝土要求的保证率所对应的概率度系数，见表 3-20。

当设计龄期为 28d，抗压强度保证率 P 为 95% 时，$t=1.645$，式（3-6）变为

$$f_{cu,0} = f_{cu,k} + 1.645\sigma \tag{3-7}$$

表 3 - 19   **混凝土强度标准差 σ 值（见 SL 677—2014）**   单位：MPa

设计龄期混凝土抗压强度标准值 $f_{cu,k}$	≤15	20～25	30～35	40～45	≥50
混凝土抗压强度标准差 σ	3.5	4.0	4.5	5.0	5.5

注 施工中应根据现场施工时段强度的统计结果调整 σ 值。

表 3 - 20   **保证率和概率度系数关系**

P（%）	70.0	70.5	80.0	84.1	85.0	90.0	95.0	97.7	99.9
概率度系数 t	0.525	0.675	0.84	1.0	1.040	1.280	1.645	2.0	3.0

2. 确定混凝土水胶比

（1）满足强度要求的水胶比。根据已测定的水泥实际强度、粗骨料种类及所要求的混凝土配制强度，按强度公式（3-3）计算水胶比：

$$w/(c+p) = \frac{A f_{ce}}{f_{cu} + A B f_{ce}} \tag{3-8}$$

式中 $w/(c+p)$ ——混凝土水胶比；

        A、B——回归系数，应根据工程所使用的原材料，通过试验建立的水胶比与混凝土强度关系式确定；

        f_{ce}——水泥 28d 胶砂抗压强度实测值，MPa。

（2）满足耐久性要求的水胶比。混凝土抗渗、抗冻等级与水胶比、水泥品种、外加剂和掺合料品种及掺量、混凝土龄期等因素有关。对于大中型工程，应通过试验建立相应的关系曲线，根据试验结果选择水胶比。同时，按表 3-16 查出满足耐久性要求的水胶比。

同时满足强度、耐久性要求的水胶比，取上述（1）、（2）计算结果中的小值。

3. 确定用水量和外加剂用量

混凝土用水量应根据骨料最大粒径、坍落度、外加剂、掺合料以及适宜砂率通过试拌确定。

（1）常态混凝土（坍落度在 10～100mm）每立方米用水量应符合下列规定：

1）水胶比在 0.40～0.70，若无试验资料，可根据施工要求的坍落度值和已知的粗骨料种类及最大粒径，按表 3-21 选取。

2）水胶比小于 0.40 时，应通过试验确定。

表 3 - 21   **水工常态混凝土单位用水量参考值（见 DL/T 5330—2005）**   单位：kg/m³

最大粒径/mm 混凝土坍落度/mm	卵 石				碎 石			
	20	40	80	150	20	40	80	150
10～30	160	140	120	105	175	155	135	120
30～50	165	145	125	110	180	160	140	125
50～70	170	150	130	115	185	165	145	130
70～90	175	155	135	120	190	170	150	135

注 1. 本表适用于细度模数为 2.6～2.8 的天然中砂，当使用细砂或粗砂时，用水量需增加或减少 3～5kg/m³。

    2. 采用人工砂时，用水量需增加 5～10kg/m³。

    3. 掺入火山灰质掺合料时，用水量需增加 10～20kg/m³；采用 I 级粉煤灰时，用水量可减少 5～10kg/m³。

    4. 采用外加剂时，用水量应根据外加剂的减水率做适当调整，外加剂的减水率应通过试验确定。

    5. 本表适用于骨料含水状态为饱和面干状态。

（2）流动性混凝土（坍落度大于 100mm）每立方米用水量按下列规定计算。以表 3-21 中坍落度 90mm 的用水量为基础，按坍落度每增大 20mm 用水量增加 5kg/m³，计算出未掺外加剂时的混凝土用水量。

掺外加剂时，每立方米用水量（m_{w0}）可按下式计算：

$$m_{w0} = m'_{w0}(1-\beta) \tag{3-9}$$

式中　m_{w0}——初步配合比每立方米混凝土的用水量，kg；

　　　m'_{w0}——未掺外加剂时的每立方米混凝土用水量，kg；

　　　β——外加剂的减水率（%）。

（3）每立方米混凝土中外加剂用量（m_{a0}）应按下式计算：

$$m_{a0} = (m_{c0} + m_{p0})P_a \tag{3-10}$$

式中　m_{a0}——初步配合比每立方米混凝土中外加剂用量，kg；

　　$m_{c0} + m_{p0}$——初步配合比每立方米混凝土中胶凝材料用量，kg；

　　　P_a——外加剂掺量（%），应通过试验确定。

4. 计算每立方米混凝土胶凝材料、水泥和矿物掺合料用量

按下式计算：

$$m_{c0}cm_{p0} = \frac{m_{w0}}{w/(c+p)} \tag{3-11}$$

$$m_{p0} = (m_{c0} + m_{p0})P_m \tag{3-12}$$

$$m_{c0} = (1-P_m)m_{p0} \tag{3-13}$$

式中　m_{c0}——初步配合比每立方米混凝土中水泥用量，kg；

　　　m_{p0}——初步配合比每立方米混凝土中矿物掺合料用量，kg；

　　　m_{w0}——初步配合比每立方米混凝土的用水量，kg；

　　$w/(c+p)$——混凝土水胶比。

　　　P_m——矿物掺合料掺量（%），应通过试验确定。

将计算出的水泥用量和表 3-18 规定的混凝土最小水泥用量比较，取两者中大者作为每立方米混凝土中水泥用量。

5. 确定砂率

（1）计算法。测得混凝土所用砂、石的表观密度和堆积密度，求出石子的空隙率，按以下原理计算砂率：砂子填充石子空隙并略有剩余。即

$$\beta_s = \frac{m_s}{m_s + m_g} = \frac{k\rho'_s P}{k\rho'_s P + \rho'_g} \times 100\% \tag{3-14}$$

式中　β_s——砂率（%）；

　　m_s、m_g——分别为砂、石用量，kg/m³；

　　ρ'_s、ρ'_g——分别为砂、石的堆积密度，kg/m³；

　　　P——石子的空隙率（%）；

　　　k——拨开系数（又称富裕系数），$k=1.1\sim1.4$，用碎石及粗砂取大值。

（2）试验法。在用水量和水胶比不变的条件下，拌制 5 组以上不同砂率的试样，每组相差 2%~3%，测出各组的坍落度或维勃稠度。在坐标上绘出砂率与坍落度（或维勃稠度）关系图，从曲线上找出极大值所对应的砂率即为所求的最优砂率［图 3-7（a）］。

（3）查实践资料法。坍落度小于 10mm 的混凝土，其砂率应经试验确定。坍落度为

10～60mm 的混凝土，其砂率可根据粗骨料品种、最大公称粒径及水胶比按表 3-22 选取。坍落度大于 60mm 的混凝土，其砂率可经试验确定，也可在表 3-22 的基础上，按坍落度每增大 20mm、砂率增大 1% 的幅度予以调整。

表 3-22　　　　　　　水工常态混凝土砂率初选参考值（见 DL/T 5330—2005）

骨料最大粒径/mm ＼ 水胶比	0.40	0.50	0.60	0.70
20	36%～38%	38%～40%	40%～42%	42%～44%
40	30%～32%	32%～34%	34%～36%	36%～38%
80	24%～26%	26%～28%	28%～30%	30%～32%
150	20%～22%	22%～24%	24%～26%	26%～28%

注　1. 本表适用于卵石、细度模数为 2.6～2.8 的天然中砂拌制的混凝土。
　　2. 砂的细度模数每增减 0.1，砂率相应增减 0.5%～1.0%。
　　3. 使用碎石时，砂率需增加 3%～5%。
　　4. 使用人工砂时，砂率需增加 2%～3%。
　　5. 掺用引气剂时，砂率可减小 2%～3%；掺用粉煤灰时，砂率可减小 1%～2%。

6. 计算粗骨料、细骨料用量

（1）体积法。假定混凝土拌和物的体积等于各组成材料绝对体积及拌和物中所含空气的体积之和，用下式计算每立方米混凝土拌和物的砂石用量。

$$\begin{cases} \dfrac{m_{c0}}{\rho_c} + \dfrac{m_{p0}}{\rho_p} + \dfrac{m_{g0}}{\rho_g} + \dfrac{m_{s0}}{\rho_s} + \dfrac{m_{w0}}{\rho_w} + 0.01\alpha = 1 \\[2mm] \beta_s = \dfrac{m_{s0}}{m_{s0} + m_{g0}} \times 100\% \end{cases} \qquad (3-15)$$

式中　m_{p0}——初步配合比每立方米混凝土的矿物掺合料用量，kg；

　　　m_{c0}——初步配合比每立方米混凝土的水泥用量，kg；

　　　m_{s0}——初步配合比每立方米混凝土的细骨料用量，kg；

　　　m_{g0}——初步配合比每立方米混凝土的粗骨料用量，kg；

　　　m_{w0}——初步配合比每立方米混凝土的用水量，kg；

　　　ρ_c——水泥密度，kg/m³；

　　　ρ_p——矿物掺合料密度，kg/m³；

　　　ρ_g——粗骨料的饱和面干表观密度，kg/m³；

　　　ρ_s——细骨料的饱和面干表观密度，kg/m³；

　　　ρ_w——水的密度，kg/m³；

　　　α——混凝土含气量，在不使用引气剂或引气型外加剂时，α 可取 1；

　　　β_s——砂率（%）。

（2）质量法。根据经验，如果原材料情况比较稳定，所配制的混凝土拌和物的表观密度接近一个固定值，可先假设每立方米混凝土拌和物的质量为 $m_{c,p}$，按下式计算。

$$\begin{cases} m_{p0} + m_{c0} + m_{s0} + m_{g0} + m_{w0} = m_{c,p} \\[2mm] \beta_s = \dfrac{m_{s0}}{m_{s0} + m_{g0}} \times 100\% \end{cases} \qquad (3-16)$$

式中　$m_{c,p}$——每立方米混凝土拌和物的假定质量，kg/m³，可按表 3-23 中数值选取。

其余符号同前。

表 3 - 23 混凝土拌和物表观密度假定值（见 DL/T 5330—2005） 单位：kg/m³

石子最大粒径/mm 混凝土种类	20	40	80	120	150
普通混凝土	2380	2400	2430	2450	2460
引气混凝土	2280（5.5%）	2320（4.5%）	2350（3.5%）	2380（3.0%）	2390（3.0%）

注 1. 适用于骨料表观密度为 2600～2650kg/m³ 的混凝土。
 2. 骨料表观密度每增减 100kg/m³，混凝土拌和物质量相应增减 60kg/m³；混凝土含气量每增减 1%，拌和物质量相应增减 1%。
 3. 表中括弧内的数字为引气混凝土的含气量。

（二）试配、调整，确定基准配合比

按初步配合比计算出每盘混凝土各种材料用量进行试配。试配应采用工程中实际采用的原材料及拌和方法，试配每盘混凝土的最小拌和量应符合表 3 - 24 的规定。

表 3 - 24 混凝土试配时的最小拌和量（见 DL/T 5330—2005）

骨料最大粒径/mm	拌和物数量/L	骨料最大粒径/mm	拌和物数量/L
20	15	≥80	40
40	25		

对试配的混凝土拌和物进行坍落度测定，同时观察黏聚性和保水性。若不符合要求，应进行调整。调整的原则如下：若流动性太大，可在砂率不变的条件下，适当增加砂、石用量；若流动性太小，应在保持水胶比不变的条件下，增加适量的水和水泥；黏聚性和保水水性不良时，实质上是混凝土拌和物中砂浆不足或砂浆过多，可适当增大砂率或适当降低砂率，调整到和易性满足要求时为止。其调整量可参考表 3 - 25。

表 3 - 25 条件变动时材料用量调整参考值

条件变化情况	大致的调整值		条件变化情况	大致的调整值	
	加水量	砂率		加水量	砂率
坍落度增减 10mm	±2%～±4%	—	砂率增减 1%	±2kg/m³	—
含气量增减 1%	±3%	±0.5%			

试拌调整完成后，应测出混凝土拌和物的实际表观密度 $\rho_{c,t}$，并计算各组成材料调整后的拌和用量：水泥 m_{cb}、矿物掺合料 m_{pb}、水 m_{wb}、砂 m_{sb}、石子 m_{gb}，则满足和易性要求的混凝土基准配合比为

$$\begin{cases} m_{cj} = \dfrac{m_{cb}}{m_{cb}+m_{pb}+m_{wb}+m_{sb}+m_{gb}} \times m_{c,t} \\[2mm] m_{pj} = \dfrac{m_{pb}}{m_{cb}+m_{pb}+m_{wb}+m_{sb}+m_{gb}} \times m_{c,t} \\[2mm] m_{wj} = \dfrac{m_{wb}}{m_{cb}+m_{pb}+m_{wb}+m_{sb}+m_{gb}} \times m_{c,t} \\[2mm] m_{sj} = \dfrac{m_{sb}}{m_{cb}+m_{pb}+m_{wb}+m_{sb}+m_{gb}} \times m_{c,t} \\[2mm] m_{gj} = \dfrac{m_{gb}}{m_{cb}+m_{pb}+m_{wb}+m_{sb}+m_{gb}} \times m_{c,t} \end{cases} \quad (3-17)$$

式中 m_{cj}、m_{pj}、m_{wj}、m_{sj}、m_{gj}——基准配合比每立方米混凝土的水泥用量、矿物掺合料
用量、用水量、细骨料用量和粗骨料用量，kg；

$m_{c,t}$——每立方米混凝土拌和物质量实测值，kg。

（三）强度及耐久性复核，确定设计配合比（又称试验室配合比）

影响混凝土强度、耐久性的主要因素是水胶比，因此应对上述满足和易性要求的基准配合比进行强度和耐久性检验。

1. 满足强度要求的试验室配合比

为加快检验进程，一般采用 3 个不同的配合比同时进行，其中一个是基准配合比，另两个配合比的水胶比则分别比基准配合比的水胶比增加和减少 0.05，其用水量与基准配合比相同，砂率值可分别增加或减少 1%。每种配合比制作一组试件，每一组都应检验相应配合比拌和物的和易性并测定表观密度，其结果代表这一配合比的混凝土拌和物的性能，将试件标准养护 28d 时，进行强度测定，根据混凝土强度试验结果，绘制强度和胶水比的直线关系图，用插值法或作图法确定等于配制强度对应的胶水比。

按以下原则确定每立方米混凝土拌和物的各材料用量，即为满足强度要求的试验室配合比。

（1）用水量。按基准配合比的用水量并根据制作强度试件时测得的坍落度，进行适当调整。

（2）胶凝材料用量。应以用水量乘以确定的胶水比计算得出。根据矿物掺合料的掺量，计算出矿物掺合料用量和水泥用量。

（3）粗、细骨料用量。按基准配合比的用量并根据用水量和胶凝材料用量进行调整。

（4）外加剂用量。根据外加剂的掺量和水泥用量，计算出外加剂用量。

（5）混凝土表观密度的校正。

1）配合比调整后的混凝土拌和物的表观密度应按下式计算：

$$m_{c,c} = m_c + m_p + m_w + m_s + m_g \qquad (3-18)$$

式中 $m_{c,c}$——每立方米混凝土拌和物的质量计算值，kg；

m_c——每立方米混凝土的水泥用量，kg；

m_p——每立方米混凝土的矿物掺合料用量，kg；

m_w——每立方米混凝土的用水量，kg；

m_s——每立方米混凝土的细骨料用量，kg；

m_g——每立方米混凝土的粗骨料用量，kg。

2）混凝土配合比校正系数按下式计算：

$$\delta = \frac{m_{c,t}}{m_{c,c}} \qquad (3-19)$$

式中 δ——混凝土配合比校正系数；

$m_{c,t}$——每立方米混凝土拌和物的质量实测值，kg。

3）当混凝土拌和物表观密度实测值与计算值之差的绝对值不超过计算值的 2% 时，按上述第（1）～（4）条得到的配合比（m_w、m_c、m_f、m_s、m_g）即为确定的设计配合比；当两者之差超过 2% 时，应将配合比中每项材料用量均乘以校正系数 δ，即为确定的设计配合比。按下式计算：

$$\begin{cases} m_{c,sh}=m_c\delta \\ m_{w,sh}=m_{cw}\delta \\ m_{s,sh}=m_{cs}\delta \\ m_{g,sh}=m_{cg}\delta \\ m_{p,sh}=m_p\delta \end{cases} \tag{3-20}$$

（6）生产单位可根据常用材料设计出常用的混凝土配合比备用，并应在启用过程中予以验证或调整。遇有下列情况之一时，应重新进行配合比设计。

1）对混凝土性能有特殊要求时。

2）水泥、外加剂或矿物掺合料等原材料品种、质量有显著变化时。

2. 满足耐久性要求的试验室配合比

当混凝土有抗渗、抗冻等耐久性要求时，应用上述满足强度要求的设计配合比进行相关性能试验。如不能满足要求，则应对配合比进行适当调整，直到满足设计要求为止。

（四）施工配合比确定

水泥混凝土的设计配合比所用砂、石是以饱和面干状态为标准计量的。施工现场的骨料一般采用露天堆放，其含水率随气候的变化而变化，因此施工时必须将设计配合比调整换算成施工配合比。调整换算的目的是为了在工程中准确实施实验室配合比。

假定工地测出砂的表面含水率为 a，石子的表面含水率为 b，则施工配合比中每立方米混凝土的各组成材料用量应该为

$$\begin{cases} m'_c=m_{c,sh} \\ m'_p=m_{p,sh} \\ m'_s=m_{s,sh}(1+a) \\ m'_g=m_{g,sh}(1+b) \\ m'_w=m_{w,sh}-m_{s,sh}a-m_{g,sh}b \end{cases} \tag{3-21}$$

六、混凝土配合比设计实例

某混凝土坝所在地区最冷月份月平均气温为 -7℃，河水无侵蚀性，该坝上游面水位变化区的外部混凝土一年内的总冻融次数为 45 次，最大作用水头 50m，设计要求混凝土强度等级为 C25，坍落度为 30～50mm，混凝土采用机械振捣。原材料性能如下：

水泥：强度等级为 42.5 的普通硅酸盐水泥，经实测，该水泥密度 $\rho_c=3.1\text{g/cm}^3$，抗压强度值 48.0MPa。

砂：当地河砂，实测细度模数 $M_x=2.7$，表观密度 $\rho_s=2610\text{kg/m}^3$，其他性能均符合水工混凝土要求。

石子：采用当地的石灰岩生产的碎石，最大粒径为 80mm，其中，小石：中石：大石 = 30%：30%：40%，级配后的碎石表观密度 $\rho_g=2670\text{kg/m}^3$。实测骨料表面含水率见表3-26。

表 3-26　　　　　　　　　　　　　骨料表面含水率

骨料种类	砂子	石子		
		小石	中石	大石
实测骨料表面含水率	3.0%	1.1%	0.3%	0.2%

该工程的施工单位是一大型国有企业，该企业混凝土强度标准差据历史资料统计为3.9MPa，试根据给定资料进行试验室配合比及施工配合比设计（设计龄期为28d）。

（一）初步配合比设计

1. 确定混凝土的配制强度

由设计龄期为28d，确定强度保证率为95%。配制强度按式（3-7）计算。

已知 $\sigma = 3.9\text{MPa}$，则

$$f_{cu,0} = f_{cu,k} + 1.645\sigma = 25 + 1.645 \times 3.9 \approx 31.4(\text{MPa})$$

2. 确定混凝土水胶比

（1）满足强度要求的水胶比。采用工程所使用的原材料，通过试验建立的水胶比与混凝土强度关系式确定回归系数 $A = 0.53$，$B = 0.20$，则有

$$w/(c+p) = \frac{Af_{ce}}{f_{cu,0} + ABf_{ce}} = \frac{0.53 \times 48.0}{31.4 + 0.53 \times 0.20 \times 48.0} \approx 0.70$$

（2）满足耐久性要求的水胶比。根据表3-13、表3-14查得，混凝土抗渗等级为W6，抗冻等级为F150。查表3-15、表3-16，淡水水位变化区允许的最大水胶比为0.50。所以满足耐久性要求的水胶比为0.50。

因此，同时满足强度和耐久性要求的水胶比 $w/(c+p) = 0.50$。

3. 确定单位用水量

查表3-21，按坍落度要求30~50mm，碎石最大粒径80mm，则每立方米混凝土的用水量可选用 $m_{w0} = 140\text{kg/m}^3$。

4. 计算胶凝材料用量

每立方米混凝土的胶凝材料用量为

$$m_{b0} = \frac{m_{w0}}{w/b} = \frac{140}{0.50} = 280(\text{kg/m}^3)$$

由于未掺加掺合料（$m_{f0} = 0$），胶凝材料用量即为水泥用量。查表3-18，三类环境素混凝土最小水泥用量为260kg/m³。所以每立方米混凝土的水泥用量为

$$m_{c0} = m_{b0} = 280(\text{kg/m}^3)$$

5. 确定砂率

根据粗骨料的最大粒径80mm及水胶比0.50，查表3-22得砂率为26%~28%，取中间值27%；但因粗骨料是碎石，砂率应增加3%~5%，取4.0%，则初选的砂率为27.0%+4.0% = 31.0%。

6. 计算砂、石子用量

（1）体积法。

$$\begin{cases} \dfrac{280}{3100} + \dfrac{m_{s0}}{2610} + \dfrac{m_{g0}}{2670} + \dfrac{140}{1000} + 0.01 \times 1 = 1 \\[3mm] \dfrac{m_{s0}}{m_{s0} + m_{g0}} = 0.31 \end{cases}$$

解得 $m_{s0} \approx 624(\text{kg/m}^3)$，$m_{g0} \approx 1389(\text{kg/m}^3)$。

（2）质量法。假定每立方米混凝土拌和物的质量 $m_{c,p} = 2430\text{kg}$，则由式（3-16）得：

$$m_{s0} + m_{g0} = m_{c,p} - (m_{c0} + m_{w0}) = 2430 - 280 - 140 = 2010(\text{kg/m}^3)$$

$$m_{s0} = (m_{s0} + m_{g0})\beta_s = 2010 \times 31\% \approx 623 (kg/m^3)$$

$$m_{g0} = m_{c,p} - (m_{c0} + m_{f0} + m_{w0}) - m_{s0} = 2010 - 623 = 1387 (kg/m^3)$$

若采用质量法计算结果，则混凝土的初步配合比为：水 $140kg/m^3$；水泥 $280kg/m^3$；砂 $623kg/m^3$；石子 $1387kg/m^3$（其中：小石 $416kg/m^3$，中石 $416kg/m^3$，大石 $555kg/m^3$）。

（二）基准配合比的确定

按初步配合比试拌混凝土 40L，其材料用量为：水泥 $280 \times 0.040 = 11.20(kg)$；水 $5.60kg$；砂 $24.92kg$；石子 $55.48kg$（其中：小石 $16.64kg$，中石 $16.64kg$，大石 $22.20kg$）。

通过试拌测得混凝土拌和物的黏聚性和保水性较好，坍落度为 $20mm$，则其坍落度较要求的平均值小 $20mm$，应在保持水胶比不变的条件下增加水和胶凝材料。根据经验参考表 $3-25$，每增减 $10mm$ 坍落度时，加水量增减 $2\% \sim 4\%$，取平均值 3% 计算，故增加水泥用量 $11.20 \times 3\% \times 2 = 0.67kg$，水量增加 $0.34kg$。经试拌后测得坍落度为 $40mm$，符合施工要求。实测拌和物的表观密度 $\rho_{c,t} = 2440kg/m^3$。试拌后各种材料的实际用量如下：

水泥：$\qquad m_{cb} = 11.20 + 0.67 = 11.87(kg)$

水：$\qquad m_{wb} = 5.60 + 0.34 = 5.94(kg)$

砂：$\qquad m_{sb} = 24.92(kg)$

石子：$\qquad m_{gb} = 55.48(kg)$

由式（$3-17$）计算基准配合比：

$$m_{cj} = \frac{m_{cb}}{m_{cb} + m_{wb} + m_{sb} + m_{gb}} m_{c,t}$$

$$= \frac{11.87}{11.87 + 5.94 + 24.92 + 55.48} \times 2440 \approx 295 (kg/m^3)$$

$$m_{wj} = \frac{m_{wb}}{m_{cb} + m_{wb} + m_{sb} + m_{gb}} m_{c,t} \approx 148 (kg/m^3)$$

$$m_{sj} = \frac{m_{sb}}{m_{cb} + m_{wb} + m_{sb} + m_{gb}} m_{c,t} \approx 619 (kg/m^3)$$

$$m_{gj} = \frac{m_{gb}}{m_{cb} + m_{wb} + m_{sb} + m_{gb}} m_{c,t} \approx 1378 (kg/m^3)$$

（三）强度及耐久性复核，确定设计配合比（试验室配合比）

以基准配合比的水胶比 0.50，另取 0.45 和 0.55 共 3 个水胶比的配合比，分别拌制混凝土，测得和易性均满足要求，并制作混凝土试件，进行强度、抗渗性、抗冻性试验。经试验，3 组试件的抗渗性及抗冻性均符合要求，测得各组试件的 28d 的强度见表 $3-27$。

表 3-27 强度试验结果

试样	$w/(c+p)$	$(c+p)/w$	f_{cu}/MPa
Ⅰ	0.45	2.22	37.0
Ⅱ	0.50	2.00	32.2
Ⅲ	0.55	1.82	28.2

据表 $3-27$ 数据，作强度与胶水比线性关系图（图 $3-10$），求出与配制强度 $f_{cu,0} = 31.4MPa$ 相对应的胶水比 1.96 [水胶比 $w/(c+p) = 0.51$]，则符合强度要求的配合比：用

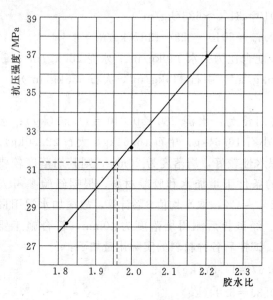

图 3-10 胶水比与强度关系曲线

水量 $m_w = m_{wj} = 148\text{kg/m}^3$；水泥用量 $m_c = 148 \times 1.96 = 290$（$\text{kg/m}^3$）；按混凝土拌和物表观密度 2440kg/m^3 重新计算砂石用量（质量法），得砂用量 $m_s = 621\text{kg/m}^3$，石子用量 $m_g = 1381\text{kg/m}^3$。

最后，实测出混凝土拌和物表观密度 $\rho_{c,t} = 2420\text{kg/m}^3$，其计算表观密度：

$$\rho_{c,c} = m_w + m_c + m_s + m_g$$
$$= 148 + 290 + 621 + 1381$$
$$= 2440 (\text{kg/m}^3)$$

因此，配合比校正系数 $\delta = 2420/2440 \approx 0.99$，二者之差不超过计算值的 2%，故可不进行调整，设计配合比即为 $m_{c,sh} = 290\text{kg/m}^3$，$m_{w,sh} = 148\text{kg/m}^3$，$m_{s,sh} = 621\text{kg/m}^3$，$m_{g,sh} = 1381\text{kg/m}^3$（其中：小石 414kg/m^3，中石 414kg/m^3，大石 553kg/m^3）。

（四）计算混凝土施工配合比

每立方米混凝土各材料用量如下：

水泥：
$$m_c' = m_{c,sh} = 290 (\text{kg/m}^3)$$

砂子：
$$m_s' = m_{s,sh}(1 + a\%) = 621 \times (1 + 3\%) \approx 640 (\text{kg/m}^3)$$

小石：
$$m_{g1}' = m_{g1,sh}(1 + b_1\%) = 414 \times (1 + 1.1\%) \approx 419 (\text{kg/m}^3)$$

中石：
$$m_{g2}' = m_{g2,sh}(1 + b_2\%) = 414 \times (1 + 0.3\%) \approx 415 (\text{kg/m}^3)$$

大石：
$$m_{g3}' = m_{g3,sh}(1 + b_3\%) = 553 \times (1 + 0.2\%) \approx 554 (\text{kg/m}^3)$$

水：
$$m_w' = m_{w,sh} - m_{s,sh}a\% - m_{g,sh}b\%$$
$$= 148 - 621 \times 3\% - 414 \times 1.1\% - 414 \times 0.3\% - 553 \times 0.2\%$$
$$\approx 122 (\text{kg/m}^3)$$

单元四　混凝土的质量

质量合格的混凝土，应能满足设计要求的技术性质，具有较好的均匀性且达到规定的保证率。但由于受多种因素的影响，混凝土的质量是不均匀的、波动的。

一、混凝土的质量检查内容及质量波动原因

（一）混凝土的质量检查内容

混凝土的质量检查是对混凝土质量的均匀性进行有目的的抽样测试及评价，包括对原材料、混凝土拌和物和硬化后混凝土的质量检查。

混凝土拌和物的质量检查主要是对拌和物的和易性、水胶比和含气量的检查。硬化后混凝土的质量检查，是在施工现场按规范规定的方法抽取有代表性的试样，将试样养护到规定龄期进行强度和耐久性检测。

（二）混凝土质量波动原因

造成混凝土质量波动的原因有原材料质量（如水泥的强度、骨料的级配及含水率等）的波动，施工工艺（如配料、拌和、运输、浇筑及养护等）的不稳定性，施工条件和气温的变化，试验方法及操作所造成的试验误差，施工人员的素质等。在正常施工条件下，这些影响因素都是随机的，因此混凝土的质量也是随机变化的。混凝土质量控制的目的就是分析掌握质量波动规律，以控制正常波动因素，发现并排除异常波动因素，使混凝土质量波动控制在规定范围，以达到既保证混凝土质量又节约用料的目的。

二、混凝土的质量评定

（一）混凝土强度数理统计参数

1. 强度平均值

（1）强度平均值 $m_{f_{cu}}$。混凝土强度平均值 $m_{f_{cu}}$ 可用下式计算：

$$m_{f_{cu}} = \frac{1}{n}\sum_{i=1}^{n} f_{cu,i} \tag{3-22}$$

式中　　$m_{f_{cu}}$——统计周期内 n 组混凝土立方体试件的抗压强度平均值，MPa，精确到 0.1MPa；

　　　　$f_{cu,i}$——第 i 组混凝土立方体试件的抗压强度值，MPa，精确到 0.1MPa；

　　　　n——统计周期内相同强度等级的试件组数，n 值不应小于 30。

在混凝土强度正态分布曲线图（图 3-11）中，强度平均值 $m_{f_{cu}}$ 处于对称轴上，也称样本平均值，可代表总体平均值。$m_{f_{cu}}$ 仅代表混凝土强度总体的平均值，但不能说明混凝土强度的波动状况。

（2）标准值（均方差）σ。标准差按下式计算，精确到 0.01MPa。

$$\sigma = \sqrt{\frac{\sum\limits_{i=1}^{n}(f_{cu,i} - m_{f_{cu}})^2}{n-1}} \tag{3-23}$$

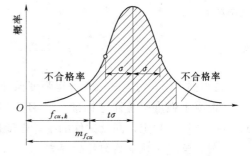

图 3-11　混凝土强度正态分布曲线

式中　　σ——混凝土强度标准差，MPa。

标准差是评定混凝土质量均匀性的主要指标，它在混凝土强度正态分布曲线图中表示分布曲线的拐点距离强度平均值的距离。σ 值越大，说明其强度离散程度越大，混凝土质量也越不稳定。衡量水泥混凝土生产质量水平以现场试件 28d 龄期抗压强度标准差 σ 值表示，其评定标准参考《水工混凝土施工规范》（SL 677—2014），见表 3-28。

表 3-28　　　　　　混凝土生产质量水平评定（见 SL 677—2014）

评定指标		优秀	合格
抗压强度标准差/MPa	$f_{cu,k} \leqslant 20\text{MPa}$	$\leqslant 3.5$	$\leqslant 4.5$
	$20\text{MPa} < f_{cu,k} \leqslant 35\text{MPa}$	$\leqslant 4.0$	$\leqslant 5.0$
	$f_{cu,k} > 35\text{MPa}$	$\leqslant 4.5$	$\leqslant 5.5$

注　$C_{90}20$ 代表混凝土 90d 龄期的抗压强度标准值为 20MPa。

（3）变异系数（离差系数）C_v。变异系数可用下式计算：

$$C_v = \frac{\sigma}{m_{f_{cu}}} \tag{3-24}$$

C_v表示混凝土强度的相对离散程度。C_v值越小，说明混凝土的质量越稳定，混凝土生产的质量水平越高。

（二）混凝土强度的波动规律——正态分布

试验表明，混凝土强度的波动规律是符合正态分布的。即在施工条件相同的情况下，对同一种混凝土进行系统取样，测定其强度，以强度为横坐标，以某一强度出现的概率为纵坐标，可绘出强度概率正态分布曲线，如图3-11所示。正态分布的特点为以强度平均值为对称轴，左右两边的曲线是对称的，距离对称轴越远的值，出现的概率越小，并逐渐趋近于零；曲线和横坐标之间的面积为概率的总和，等于100%；对称轴两边，出现的概率相等，在对称轴两边的曲线上各有一个拐点，拐点距强度平均值的距离即为标准差。

（三）混凝土强度保证率 P

混凝土强度保证率，是指混凝土强度总体分布中，大于或等于设计要求的强度等级值的概率，以正态分布曲线的阴影部分面积表示，如图3-11所示。强度保证率可按如下方法计算：

先根据混凝土设计要求的强度等级、混凝土的强度平均值、标准差或变异系数，计算出概率度 t。

$$t = \frac{f_{cu,k} - m_{f_{cu}}}{\sigma} \text{ 或 } t = \frac{f_{cu,k} - m_{f_{cu}}}{C_v m_{f_{cu}}} \tag{3-25}$$

再根据 t 值，由表3-20查得强度保证率 P（%）。

《混凝土强度检验评定标准》（GB/T 50107—2010）及《混凝土结构设计规范》（GB 50010—2010）规定，同批试件的统计强度保证率不得小于95%。

（四）混凝土质量均匀性的评定

在混凝土强度平均值、强度标准差、变异系数3个数理统计量中，强度平均值是强度概率曲线最高点的横坐标，仅代表混凝土强度总体的平均值，并不说明其强度的波动情况。强度标准差是强度概率曲线上拐点离强度平均值的距离，它反映了强度的离散性。其值越大，正态分布曲线越矮而宽，表示强度数据的离散程度越大，混凝土的均匀性越差，混凝土强度质量也越不稳定，施工控制水平越差；反之，其值越小，分布曲线越高而窄，表示强度测定值的分布集中，波动较小，混凝土的均匀性好，则施工控制水平越高。衡量水泥混凝土生产质量水平以现场试件28d龄期抗压强度标准差 σ 值表示，其评定标准参考《水工混凝土施工规范》（SL 677—2014），见表3-28。

三、混凝土质量控制

混凝土质量控制的目的就是分析掌握其质量波动规律，控制正常波动因素，发现并排除异常波动因素，使混凝土质量波动控制在规定范围内，以达到既保证混凝土质量又节约用料的目的。

1. 原材料质量检验

原材料是决定混凝土性能的主要因素，材料的变化将导致混凝土性能的波动。因此，施工现场必须对所用材料及时检验。检验的内容主要有水泥的强度等级、凝结时间、体积安定性，集料的含泥量、含水率、颗粒级配，砂的细度模数，石子的超径、逊径等。

2. 施工配合比换算

由于施工现场条件和实验室配合比条件的不一致性，混凝土实验室配合比不能直接用于施工，在施工现场要根据集料的含水率和超径、逊径含量把实验室配合比换算为施工配合比。其换算方法见混凝土配合比设计部分。

3. 混凝土施工配制强度

从混凝土强度的正态分布图中可以看出，若按结构设计强度配制混凝土，则实际施工中将有一半达不到设计强度，即混凝土强度保证率只有 50%。因此，在混凝土配合比设计时，配制强度必须高于设计强度等级。

令混凝土的配制强度等于平均强度，即 $f_{cu,0} = m_{f_{cu}}$，则由式（3-25）得

$$f_{cu,0} = f_{cu,k} - t\sigma \tag{3-26}$$

根据强度保证率的要求及施工控制水平，确定出 t 值，用式（3-26）即可算出混凝土的配制强度。

4. 混凝土质量控制图

为了掌握分析混凝土质量波动情况，及时分析出现的问题，将水泥强度、混凝土坍落度、混凝土强度等检验结果绘制成质量控制图。

质量控制图的横坐标为按时间测得的质量指标子样编号，纵坐标为质量指标的特征值，中间一条横线为中心控制线，上、下两条线为控制界线，如图 3-12 所示。图中横坐标表示混凝土浇筑时间或试件编号，纵坐标表示强度测定值，各点表示连续测得的强度，中心线表示平均强度 $m_{f_{cu}}$，上、下控制线为 $m_{f_{cu}} \pm 3\sigma$。

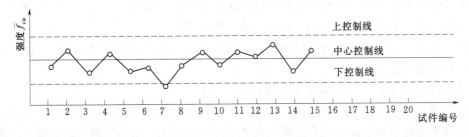

图 3-12　混凝土强度控制图

从质量控制图的变动趋势，可以判断施工是否正常。如果测得的各点几乎全部落在控制界限内，并且控制界限内的点子排列是随机的，即为施工正常。如果各点显著偏离中心线或分布在一侧，尤其是有些点超出上、下控制线，说明混凝土质量均匀性已下降，应立即查明原因，加以控制。

任务三　有特殊要求的混凝土

【学习任务及目标】　介绍工程中常用的几种能满足特殊要求的混凝土的配制方法、特性及特殊用途。掌握有特殊要求的混凝土特性。理解有特殊要求的混凝土与普通混凝土组成材料、性能要求等方面的异同。了解有特殊要求的混凝土的特殊用途。

一、抗渗混凝土

抗渗等级不小于 W6 级的混凝土称为抗渗混凝土。

抗渗混凝土所用的原材料应满足下列要求：①水泥宜采用普通硅酸盐水泥；②粗骨料宜采用连续级配，其最大粒径不宜大于 40mm，含泥量不得大于 1.0%，泥块含量不得大于 0.5%；③细骨料宜采用中砂，含泥量不得大于 3.0%，泥块含量不得大于 1.0%；④外加剂宜采用防水剂、膨胀剂、引气剂、减水剂或引气减水剂；⑤宜掺用矿物掺合料，粉煤灰等级应为 Ⅰ 级或 Ⅱ 级。

抗渗混凝土配合比设计应符合以下规定：①每立方米混凝土中胶凝材料用量不宜小于 320kg，砂率宜为 35%～45%，供试配用的最大水胶比应符合表 3-29 的规定；②掺用引气剂的抗渗混凝土，其含气量宜控制在 3%～5%。

表 3-29　　　　　　　　　抗渗混凝土最大水胶比（见 JGJ 55—2011）

抗渗等级	最 大 水 胶 比	
	C20～C30	C30 以上
W6	0.60	0.55
W6～W12	0.55	0.50
＞W12	0.50	0.45

进行抗渗混凝土配合比设计时，应增加抗渗性能试验，试配要求的抗渗水压值应比设计值提高 0.2MPa。试配时应采用水胶比最大的配合比做抗渗试验，其试验结果应符合下式的要求：

$$P_t = \frac{P}{10} + 0.2 \qquad (3-27)$$

式中　P_t——6 个试件中 4 个未出现渗水时的最大水压值，MPa；

　　　　P——设计要求的抗渗等级，如 W6 级，则取 $P=6$。

掺引气剂的混凝土还应进行含气量试验，试验结果应使含气量控制在 3%～5%。

二、抗冻混凝土

抗冻等级不小于 F50 级的混凝土称为抗冻混凝土。

抗冻混凝土所用原材料应符合下列要求：①水泥应优先选用强度等级不小于 42.5 的硅酸盐水泥或普通硅酸盐水泥，不宜使用火山灰质硅酸盐水泥；②粗骨料宜选用连续级配，其含泥量不得大于 1.0%，泥块含量不得大于 0.5%；③细骨料含泥量不得大于 3.0%，泥块含量不得大于 1.0%；④粗细骨料均应进行坚固性试验，试验结果应符合现行行业标准《水工混凝土砂石骨料试验规程》（DL/T 5151—2014）的规定；⑤抗冻等级不小于 F100 的抗冻混凝土应掺引气剂；⑥在钢筋混凝土和预应力混凝土中不得掺用含有氯盐的防冻剂；⑦在预应力混凝土中不得掺用含有亚硝酸盐或碳酸盐的防冻剂。

抗冻混凝土配合比设计应符合以下规定：①最大水胶比和最小胶凝材料用量应符合表 3-30 的规定；②掺用引气剂的混凝土最小含气量应符合表 3-31 的规定。

三、高强混凝土

C60 及以上强度等级的混凝土称为高强混凝土。强度等级超过 C100 的混凝土称为超高强混凝土。

配制高强混凝土所用原材料应符合以下规定：①水泥应选用强度等级不低于 42.5 级且

表 3-30　　　　　　　　　最大水胶比和最小胶凝材料用量（见 JGJ 55—2011）

设计抗冻等级	最大水胶比		最小胶凝材料用量/（kg/m³）
	无引气剂时	掺引气剂时	
F50	0.55	0.60	300
F100	0.5	0.55	320
不低于 F150	—	0.50	350

表 3-31　　　　　　　　　掺用引气剂的混凝土最小含气量（见 JGJ 55—2011）

粗骨料最大公称粒径/mm	混凝土最小含气量	
	潮湿或水位变动的寒冷和严寒环境	严冻环境
40.0	4.5%	5.0%
25.0	5.0%	5.5%
20.0	5.5%	6.0%

注　含气量为气体占混凝土体积的百分比。

质量稳定的硅酸盐水泥或普通硅酸盐水泥；②粗骨料宜采用连续级配，其最大公称粒径不宜大于 25.0mm，针状、片状颗粒含量不宜大于 5.0%，含泥量不应大于 0.5%，泥块含量不应大于 0.2%；③细骨料的细度模数宜为 2.6～3.0，含泥量不应大于 2.0%，泥块含量不应大于 0.5%；④宜采用减水率不小于 20% 的高性能减水剂；⑤宜复合掺用粒化高炉矿、粉煤灰、硅灰等矿物掺合料；⑥粉煤灰等级不应低于 Ⅱ 级；⑦对强度等级不低于 C80 的高强混凝土宜掺用硅灰。

高强混凝土配合比应经试验确定，在缺乏试验依据的情况下，配合比设计宜符合下列要求：①水胶比、胶凝材料用量和砂率按表 3-32 选取，并应经试配确定；②外加剂和矿物掺合料的品种和掺量应通过试配确定，矿物掺合料掺量宜为 25%～40%，硅灰掺量不宜大于 10%；③水泥用量不宜大于 500kg/m³；④在试配过程中，应采用 3 个不同的配合比进行混凝土强度试验，其中 1 个应为基准配合比，另外两个配合比的水胶比，宜较试拌配合比分别增加和减少 0.02。

表 3-32　　　　　　　　　水胶比、胶凝材料用量和砂率（见 JGJ 55—2011）

强度等级	水胶比	胶凝材料用量/（kg/m³）	砂率
≥C60，<C80	0.28～0.34	480～560	
≥C80，<C100	0.26～0.28	520～580	35%～42%
C100	0.24～0.26	550～600	

高强混凝土的特点是抗压强度高、变形小；在相同的受力条件下能减少构件体积，降低钢筋用量；致密坚硬、耐久性能好；脆性比普通混凝土高；抗拉、抗剪强度随抗压强度的提高有所增长，但拉压比和剪压比都随之降低。主要用于混凝土桩基、预应力轨枕、电杆、大跨度薄壳结构、桥梁、输水管等。

四、泵送混凝土

泵送混凝土是指在泵压的作用下经刚性或柔性管道输送到浇筑地点进行浇筑的混凝土。泵送混凝土除必须满足混凝土设计强度和耐久性的要求外，尚应使混凝土满足可泵性要求。

因此，对泵送混凝土粗骨料、细骨料、水泥、外加剂、掺合料等都必须严格控制。

《混凝土泵送技术规程》（JGJ/T 10—2011）规定，泵送混凝土配合比设计时，胶凝材料总量不宜少于 300kg/m³；用水量与胶凝材料总量之比不宜大于 0.6；掺用引气剂型外加剂的泵送混凝土的含气量不宜大于 4%。粗骨料应满足以下要求：①粗骨料的最大粒径与输送管径之比，应符合表 3 - 33 的规定；②粗骨料应采用连续级配，且针状、片状颗粒含量不宜大于 10%。细骨料应满足以下要求：①宜采用中砂，其通过 0.315mm 筛孔的颗粒不应少于 15%；②砂率宜为 35%～45%。

表 3 - 33　　　　　　　粗骨料的最大粒径与输送管径之比（见 JGJ/T 10—2011）

泵送高度/m	碎石	卵石
<50	≤1:3.0	≤1:2.5
50～100	≤1:4.0	≤1:3.0
>100	≤1:5.0	≤1:4.0

坍落度对混凝土的可泵性影响很大，泵送混凝土的入泵坍落度不宜小于 10cm，对于各种入泵坍落度不同的混凝土，其泵送高度不宜超过表 3 - 34 的规定。

表 3 - 34　　　　　　　混凝土入泵坍落度与泵送高度关系（见 JGJ/T 10—2011）

入泵坍落度/cm	10～14	14～16	16～18	18～20	20～22
最大泵送高度/m	30	60	100	400	400 以上

由于混凝土输送泵管路可以敷设到吊车或小推车不能到达的地方，并使混凝土在一定压力下充填灌注部位，具有其他设备不可替代的特点，改变了混凝土输送效率低下的传统施工方法，因此近年来在钻孔灌注桩工程中开始应用，并广泛应用于公路、铁路、水利、建筑等工程。

五、大体积混凝土

混凝土结构物实体最小几何尺寸不小于 1m，或预计会因混凝土中胶凝材料水化引起的温度变化和收缩而导致有害裂缝产生的混凝土，称为大体积混凝土。

大体积混凝土所用原材料应符合下列要求：①水泥应选用水化热低、凝结时间长的水泥，如低热矿渣硅酸盐水泥、中热硅酸盐水泥、矿渣硅酸盐水泥、火山灰质硅酸盐水泥、粉煤灰硅酸盐水泥；②当采用硅酸盐水泥或普通硅酸盐水泥时，应采取相应措施延缓水化热的释放；③粗骨料宜采用连续级配，细骨料宜采用中砂；④宜掺用缓凝剂、减水剂和减少水泥水化热的掺合料。

大体积混凝土在保证强度及和易性的前提下，应提高掺合料及骨料的含量，以降低每立方米混凝土的水泥用量，满足低热性要求。

六、其他混凝土

1. 粉煤灰混凝土

粉煤灰混凝土是在水泥混凝土中掺入一定量粉煤灰，部分、等量或超量代替水泥所配制的混凝土。水泥混凝土掺入适量粉煤灰后，不但节约水泥，而且大大改善混凝土的抗化学侵蚀能力，并降低水化热，提高混凝土密实度、抗渗性及强度。但由于粉煤灰中的活性氧化硅和活性氧化铝与水泥水化所产生的氢氧化钙发生二次反应，消耗了一部分氢氧化钙，使混凝土的碱度降低，影响混凝土的抗碳化性能。

粉煤灰混凝土的应用范围与结构设计时的力学指标取值，与普通混凝土相同。

粉煤灰混凝土不但在技术性能和经济方面有显著的效益，而且粉煤灰的大量利用还可解决工业废渣对环境的污染。因此，它是一种有发展前途的建筑材料。

2. 轻混凝土

轻混凝土是指干密度小于 $1950 kg/m^3$ 的混凝土，有轻骨料混凝土、多孔混凝土和大孔混凝土。轻骨料混凝土采用浮石、陶粒、煤渣、膨胀珍珠岩等轻骨料制成。多孔混凝土是一种内部均匀分布细小气孔而无骨料的混凝土，是以水泥、混合材、水及适量的发泡剂（铝粉等）或泡沫剂为原料配制而成的。大孔混凝土是以粒径相近的粗骨料、水泥、水，有时加入外加剂配制而成的混凝土。

轻混凝土的特点是表观密度小、自重轻、强度高，具有保温、耐火、抗震、耐化学腐蚀等多种性能。主要用于非承重的墙体，保温、隔音材料。轻骨料混凝土还可用于承重结构，以达到减轻自重的目的。

3. 聚合物混凝土

凡在混凝土组成材料中掺入聚合物的混凝土，统称为聚合物混凝土。

聚合物混凝土一般可分为聚合物水泥混凝土、聚合物胶结混凝土、聚合物浸渍混凝土 3 种。聚合物水泥混凝土是以水溶性聚合物（如天然或合成橡胶乳液、热塑性树脂乳液等）和水泥共同为胶凝材料，并掺入砂或其他集料而制成的。聚合物胶结混凝土又称树脂混凝土，是以合成树脂为胶结材料、以砂石为集料的一种聚合物混凝土。聚合物浸渍混凝土是以混凝土为基材（被浸渍的材料），而将有机单体渗入混凝土中，然后再用加热或放射线照射的方法使其聚合，使混凝土与聚合物形成一个整体。

聚合物混凝土强度高、抗渗、耐磨、耐腐蚀，多用于有这些特殊要求的混凝土工程。

4. 纤维混凝土

纤维混凝土是以普通混凝土为基材，将短而细的分散性纤维，均匀地撒在普通混凝土中制成的。掺入短纤维的目的是提高混凝土的抗拉、抗冲击等性能，降低混凝土的脆性。

常用的短纤维有两类：一类是高弹性模量纤维（如钢纤维、玻璃纤维、碳纤维）；另一类是低弹性模量纤维（如尼龙纤维、聚乙烯纤维等）。高弹性模量纤维能显著提高抗拉强度；低弹性模量纤维能提高冲击韧性，但对抗拉强度影响不大。

目前，纤维混凝土已用于路面、桥面、飞机跑道、管道、屋面板、墙板等方面。

5. 耐酸混凝土

耐酸混凝土是以水玻璃作胶凝材料、硅氟酸钠作促凝剂，耐酸粉料和耐酸集料按一定比例配合而成的。它能抵抗各种酸和大部分腐蚀性气体的侵蚀。可用于输油管、储酸槽、酸洗槽、耐酸地坪及耐酸器材。

6. 干硬性混凝土

混凝土拌和物的坍落度小于10mm或维勃稠度大于10s的混凝土称为干硬性混凝土。干硬性混凝土在强有力振实的施工条件下，密实度大、硬化快、强度高，养护时间短，具有较高的抗渗性及抗冻性。但抗拉强度较低，极限拉伸值较小，脆性较大。适用于配制快硬、高强混凝土，混凝土浇筑后即可脱模，施工速度快，在预制构件中广泛应用。

7. 碾压混凝土

碾压混凝土是一种干硬性贫水泥的混凝土，使用硅酸盐水泥、火山灰质掺合料、水、外加剂、砂和分级控制的粗骨料拌制成无坍落度的干硬性混凝土，采用与土石坝施工相同的运输及铺筑设备，用振动碾分层压实。碾压混凝土坝既具有混凝土体积小、强度高、防渗性能好、坝身可溢流等特点，又具有土石坝施工程序简单、快速、经济、可使用大型通用机械的优点。

8. 喷射混凝土

喷射混凝土是以压缩空气为动力，经管道输送，通过喷射机喷嘴以很高的速度喷出的混凝土。喷射混凝土宜采用普通硅酸盐水泥，10mm 以上的粗骨料控制在 30％ 以下，不宜采用细砂。其配合比（水泥∶砂∶石）一般可采用 1∶2∶2.5、1∶2.5∶2、1∶2∶2、1∶2.5∶1.5（质量比）。水泥用量为 $300 \sim 450 \text{kg/m}^3$，水胶比为 0.4～0.5。喷射混凝土可用于地下工程、矿井支护和隧道衬砌工程。

9. 补偿收缩混凝土

普通水泥混凝土在硬化过程中特别是在干燥过程中产生体积收缩，一般砂浆收缩率为 0.1％～0.2％，混凝土收缩率为 0.04％～0.06％。收缩使混凝土产生裂缝，降低强度及耐久性。补偿收缩混凝土由膨胀水泥（或低热微膨胀水泥）和砂、石料及水组成，或由普通硅酸盐水泥、砂、石、水及膨胀剂组成。其特性是体积不收缩，或有适当的膨胀量，可用于防水结构、抗裂结构或其他需要大面积浇筑且不能设收缩缝的结构。

任务四　水泥混凝土试验检测

一、试验依据

水泥混凝土试验以《建筑用砂》（GB/T 14684—2001）、《建筑用卵石、碎石》（GB/T 14685—2001）、《水工混凝土试验规程》（DL/T 5150—2001）等规定为依据。

二、砂石材料检验规则

（一）检验分类

检验分为出厂检验和型式检验。

1. 出厂检验的项目

（1）建筑用砂：颗粒级配、细度模数、松散堆积密度、泥块含量。对天然砂应增加含泥量及云母含量；对人工砂应增加石粉含量及坚固性测定。

（2）建筑用卵石、碎石：颗粒级配、含泥量、泥块含量及针片状含量。

2. 型式检验项目

有下列情况之一时，应进行型式检验：①新产品投产和老产品转产时；②原料资源或生产工艺发生变化时；③国家质量监督机构要求检查时。

（1）建筑用砂型式检验的项目：颗粒级配、含泥量、石粉含量和泥块含量、有害物质及坚固性，碱-集料反应根据需要进行。

（2）建筑用卵石、碎石型式检验的项目：颗粒级配、含泥量和泥块含量、针片状颗粒含量、有害物质、坚固性及强度，碱-集料反应根据需要进行。

（二）组批规则

按同品种、分类、规格、适用等级及日产量每 600t 为一批，不足 600t 亦为一批。

（三）判定规则

检验（含复检）各项性能指标都符合 GB/T 14684—2001 和 GB/T 14685—2001 规定时，可判为该产品合格；若型式检验有一项性能指标不符合要求，则应从同一批产品中加倍取样，对不符合要求的项目进行复检，复检后该项指标符合要求时，可判该类产品合格，仍然不符合本标准要求时，则该批产品判为不合格。

三、试样取样及处理

1. 取样方法

（1）在料堆上取样时，取样部位应均匀分布。先将取样部位表层铲除。对于砂，由各部位抽取 8 份组成一组样品；对于石子，在料堆的顶部、中部和底部分选 15 个不同部位，抽取大致相等的 15 份组成一组样品。

（2）从皮带运输机上取样应在机尾出料处用接料器定时抽取，砂为 4 份，石子为 8 份，分别组成一组样品。

（3）从火车、汽车、货船上取样时，应从不同部位、深度抽取 8 份砂、16 份石子，分别组成一组样品。

2. 取样数量

每组样品的取样数量，对单项试验，应不小于规定数量。需做几项试验时，如确能保证样品经一项试验后不致影响另一项试验结果，也可以用同一组样品进行几项不同的试验。

3. 试样处理

将所取试样置于平板上。若为砂样，应在潮湿状态下拌和均匀，堆成厚约 2cm 的"圆饼"，然后沿互相垂直的两条直径把圆饼分成大致相等的 4 份，取其对角两份重新拌匀，再堆成"圆饼"。重复以上过程，直至缩分后质量略多于试验所必需质量。若为石子试样，在自然状态下拌和均匀并堆成锥体，然后沿互相垂直的两条直径把锥体分成大致相等的 4 份，取对角试样重新拌匀，再堆成锥体，重复以上过程，直至满足试验所必需的质量。

四、试验环境和试验用筛

（1）实验室的温度应保持在 15～30℃。

（2）试验用筛应满足 GB/T 6003.1 和 GB/T 6003.2 中方孔试验筛的规定，筛孔大于 4.0mm 的试验筛采用穿孔板试验筛。

五、混凝土拌和物室内拌和方法

（一）主要仪器设备

（1）搅拌机。容量 50～100L，转速为 18～22r/min。

（2）拌和板（盘）。1.5m×2m。

（3）称量设备。磅秤：称量 50kg，感量 50g；天平：称量 5kg，感量 1g。

（4）其他。拌和铲、盛器、抹布等。

（二）拌和方法

按所选混凝土配合比备料。拌和间温度为 20±5℃。

1. 人工拌和法

（1）干拌。用湿布润湿拌和板及拌和铲，将砂平摊在拌和板上，再倒入水泥，用铲自拌和板一端翻拌至另一端，重复几次直至拌匀；加入石子，再翻拌至少 3 次至均匀为止。

（2）湿拌。在混合均匀的干料堆上做一凹槽，倒入已称量好的水（外加剂一般先溶于水）约一半，翻拌数次，并徐徐加入剩余的水，再仔细翻拌至少6次，直至拌和均匀。

（3）拌和时间控制。拌和从加水完毕时算起，应在10min内完成。

2.机械拌和法

（1）预拌。按混凝土配合比取少量水泥、水及砂，在搅拌机中搅拌（涮膛），使水泥浆黏附满搅拌机的膛壁，刮去多余的砂浆。

（2）拌和。向搅拌机内依次加入石子、水泥、砂子、水（外加剂一般先溶于水），开动搅拌机搅动2～3min。

（3）卸出拌和料，在拌和板上人工拌和2～3次，使之均匀。

（4）材料用量以质量计。称量精度：水泥、掺合料、水和外加剂为±0.3%，集料为±0.5%。

六、试验

（一）砂的颗粒级配试验

1.试验目的

测定砂的颗粒级配，计算细度模数，评定砂的粗细程度。

2.主要仪器设备

（1）鼓风烘箱。能使温度控制在105±5℃。

（2）摇筛机。

（3）方孔筛。孔径为0.15mm、0.30mm、0.60mm、1.18mm、2.36mm、4.75mm及9.5mm的筛各一只。

（4）天平。称量1000g，感量1g。

（5）搪瓷盘、毛刷等。

3.试验方法

（1）试样制备。按规定取样，并将试样缩分至约1100g，放在烘箱中于105±5℃下烘干至恒量（指试样在烘干1～3h的情况下，其前后质量之差不大于该项试验所要求的称量精度），待冷却至室温后，筛除大于9.5mm的颗粒并计算筛余百分率，分成大致相等的试样两份备用。

（2）筛分。称烘干试样500g（精确至1g），倒入按孔径大小从上到下组合的套筛（附筛底）上，置套筛于摇筛机上筛100min，取下后逐个用手筛，筛至每分钟通过量小于试件总量的0.1%为止。通过的颗粒并入下一号筛中，顺序过筛，直至各号筛全部筛完。

在一个筛上的筛余量按式（3-28）计算：

$$G=\frac{Ad^{0.5}}{200} \tag{3-28}$$

式中　G——在一个筛上的筛余量，g；

　　　A——筛面面积，mm²；

　　　d——筛孔尺寸，mm。

称取各号筛的筛余量（精确至1g），若有超过按式（3-28）计算值时，需将该粒级试样分成少于按式（3-28）计算的量，分别筛，筛余量之和即为该筛的筛余量。

筛分后，若各号筛的筛余量与筛底的量之和同原试样质量之差超过1%时，需重新试验。

4. 结果计算与评定

（1）计算分计筛余百分率。各号筛的筛余量与试样总量的比值，计算精确至 0.1%。

（2）计算累计筛余百分率。该号筛及其以上筛的分计筛余百分率之和，精确至 0.1%。

（3）砂的细度模数按式（3-29）计算（精确至 0.01）。

$$M_X = \frac{(A + A_2 + A_3 + A_4 + A_5 + A_6) - 5A_1}{100 - A_1} \qquad (3-29)$$

式中　A_1、A_2、A_3、A_4、A_5、A_6——4.75mm、2.36mm、1.18mm、0.6mm、0.3mm、0.15mm 筛的累计筛余百分率。

（4）累计筛余百分率取两次试验结果的算术平均值，精确至 1%。细度模数取两次试验结果的算术平均值，精确至 0.1，如两次的细度模数之差超过 0.2 时，需重新试验。

（二）砂的表观密度试验

1. 试验目的

测定砂的表观密度，评定砂的质量，为混凝土配合比设计提供依据。

2. 主要仪器

（1）容量瓶。500mL。

（2）天平。称量1000g，感量1g。

（3）鼓风烘箱。能使温度控制在 105±5℃。

（4）干燥器、搪瓷盘、滴管、毛刷等。

3. 试验方法

（1）按规定取样，并将试样缩分至约 660g，放入烘箱中于 105±5℃ 下烘干至恒量，冷却至室温后，分为大致相等的两份备用。

（2）称取烘干砂 300g（精确至 1g），装入容量瓶中，注入冷开水至接近 500mL 的刻度处，旋转摇动容量瓶，排除气泡，塞紧瓶盖，静置 24h。然后用滴管小心加水至容量瓶500mL 刻度处，塞紧瓶塞，擦干瓶外水分，称其质量（精确至 1g）。

（3）倒出瓶内水和砂，洗净容量瓶，再向瓶内注水至 500mL 的刻度处，擦干瓶外水分，称其质量（精确至 1g）。

4. 结果计算与评定

（1）砂的表观密度按式（3-30）计算（精确至 10kg/m³）。

$$\rho_0 = \left(\frac{G_0}{G_0 + G_2 - G_1} \right) \rho_{水} \qquad (3-30)$$

式中　ρ_0、$\rho_{水}$——砂的表观密度和水的密度，kg/m³；

G_0、G_1、G_2——烘干试样质量，试样、水及容量瓶的总质量，水及容量瓶的总质量，g。

（2）表观密度取两次试验结果的算术平均值（精确至 10kg/m³），如两次之差大于20kg/m³，需重新试验。

（三）砂的堆积密度与孔隙率试验

1. 试验目的

测定砂的堆积密度，计算砂的空隙率，为混凝土配合比设计提供依据。

2. 主要仪器设备

（1）鼓风烘箱。能使温度控制在 105±5℃。

（2）天平。称量 10kg，感量 1g。

（3）容量筒。圆柱形金属筒，内径 108mm，净高 109mm，容积 1L。

（4）漏斗、直尺、浅盘、料勺、毛刷等。

3. 试验方法

（1）试样制备。按规定取样，用浅盘装试样约 3L，在温度为 105±5℃的烘箱中烘干至恒量，冷却至室温，筛除大于 4.75mm 的颗粒，分成大致相等的两份备用。

（2）松散堆积密度测定。取一份试样，通过漏斗或料勺，从容量筒中心上方 50mm 处徐徐装入，装满并超出筒口。用钢尺沿筒口中心线向两个相反方向刮平（勿触动容量筒），称出试样和容量筒总质量，精确至 1g。

（3）紧密堆积密度测定。取试样一份分两次装满容量筒。每次装完后在筒底垫放一根直径为 10mm 的圆钢（第二次垫放的钢筋与第一次的方向垂直），将筒按住，左右交替击地面各 25 次。再加试样直至超过筒口，用直尺沿筒口中心线向两边刮平，称出试样和容量筒总质量，精确至 1g。

4. 结果计算与评定

（1）松散或紧密堆积密度按式（3-31）计算，精确至 10kg/m³。

$$\rho_1 = \frac{G_1 - G_2}{V} \tag{3-31}$$

式中　ρ_1——松散或紧密堆积密度，kg/m³；

　　G_1——试样和容量筒总质量，g；

　　G_2——容量筒质量，g；

　　V——容量筒的容积，L。

（2）空隙率按式（3-32）计算，精确至 1%。

$$V_0 = \left(1 - \frac{\rho_1}{\rho_2}\right) \times 100\% \tag{3-32}$$

式中　V_0——空隙率（%）；

　　ρ_1——试样的松散（或紧密）堆积密度，kg/m³；

　　ρ_2——试样的表观密度，kg/m³。

（3）堆积密度取两次试验结果的算术平均值，精确至 10kg/m³。空隙率取两次试验结果的算术平均值，精确至 1%。

（四）砂的含泥量试验

1. 试验目的

测定砂的含泥量，评定砂的质量。

2. 主要仪器设备

（1）鼓风烘箱。能使温度控制在 105±5℃。

（2）天平。称量 1000g，感量 0.1g。

（3）方孔筛。孔径为 0.75mm 和 1.18mm 筛各一个。

（4）容器。在淘洗试样时，保持试样不溅出（深度大于 250mm）。

（5）搪瓷盘、毛刷等。

3. 试验方法

（1）按规定取样，并将试样缩分至 1100g，在 105±5℃烘箱中烘干至恒量，冷却至室温，分为大致相等的试样两份备用。

（2）称取试样 500g，精确至 0.1g。将试样置于容器中，注入清水，水面约高出砂面 150mm，充分拌匀后，浸泡 2h，然后用手在水中淘洗试样，使尘屑、淤泥、黏土与砂粒分离。润湿筛子，将浑浊液缓缓倒入套筛中（1.18mm 筛套在 0.75mm 筛之上），滤去小于 0.75mm 的颗粒。在试验中，严防砂粒丢失。

（3）再向容器中注入清水，重复上一步操作，直至容器内的水目测清澈为止。

（4）用水淋洗留在筛上的细粒，并将 0.75mm 筛放入水中来回摇动，充分洗掉小于 0.75mm 的颗粒。然后将两只筛上的筛余颗粒和容器中已经洗净的试样一并倒入搪瓷盘，置于 105±5℃ 的烘箱内，烘干后称量，精确至 0.1g。

4. 结果计算与评定

（1）含泥量按式（3-33）计算，精确至 0.1%。

$$Q_a = \frac{G_0 - G_1}{G_0} \times 100\% \qquad (3-33)$$

式中 Q_a——含泥量（%）；

G_0——试验前烘干试样的质量，g；

G_1——试验后烘干试样的质量，g。

（2）含泥量取两个试样的试验结果算术平均值作为测定值。

（五）砂的泥块含量试验

1. 试验目的

测定砂的泥块含量，评定砂的质量。

2. 主要仪器设备

方孔筛，孔径为 0.6mm 和 1.18mm 的筛各一个。其他同含泥量试验。

3. 试验方法

（1）按规定取样，并将试样缩分至约 500g，在 105±5℃ 烘箱中烘干至恒量，冷却至室温，筛除小于 1.18mm 的颗粒，分为大致相等的两份备用。

（2）称取试样 200g，精确至 0.1g。将试样置于容器中，并注入清水，使水面高出砂面约 150mm。充分拌混均匀后，浸泡 24h。然后用手在水中捻碎泥块，再把试样放在 0.6mm 筛上，用水淘洗，直至水清澈为止。

（3）将筛中保留的试样小心取出，装入浅盘，在 105±5℃ 烘箱中烘干至恒量，冷却后称其质量，精确至 0.1g。

4. 结果计算与评定

（1）泥块含量按式（3-34）计算，精确至 0.1%。

$$Q_b = \frac{G_1 - G_2}{G_1} \times 100\% \qquad (3-34)$$

式中 Q_b——泥块含量（%）；

G_1——1.18mm 筛筛余试样的质量，g；

G_2——试验后烘干试样的质量，g。

（2）取两次试验结果的算术平均值作为测定值，精确至 0.1%。

（六）石子颗粒级配试验

1. 试验目的

测定石子的颗粒级配及粒级规格，作为混凝土配合比设计和一般使用的依据。

2. 主要仪器设备

（1）试验筛。孔径为 2.36m、4.75mm、9.50mm、16.0mm、19.0mm、26.5mm、31.5mm、37.5mm、53.0mm、63.0mm、75.0mm、90mm 的筛各一个，并附有筛底和盖。

（2）台秤。称量 10kg，感量 1g。

（3）烘箱。能使温度控制在 105±5℃。

（4）摇筛机。

（5）搪瓷盘、毛刷等。

3. 试验方法

（1）按规定取样，将试样缩分至略多于表 3-35 规定的质量，烘干或风干后备用。

表 3-35　　　　　　　　　　　　　颗粒级配所需试样质量

最大粒径/mm	9.5	16.0	19.0	26.0	31.5	37.5	63.0	75.0
最少试样质量/kg	1.9	3.2	3.8	5.0	6.3	7.5	12.6	16.0

（2）按表 3-35 规定称取试样一份，精确至 1g。将试样倒入按筛孔大小从上到下组合的套筛上。

（3）将套筛在摇筛机上筛 10min，取下套筛，按筛孔大小顺序再逐个用手筛，筛至每分钟通过量不超过试样总量的 0.1%时为止。通过的颗粒并入下一号筛中，并和下一号筛中的试样一起过筛。对大于 19.0mm 的颗粒，筛分时允许用手拨动。

（4）称出各筛的筛余量，精确至 1g。筛分后，若各筛的筛余量与筛底的试样之和超过原试样质量的 1%时，需重新试验。

4. 结果计算与评定

（1）计算各筛的分计筛余百分率（筛余量与试样总质量之比），精确至 0.1%。

（2）计算各筛的累计筛余百分率（该号筛的分计筛余百分率与该号筛以上各分计筛余百分率之和），精确至 0.1%。

（3）根据各号筛的累计筛余百分率，评定该试样的颗粒级配。

水工混凝土用石子颗粒级配试验方法详见《水工混凝土砂石骨料试验规程》（DL/T 5151—2001）。

（七）石子的表观密度试验

1. 试验目的

测定石子的表观密度，作为评定石子质量和混凝土配合比设计的依据。

2. 主要仪器设备

（1）液体比重天平法。

1）鼓风烘箱。温度能控制在 105±5℃。

2）台秤。称量 5kg，感量 5g。

3）吊篮。直径和高度均为 150mm，由孔径为 1～2mm 的筛网或钻有 2～3mm 孔洞的耐蚀金属板制成。

4）方孔筛。孔径为 4.75mm 的筛一只。

5）盛水容器。有溢水孔。

6）温度计、搪瓷盘、毛巾等。

（2）广口瓶法。

1）天平。称量 2kg，感量 1g。

2）广口瓶。容积 1000mL，磨口，带玻璃片。

3）鼓风烘箱、方孔筛、温度计、搪瓷盘、毛巾等，其要求及规格同上。

3. 试验方法

（1）液体比重天平法。

1）按规定取样，用四分法缩分至不少于表 3-36 规定的数量，风干后筛去 4.75mm 以下的颗粒，洗刷干净后，分为大致相等的两份备用。

表 3-36　　　　　　　　表观密度试验所需试样数量

最大粒径/mm	小于 26.0	31.5	37.5	63.0	75.0
最少试样质量/kg	2.0	3.0	4.0	6.0	6.0

2）将一份试样装入吊篮，并浸入盛水的容器内，液面至少高出试样表面 50mm。浸水 24h 后，移放到称量用的盛水容器中，上下升降吊篮，排除气泡（试样不得露出水面）。

吊篮每升降一次约 1s，升降高度 30～50mm。

3）测量水温后（吊篮应在水中），称出吊篮及试样在水中的质量，精确至 5g，称量时盛水容器中水面的高度由容器的溢水孔控制。

4）提起吊篮，将试样倒入浅盘，在烘箱中烘干至恒量，冷却至室温，称出其质量，精确至 5g。

5）称出吊篮在同样温度水中的质量，精确至 5g。称量时盛水容器中水面的高度由容器的溢水孔控制。

注：从试样加水静止的 2h 起至试验结束，温度变化不应超过 20℃。

（2）广口瓶法。

1）按规定取样，用四分法缩分至不少于表 3-36 规定的数量，风干后筛去 4.75mm 以下的颗粒，洗刷干净后，分为大致相等的两份备用。

2）将试样浸水 24h，然后装入广口瓶（倾斜放置）中，注入清水，上下左右摇晃广口瓶排除气泡。

3）向瓶内加水至凸出瓶口边缘，然后用玻璃片沿瓶口迅速滑行（使其紧贴瓶口水面）。擦干瓶外水分，称取试样、水、广口瓶及玻璃片总质量，精确至 1g。

4）将瓶中试样倒入浅盘，然后放在 105±5℃ 的烘箱中烘干至恒量，冷却至室温后称其质量，精确至 1g。

5）将瓶洗净，重新注入饮用水，并用玻璃片紧贴瓶口水面，擦干瓶外水分后称出水、瓶、玻璃片的总质量，精确至 1g。

注：此法为简易法，不宜用于石子的最大粒径超过 37.5mm 的情况。

4. 结果计算与评定

（1）表观密度按式（3-35）计算，精确至 10kg/m³。

$$\rho_0 = \left(\frac{G_0}{G_0 + G_2 - G} \right)\rho_{水} \qquad (3-35)$$

式中　ρ_0——表观密度，kg/m³；

　　　G_0——烘干后试样的质量，g；

　　　G_1——吊篮及试样在水中的质量（液体比重天平法）或试样、水、瓶、玻璃片的总质量（广口瓶法），g；

　　　G_2——吊篮在水中的质量（液体比重天平法）或水、瓶、玻璃片的总质量（广口瓶法），g；

　　　$\rho_{水}$——水的密度，取值为 1000kg/m³。

（2）表观密度取两次试验结果的算术平均值，若两次结果之差大于 20kg/m³，需重新试验。对材质不均匀的试样，如两次结果之差大于 20kg/m³，可取 4 次试验结果的算术平均值。

（八）石子的压碎指标试验

1. 试验目的

测定石子的压碎指标，评定石子质量。

2. 只要仪器设备

（1）压力试验机。

（2）压碎值测定仪（圆模），如图 3-13 所示。

（3）天平、台秤。

3. 试验方法

（1）按规定取样，风干后筛除大于 19.0mm 及小于 9.5mm 的颗粒，并除去针片状颗粒，拌匀后分成大致相等的 3 份备用。

（2）称取试样 3000g，精确至 1g。将试样分两次装入圆模，每次装完后，在底盘下垫放一根圆钢，左右交替颠击地面各 25 次，平整模内试样表面，压上盖头。当圆模装不下 3000g 试样时，以装至距圆模上口 10mm 为准。

（3）将圆模放在压力试验机上，盖上加压头，开动试验机，按 1kN/s 的速度均匀加荷至 200kN 并稳荷 5s，然后卸荷。

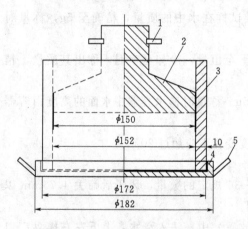

图 3-13　压碎值测定仪（单位：mm）

1—把手；2—加压头；3—圆模；

4—底盘；5—手把

（4）取下加压头，倒出试样，用孔径 2.36mm 的筛筛除被压碎的颗粒，并称取筛余量，精确至 1g。

4. 结果计算与评定

（1）压碎指标值按式（3-36）计算，精确至 0.1%。

$$Q_0 = \frac{G_1 - G_2}{G_1} \times 100\% \qquad (3-36)$$

式中　Q_0——压碎指标值（%）；

　　　G_1——试样质量，g；

G_2——试样压碎后的筛余量，g。

（2）取 3 次测定的算术平均值作为试验结果，精确至 1%。

（九）混凝土拌和物和易性测定

1. 试验目的

测定混凝土拌和物的和易性，为混凝土配合比设计、混凝土拌和物质量评定提供依据。

2. 主要仪器设备

（1）坍落度法。

1）坍落度筒。坍落度筒为底部内径 $200\pm2mm$、顶部内径 $100\pm2mm$、高度 $300\pm2mm$ 的截圆锥形金属筒，内壁必须光滑，如图 3-14 所示。

2）其他。捣棒：直径 16mm、长 650mm 的钢棒，端部应磨圆；直尺、小铲、泥抹及漏斗。

（2）维勃稠度法（V. B 法）。

1）维勃稠度测定仪由振动台、容器、坍落度筒、旋转架 4 部分组成，如图 3-15 所示。

2）其他。同坍落度法。

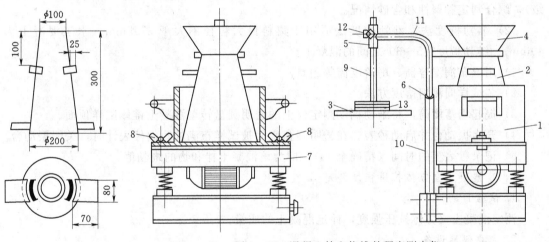

图 3-14　坍落度筒
（单位：mm）

图 3-15　混凝土拌和物维勃稠度测定仪
1—容量筒；2—坍落度筒；3—圆盘；4—漏斗；5—套筒；6—定位螺丝；
7—振动台；8—元宝螺丝；9—滑杆；10—支柱；11—旋转架；
12—螺栓；13—荷重块

3. 试验方法

（1）坍落度法。坍落度法适用于集料最大粒径不大于 37.5mm（水工混凝土为 40mm）、坍落度不小于 10mm 的混凝土。

1）拌和物取样及试样制备。混凝土拌和物试验用料应根据不同要求，从同一拌和盘或同一车运送的混凝土中取出，或在实验室专门拌制。试验前，试样应经人工略加翻拌，以保证其质量均匀。

2）润湿坍落度筒及其他用具，把筒放在不吸水的刚性水平底板上，双脚踩住脚踏板，使坍落度筒在装料时保持位置固定。

3）用小铲将试样分 3 层装入筒内，捣实后每层高度为筒高的 1/3 左右。每层用捣棒在截面上沿螺旋方向由外向中心均匀插捣 25 次。插捣底层时，捣棒应贯穿整个深度；插捣第二层和顶层时，捣棒应插捣至下一层 10～20mm。顶层装填应灌至高出筒口，插捣过程中，如混凝土沉落至低于筒口，应随时添加。顶层插捣完后，刮去多余的混凝土并用抹刀抹平。

4) 清除筒边混凝土并垂直平稳地提起坍落度筒（提离过程应在 5～10s 内完成），将筒放在拌和物试件一旁，量测筒高与坍落后混凝土试体顶部中心点之间的高度差（mm），即为坍落度值，精确至 1mm。从开始装料至提起坍落度筒的整个过程应不间断进行，并应在 2～3min 内完成。

5) 坍落度筒提离后，如混凝土发生崩坍或一边剪坏现象，则应重新取样再测。若第二次仍出现上述现象，则表示该混凝土和易性不好，应予记录。

6) 观察黏聚性及保水性。用捣棒在已坍落的混凝土锥体侧面轻轻敲打，若锥体逐渐下沉，表示黏聚性良好；若锥体倒坍、部分崩裂或出现离析现象，则表示黏聚性不好。保水性以混凝土拌和物中稀浆析出程度来评定，若坍落度筒提起后无稀浆或仅有少量稀浆从底部析出，表示保水性良好。若有较多稀浆析出且锥体部分混凝土因失浆集料外露，表明保水性能不好。此外还要评判插捣时的棍度（分上、中、下 3 级），镘刀抹平程度（分多、中、少 3 级），综合判定黏聚性和含砂情况。

（2）维勃稠度法。维勃稠度法适用于集料最大粒径不大于 37.5mm（水工混凝土为 40mm）、维勃稠度在 5～30s 之间的混凝土。

1) 用湿布润湿容器、坍落度筒等用具。

2) 装试样同测坍落度方法。

3) 提起坍落度筒，将维勃稠度测定仪上的透明圆盘转至混凝土锥体试样顶面。

4) 开启振动台并启动秒表，在透明圆盘底面被试样布满的瞬间停表计时，关闭振动台。

5) 记录秒表上的时间（精确至 1s），即为该混凝土拌和物的维勃值。

（十）混凝土立方体抗压强度测定

1. 试验目的

测定混凝土立方体抗压强度，评定混凝土的质量。

2. 主要仪器设备

（1）压力试验机。精度不低于±2%，其量程应能使试件的预期破坏荷载值不少于全量程的 20%，也不大于全量程的 80%。

（2）试模。由铸铁和钢制成，应具有足够的刚度并便于拆装。试模尺寸应根据集料最大粒径确定：当集料最大粒径在 30mm 以下时，试模边长为 100mm；集料最大粒径 40mm 以下时，试模边长为 150mm；集料最大粒径 80mm 以下时，试模边长为 300mm。

（3）捣实设备。可选用下列两种之一：

1) 振动台。频率为 50±3Hz，空载时振幅约为 0.5mm。

2) 捣棒。直径 16mm，长 650mm，一端为弹头形。

（4）养护室。标准养护室温度应为 20±3℃，相对湿度在 95%。

3. 试验方法

（1）试件成型

1) 制作试件前检查试模，拧紧螺栓并清刷干净。在其内壁涂上一薄层矿物油脂。一般以 3 个试件为一组。

2）依混凝土设备条件、现场施工方法及混凝土稠度可采用下列 3 种方法之一进行成型。

a. 振动台成型（坍落度小于 90mm）。将拌和物一次装入试模，振动应持续到表面呈现水泥浆为止。

b. 人工插捣（坍落度大于 90mm）。每层装料厚度不应大于 100mm，用捣棒按螺旋方向从边缘向中心均匀进行插捣。每层插捣次数依试件截面而定，一般每 100cm² 不少于 12 次。

试件成型后，在混凝土初凝前 1～2h 需将表面抹平。用湿布或塑料布覆盖，在 20±5℃ 室内静置 1d（不得超过 2d），然后编号拆模。拆模后的试件，应立即送养护室养护，试件之间应保持 10～20mm 的距离，并应避免用水直接冲淋试件。

（2）破型。

1）试件从养护地点取出后，应尽快试验，以免试件内部的温度和湿度发生变化。

2）试压前应先擦拭表面，测量尺寸（精确至 1mm）并检查其外观。

3）将试件安放在试验机下压板上，试件中心与下压板中心对准，试件承压面应与成型时的顶面垂直。开动试验机，当上压板与试件接近时，调整球座均衡接触，以 0.3～0.5MPa/s 的速度连续而均匀地加荷，当试件接近破坏而开始迅速变形时，应停止调整阀门，直至破坏，然后记录破坏荷载。

4. 结果计算与评定

（1）混凝土立方体抗压强度，按式（3-37）计算，精确至 0.1MPa。

$$f_{cu} = \frac{P}{A} \tag{3-37}$$

式中　　f_{cu}——混凝土立方体试件抗压强度，MPa；

　　　　P——破坏荷载，N；

　　　　A——受压面积，mm²。

（2）以 3 个试件测值的算术平均值作为该组试件的抗压强度值。3 个测值中的最大值或最小值，若有 1 个与中间值的差值超过中间值的 15% 时，则把最大值及最小值一并舍去，取中间值作为该组试件的抗压强度值。若有两个测值与中间值的差超过中间值的 15%。则该组试件的试验结果无效。

（3）取 150mm×150mm×150mm 试件的抗压强度为标准值。用其他尺寸试件测得的强度值均应乘以换算系数：对边长 100mm、300mm 和 450mm 的试件，换算系数分别为 0.95、1.15 和 1.36。

复 习 思 考 题

一、简述题

1. 普通混凝土由哪些材料组成？它们在混凝土中各起什么作用？

2. 试述水泥强度等级及水胶比对混凝土强度的影响，并写出强度经验公式及公式中符号的含义。

3. 影响混凝土强度的主要因素有哪些？

4. 简述混凝土拌和物和易性的概念及其影响因素。

5. 配制混凝土应满足哪 4 项基本要求？通过哪些技术指标满足要求？

6. 何谓集料的级配？级配好坏对混凝土性能有何影响？

7. 简述混凝土配合比设计三大参数的确定原则以及配合比设计的方法步骤。

8. 简述混凝土配合比的表示方法及配合比设计的基本要求。

9. 简述减水剂的概念及其作用原理。

10. 下列工程特点的混凝土宜掺用哪些外加剂？

(1) 早期强度要求高的钢筋混凝土。

(2) 炎热条件下施工且混凝土运距过远。

(3) 抗渗要求高的混凝土。

(4) 大坍落度的混凝土。

二、计算题

1. 一组边长为100mm的混凝土试块，经标准养护28d，送实验室检测，抗压破坏荷重分别为110kN、100kN和80kN。计算这组试件的立方体抗压强度。

2. 对某工地的用砂试样进行筛分析试验，筛孔尺寸由大到小的分计筛余量分别为20g、70g、80g、100g、150g和60g，筛底为20g，求此砂样的细度模数并判断级配情况。

3. 某混凝土的实验室配合比为 $1 : 2.1 : 4$，$w/(c+p) = 0.6$，混凝土实配表观密度为 2400kg/m^3，求每立方米混凝土各种材料的用量。

4. 已知混凝土的水胶比为0.5，设每立方米混凝土的用水量为180kg，砂率为33%，假定混凝土的表观密度为 2400kg/m^3，试计算每立方米混凝土各种材料的用量。

5. 已知混凝土经试拌调整后，各项材料用量为：水泥 3.10kg、水 1.86kg、砂 6.24kg、碎石 12.8kg，并测得拌和物的表观密度为 2500kg/m^3。

(1) 计算每立方米混凝土各项材料的用量为多少？

(2) 如工地现场砂子含水率为2.5%，石子含水率为0.5%，求施工配合比。

项目四　墙体材料与建筑砂浆

任务一　砌　筑　块　材

【学习任务和目标】　主要介绍石材、砌墙砖、墙用砌块三大类砌体材料。了解并掌握①砌体材料的类型、特性、技术要求及应用；②正确进行砌体材料的测试和评定。

单元一　天　然　石　材

凡由天然岩石开采的，经加工或未经过加工的石材，统称为天然石材。石材是我国历史上最悠久的建筑材料。因其来源广泛、质地坚固耐久，又具有良好的建筑特性等优点，被广泛应用于水利工程中。

按地质形成条件的不同，岩石可分为岩浆岩（火成岩）、沉积岩（水成岩）、变质岩3类。

（1）岩浆岩。岩浆岩又叫火成岩，是地壳深处熔融态岩浆，向压力低的地方运动，侵入地壳岩层，溢出地表或喷出冷却凝固而成的岩石的总称。其特点是具有结晶的构造，没有成层纹理。由于冷却的压力和温度等条件不同，又分深成岩、喷出岩和火山碎屑岩等。

深成岩是岩浆在地壳深处，在巨大压力作用下，缓慢且均匀地冷却而形成的岩石。其特点是矿物全部结晶且颗粒较粗，质地密实，呈块状构造。常见的有花岗岩和正长岩。

喷出岩是岩浆喷出地表时，在压力急剧降低和迅速冷却的条件下形成的。其特点是岩浆不能全部结晶或结晶成细小颗粒，因此常呈非结晶的玻璃质结构、细小结晶的隐晶质结构及个别较大晶体在上述结构中的斑状结构。常见的有玄武岩、辉绿岩和安山岩等。

火山碎屑岩是火山爆发时，喷到空中的岩浆经急剧冷却后形成的。其特点是为玻璃质结构，具有化学不稳定性。

（2）沉积岩。沉积岩是地表的岩石经过风化、破碎、溶解、冲刷、搬运等自然因素的作用，逐渐沉积而形成的岩石。它们的特点是有较多的孔隙、明显的层理及力学性能的方向性。常见的有石灰岩、砂岩和石膏等。

（3）变质岩。变质岩是岩浆岩、沉积岩又经过地壳变动，在压力、温度、化学变化等因素作用下发生质变而形成新的岩石。它们的特点是一般为片状构造，易于分层剥离。常见的变质岩有片麻岩、大理岩和石英岩等。

一、工程中常用的石材

1. 工程中常用的岩浆岩

（1）花岗岩。主要由石英、长石和少量云母所组成，有时还含有少量的暗色矿物（角闪石、辉石）。具有色泽鲜艳、密度大、硬度及抗压强度高（100~250MPa）、耐磨性及抗风化能力强、孔隙率及吸水率低（一般在 0.5％左右）、凿平及磨光性能好等特点。在工程中常用作饰面、基础、基座、路面、闸坝和桥墩等。

（2）正长岩。它是由正长石、斜长石、云母及暗色矿物组成。为深成中性岩，颜色深暗，结构构造、主要性能均与花岗岩相似，但正长岩抗风化能力较差。

（3）玄武岩。为喷出岩，多呈隐晶质或斑状结构，是岩浆岩中最重要的岩石。主要矿物成分为斜长石和辉石。其特点是颜色深暗，密度大，抗压强度因构造不同而波动较大，一般为 100～500MPa，硬脆及硬度大，不易加工。主要用于铺筑路面，铺砌堤岸边坡等，也是铸石原料和高强混凝土的良好骨料。

（4）辉绿岩。为浅成基性岩，主要矿物成分与玄武岩相同，具有较高的耐酸性，可作为耐酸混凝土骨料。可用作铸石的原料，铸出的材料结构均匀、密实、抗酸蚀，常用作化工设备的耐酸衬里。

（5）浮石、火山凝灰岩。火山喷发时，部分熔岩喷至空中，因温度和压力急剧降低，形成不同粒径的粉碎疏松颗粒，其中粉状或疏松的沉积物称为火山灰，粒径大于 5mm 的泡沫状多孔岩石称为浮石，经胶结并致密的火山灰称为火山凝灰岩。这些岩石为多孔结构，表观密度小，强度比较低，导热系数小，可用作砌墙材料和轻混凝土骨料。

2. 工程中常用的沉积岩

（1）石灰岩。石灰岩俗称"灰岩"或"青石"，主要矿物成分是方解石，常含有白云石、菱镁石、石英、黏土矿物等。其特点是构造细密、层理分明，密度为 2.6～2.8g/cm³，抗压强度一般为 80～160MPa，并且具有较高的耐水性和抗冻性。由于石灰岩分布广、硬度小，易于开采加工，所以被广泛用于一般水利工程。块石可砌筑基础、墙体、桥洞桥墩、堤坝护坡等。碎石是常用的混凝土骨料。同时也是生产石灰与水泥的重要原材料。

（2）砂岩。砂岩是由粒径 0.05～2mm 的砂粒（多为耐风化的石英、长石、白云母等矿物及部分岩石碎屑）经天然胶结物质胶结变硬的碎屑沉积岩。其性能与胶结物的种类及胶结的密实程度有关。以氧化硅胶结的称硅质砂岩，呈浅灰色，质地坚硬耐久，加工困难，性能接近花岗岩；以碳酸钙胶结的称石灰质砂岩，近于白色，质地较软，容易加工，但易受化学腐蚀；以氧化铁胶结的称铁质砂岩，呈黄色或紫红色，质地较差，次于石灰质砂岩；黏土胶结的称黏土质砂岩，呈灰色，遇水易软化，不宜用于基础及水工建筑物中。

3. 工程中常用的变质岩

（1）大理岩。大理岩由石灰岩、白云岩变质而成，俗称大理石，主要矿物成分为方解石、白云石。大理岩构造致密，抗压强度高（70～110MPa），硬度不大，易于开采、加工与磨光。纯大理岩为白色，又称汉白玉；当含有杂质时呈灰、绿、黑、黄、红等色，形成各种美丽图案，磨光后是高级的室内外装饰材料；大理石下脚料可作为水磨石的彩色石渣。但大理石抗二氧化碳和酸腐蚀的性能较差，经常接触易风化，失去表面美丽光泽。

（2）石英岩。石英岩是由硅质砂岩变质而成的。砂岩变质后形成坚硬致密的变晶结构，强度高（达 400MPa），硬度大，加工困难，耐久性强，可用于各类砌筑工程、重要建筑物的贴面、铺筑道路及作为混凝土骨料。

（3）片麻岩。片麻岩由花岗岩变质而成。矿物成分与花岗岩类似，片麻状构造，各个方向物理力学性质不同。垂直于片理的抗压强度为 150～200MPa，沿片理易于开采和加工，但在冻融作用下易成层剥落。常用作碎石、堤坝护岸、渠道衬砌等。

二、石材的主要技术性质

1. 表观密度

石材按其表观密度大小分为重石与轻石两类。表观密度大于 $1800kg/m^3$ 者为重石，表观密度小于等于 $1800kg/m^3$ 者为轻石。重石可用于建筑的基础、贴面、地面、不采暖房屋外墙、桥梁及水工建筑物等；轻石主要用于采暖房屋外墙。

2. 强度等级

根据强度等级，石材可分为 MU100、MU80、MU60、MU50、MU40、MU30、MU20、MU15 和 MU10。石材的强度等级，可用边长为 70mm 的立方体试块的抗压强度表示。抗压强度取 3 个试件破坏强度的平均值。试块也可采用表 4-1 所列的其他尺寸的立方体，但应对其试验结果乘以相应的换算系数后方可作为石材的强度等级。

表 4-1　　　　　　　　　　　　石材强度等级的换算系数

立方体边长/mm	200	150	100	70	50
换算系数	1.43	1.28	1.14	1	0.86

3. 抗冻性

石材抗冻性指标是用冻融循环次数表示的，在规定的冻融循环次数（15 次、20 次或 50 次）时，无贯穿裂缝，质量损失不超过 5%，强度降低不大于 25% 时，则抗冻性合格。石材的抗冻性主要取决于矿物成分、结构及其构造，应根据使用条件，选择相应的抗冻指标。

4. 耐水性

石材的耐水性按软化系数分为高、中、低三等。高耐水性的石材，软化系数大于 0.9，中耐水性的石材软化系数为 0.7~0.9，低耐水性的石材软化系数为 0.6~0.7。软化系数低于 0.6 的石材，一般不允许用于重要的工程。

三、工程中常用的砌筑石材

砌筑用石材分为毛石、料石两类。

1. 毛石

毛石（又称片石或块石）是由爆破直接获得的石块。按其平整程度又分为乱毛石与平毛石两类。

（1）乱毛石。乱毛石形状不规则，如图 4-1 所示，一般在一个方向的尺寸达 300~400mm，质量为 20~30kg，其中部厚度一般不小于 150mm。常用于砌筑基础、勒角、墙身、堤坝、挡土墙等，也可作毛石混凝土的集料。

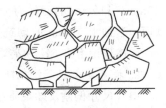

图 4-1　乱毛石

（2）平毛石。平毛石是由乱毛石略经加工而成，形状较乱毛石平整，其形状基本上有 6 个面，如图 4-2 所示，但表面粗糙，中部厚度不小于 200mm。常用于砌筑基础、墙角、勒角、桥墩、涵洞等。

2. 料石

料石（又称条石）是由人工或机械开采出的较规则的六面体石块，略经加工凿琢而成。按其加工后的外形规则程度，分为毛料石、粗料石、半细料石和细料石 4 种。

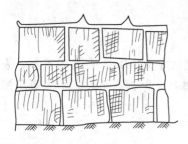

图 4-2 平毛石

（1）毛料石。毛料石外形大致方正，一般不加工或仅稍加修整，高度不应小于 200mm，叠砌面凹入深度不大于 25mm。

（2）粗料石。粗料石截面的宽度、高度不小于 200mm，且不小于长度的 1/4，叠砌面凹入深度不大于 20mm。

（3）半细料石。半细料石规格尺寸同上，但叠砌面凹入深度不应大于 15mm。

（4）细料石。细料石通过细加工，外形规则，规格尺寸同上，叠砌面凹入深度不大于 10mm。

单元二 砌 墙 砖

凡由黏土、工业废料或其他地方资源为主要原料，以不同工艺制造的，用于砌筑承重和非承重墙体的人造小型块材统称砌墙砖。

一、烧结砖

（一）烧结普通砖

国家标准《烧结普通砖》（GB 5101—2003）规定：凡由黏土、页岩、煤矸石、粉煤灰等为主要原料，经成型、焙烧而成的实心或孔洞率不大于 15% 的砖，称为烧结普通砖。

1. 分类、质量等级及规格

（1）按使用的原料不同，烧结普通砖可分为烧结黏土砖（N）、烧结页岩砖（Y）、烧结煤矸石砖（M）、烧结粉煤灰砖（F）。

（2）按砖的抗压强度，砖可分为 MU30、MU25、MU20、MU15、MU10 等 5 个强度等级。强度和抗风化性能合格的砖，根据尺寸偏差、外观质量、泛霜和石灰爆裂分为优等品（A）、一等品（B）和合格品（C）3 个质量等级。优等品可用于清水墙和墙体装饰，一等品和合格品可用于混水墙。

（3）烧结普通砖的外形为直角六面体，公称尺寸为 240mm×115mm×53mm。其中 240mm×115mm 的面称为大面，240mm×53mm 的面称为条面，115mm×53mm 的面称为顶面。若加上 10mm 的砌筑灰缝，则 4 块砖长、8 块砖宽、16 块砖厚均为 1m 左右，砌筑 1m³ 砖体理论上需 512 块砖，一般再加上 2.5% 的损耗即为计算工程所需用的砖数。

2. 技术要求

（1）尺寸偏差及外观质量。尺寸偏差的规定见表 4-2 和表 4-3。除检查砖的尺寸外，还需从外观上检查砖的弯曲程度、缺棱掉角的程度和裂纹的长度等。

表 4-2　　　　烧结普通砖尺寸允许偏差（见 GB 5101—2003）　　　　单位：mm

公称尺寸	优等品		一等品		合格品	
	样本平均偏差	样本极差	样本平均偏差	样本极差	样本平均偏差	样本极差
240	±2.0	≤6	±2.5	≤7	±3.0	≤8
115	±1.5	≤5	±2.0	≤6	±2.5	≤7
53	±1.5	≤4	±1.6	≤5	±2.0	≤6

表4-3	烧结普通砖外观质量（见 GB 5101—2003）			单位：mm
项 目	优等品	一等品	合格品
两条面高度差	≤2	≤3	≤4
弯曲	≤2	≤3	≤4
杂质凸出高度	≤2	≤3	≤4
缺棱掉角的3个破坏尺寸不得同时	>5	>20	>30
裂纹长度： (1) 大面上宽度方向及其延伸至条面的长度。 (2) 大面上长度方向及其延伸至顶面的长度或条面上水平裂纹长度	≤30 ≤50	≤60 ≤80	≤80 ≤100
完整面不得少于	一条面和 一顶面	一条面和 一顶面	—
颜色	基本一致	—	—

（2）强度等级。砖在砌体中主要起承压作用。根据抗压强度分为 MU30、MU25、MU20、MU15、MU10 等 5 个强度等级，见表 4-4。

表4-4	烧结普通砖的强度等级（见 GB 5101—2003）		单位：MPa
强度等级	抗压强度平均值 f	变异系数 $\delta \leq 0.21$	$\delta > 0.21$
		强度标准值 f_K	f_{min}
MU30	≥30.0	≥22.0	≥25.0
MU25	≥25.0	≥18.0	≥22.0
MU20	≥20.0	≥14.0	≥16.0
MU15	≥15.0	≥10.0	≥12.0
MU10	≥10.0	≥6.5	≥7.5

测定砖的强度时，试样数量为 10 块，试验后按下式计算强度变异系数 δ、强度标准差 S 和抗压强度标准值 f_K。

$$S = \sqrt{\frac{1}{9}\sum_{i=1}^{10}(f_i - \overline{f})^2} \qquad (4-1)$$

$$\delta = \frac{S}{\overline{f}} \qquad (4-2)$$

$$f_K = \overline{f} - 1.8S \qquad (4-3)$$

式中　f_i——单块砖抗压强度测定值，MPa；

　　　f_K——抗压强度标准值，MPa；

　　　$\overline{f}$——10 块砖抗压强度平均值，MPa；

　　　δ——强度变异系数。

各强度等级砖的强度应符合表 4-4 的要求。

（3）抗风化性能。通常将干湿变化、温度变化、冻融变化等气候因素对砖的作用称为"风化"作用，砖抵抗风化作用的能力，称为抗风化性能。按《烧结普通砖》（GB 5101—

2003）的规定，东北三省、内蒙古、新疆等严重风化地区的砖必须做冻融试验，其他非风化地区的砖的抗风化性能如果符合规定时，可不做冻融试验，否则必须做冻融试验；风化区用风化指数进行划分。风化指数是指日气温从正温降至负温或负温升至正温的每年平均天数，与每年从霜冻之日起至消失霜冻之日止这一期间降雨总量（以 mm 计）的平均值的乘积。风化指数不小于12700 为严重风化区，风化指数小于12700 为非严重风化区。我国风化区划分见表4-5。

表 4-5　　　　　　　　　　　　风化区划分（见 GB 5101—2003）

分　区	所　含　省（自治区、直辖市）
严重风化区	黑龙江省、吉林省、辽宁省、内蒙古自治区、新疆维吾尔自治区、宁夏回族自治区、甘肃省、青海省、陕西省、山西省、河北省、北京市、天津市
非严重风化区	山东省、河南省、安徽省、江苏省、湖北省、江西省、浙江省、四川省、贵州省、湖南省、福建省、台湾省、广东省、广西壮族自治区、海南省、云南省、西藏自治区、上海市、重庆市

　　严重风化区中的黑龙江省、吉林省、辽宁省、内蒙古自治区、新疆维吾尔自治区的砖必须进行冻融试验，其他地区砖的抗风化性能符合表4-6 规定时，可不做冻融试验。冻融试验是将吸水饱和的 5 块砖，在 $-20 \sim -15$℃条件下冻结 3h，再放入 $10 \sim 20$℃水中融化 2h 以上，称为一个冻融循环。如此反复进行 15 次试验后，测得单块砖的质量损失不超过 2%；冻融试验后每块砖样不出现裂纹、分层、掉皮、缺棱、掉角等冻坏现象时，冻融试验合格。

　　强度和抗风化性能合格的砖，按尺寸偏差、外观质量、泛霜和石灰爆裂划分为优等品（A）、一等品（B）、合格品（C）。

表 4-6　　　　　　　　　　　　抗风化性能（见 GB 5101—2003）

砖种类	严重风化区				非严重风化区			
	5h 沸煮吸水率		饱和系数		5h 沸煮吸水率		饱和系数	
	平均值	单块最大值	平均值	单块最大值	平均值	单块最大值	平均值	单块最大值
黏土砖	≤18%	≤20%	≤0.85	≤0.87	≤19%	≤20%	≤0.88	≤0.90
粉煤灰砖	≤21%	≤23%			≤23%	≤25%		
页岩砖	≤16%	≤18%	≤0.74	≤0.77	≤18%	≤20%	≤0.78	≤0.80
煤矸石砖	≤16%	≤18%			≤18%	≤20%		

　　注　1. 粉煤灰掺入量（体积比）小于30%时，抗风化性能指标按黏土砖规定。
　　　　2. 饱和系数为常温 24h 吸水量与沸煮 5h 吸水量之比。

　　（4）泛霜。泛霜也称起霜，是砖在使用过程中的盐析现象。砖内过量的可溶盐受潮吸水而溶解，随水分蒸发而沉积于砖的表面，形成白色粉状附着物，影响建筑物美观。如果溶盐为硫酸盐，水分蒸发呈晶体析出时，产生膨胀，使砖面剥落。标准规定：优等品无泛霜，一等品不允许出现中等泛霜，合格品不允许出现严重泛霜。

　　（5）石灰爆裂。石灰爆裂是指砖坯中夹杂有石灰石，焙烧后转变成生石灰，砖吸水后，由于石灰逐渐熟化而膨胀产生的爆裂现象。这种现象影响砖的质量，并降低砌体强度。

　　按《烧结普通砖》(GB 5101—2003) 规定：优等品不允许出现最大破坏尺寸大于 2mm

的爆裂区域；一等品不允许出现最大破坏尺寸大于 10mm 的爆裂区域，在 2～10mm 间爆裂区域，每组砖样不得多于 15 处；合格品不允许出现最大破坏尺寸大于 15mm 的爆裂区域，在 2～15mm 间爆裂区域，每组砖样不得多于 7 处。

（6）体积密度与吸水率。烧结普通砖的体积密度一般为 1600～1800kg/m³。吸水率反映了砖的孔隙率大小和孔隙构造特征。它与砖的焙烧程度有关。欠火砖吸水率大，过火砖吸水率小，一般为 8%～16%。

黏土砖具有一定强度并有隔热、隔声、耐久、生产工艺简单及价格低廉等特点。但其施工机械化程度低，生产时大量毁占耕地，能耗大，不利于环保，应大力推广墙体材料改革，以空心砖、工业废渣砖及砌块代替实心黏土砖。普通烧结砖可用于砌筑墙体，铺筑地面、柱、拱、烟囱、窑身、沟道及基础等。优等品用于墙体装饰和清水墙砌筑。

（二）烧结多孔砖

烧结多孔砖是以黏土、页岩、煤矸石、粉煤灰为主要原料，经焙烧而成的孔洞率不小于 25%，孔洞尺寸小而数量多，用于砌筑墙体的承重用砖。

1．分类、规格及质量等级

（1）分类。按主要原料分为黏土砖（N）、页岩砖（Y）、煤矸石砖（M）和粉煤灰砖（F）。

（2）规格。砖的外形为直角六面体，其长度、宽度、高度尺寸应符合 290、240、190、180、175、140、115、90 这几种尺寸的组合，单位为 mm。

（3）孔洞尺寸。砖的孔洞尺寸应符合表 4-7 的规定。烧结多孔砖的外形如图 4-3 所示。

表 4-7	孔 洞 尺 寸	单位：mm
圆孔直径	非圆孔内切圆直径	手抓孔
≤22	≤15	(30～48)×(75～85)

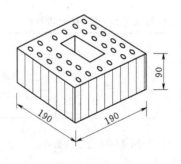
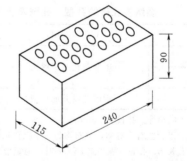

图 4-3 烧结多孔砖

（4）质量等级。根据抗压强度分为 MU30、MU25、MU20、MU15、MU10 等 5 个强度等级。强度和抗风化性能合格的砖，根据尺寸偏差、外观质量、孔型及孔洞排列、泛霜、石灰爆裂分为优等品（A）、一等品（B）和合格品（C）3 个质量等级。

2．技术要求

（1）尺寸允许偏差。尺寸允许偏差应符合表 4-8 的规定。

表 4 - 8　　　　　　　　烧结多孔砖的尺寸允许偏差（见 GB 13544—2000）　　　　单位：mm

尺　寸	优等品		一等品		合格品	
	样本平均偏差	样本极差	样本平均偏差	样本极差	样本平均偏差	样本极差
290、240	±2.0	≤6	±2.5	≤7	±3.0	≤8
190、180、175、140、115	±1.5	≤5	±2.0	≤6	±2.5	≤7
90	±1.5	≤4	±1.7	≤5	±2.0	≤6

（2）外观质量。砖的外观质量应符合表 4 - 9 的规定。

表 4 - 9　　　　　　　烧结多孔砖的外观质量（见 GB 13544—2000）　　　　单位：mm

项　目		优等品	一等品	合格品
颜色（一条面和一顶面）		一致	基本一致	—
完整面	不得少于	一条面和一顶面	一条面和一顶面	—
缺棱掉角的 3 个破坏尺寸	不得同时大于	15	20	30
裂纹长度： （1）大面上深入孔壁 15mm 以上宽度方向及其延伸到条面的长度。 （2）大面上深入孔壁 15mm 以上长度方向及其延伸到顶面的长度。 （3）条面、顶面上的水平裂纹	不大于	60 60 80	80 100 100	100 120 120
杂质在砖面上造成的凸出高度	不大于	3	4	5

注 1. 为装饰而施加的色差、凹凸纹、拉毛、压花等不算缺陷。
　　2. 凡有下列缺陷之一者，不能称为完整面：①缺损在条面或顶面上造成的破坏面尺寸同时大于 20mm×30mm；②条面或顶面上裂纹宽度大于 1mm，其长度超过 70mm；③压陷、焦花、粘底在条面或顶面上的凹陷或凸出超过 2mm，区域尺寸同时大于 20mm×30mm。

（3）孔型、孔洞率及孔洞排列。孔型、孔洞率及孔洞排列应符合表 4 - 10 的规定。

表 4 - 10　　　　烧结多孔砖的孔型、孔洞率及孔洞排列（见 GB 13544—2000）

产品等级	孔　型	孔洞率	孔洞排列
优等品	矩形条孔或矩形孔	≥25%	交错排列，有序
一等品			
合格品	矩形孔或其他孔型		—

注 1. 所有孔宽 b 应相等，孔长 L≤50mm。
　　2. 孔洞排列上下、左右应对称，分布均匀，手抓孔长度方向尺寸必须平行于砖的条面。
　　3. 矩形孔的孔长 L、孔宽 b 满足式 L≥3b 时，为矩形条孔。

（4）强度等级、泛霜、抗风化性能。烧结多孔砖的强度等级、泛霜、抗风化性能要求同烧结普通砖。

多孔砖与实心砖相比，其单位体积大，表观密度小（1350～1480kg/m³）。多孔砖竖孔的孔洞尺寸一般较小（避免砌筑过程中过多砂浆进入孔洞中）。

烧结多孔砖产品中不允许出现欠火砖、酥砖和螺旋纹砖。

（三）烧结空心砖

以黏土、页岩、煤矸石为主要原料，经焙烧而成，孔洞率不小于 40%，孔洞尺寸大而数量少，用作填充非承重用砖。空心砖孔洞采用矩形条孔或其他孔型，且平行于大面和条面，使用时大面受压。其外形如图4-4所示。

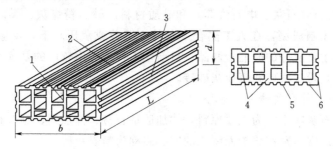

图4-4　烧结空心砖外形示意图

1—顶面；2—大面；3—条面；4—肋；5—凹线槽；6—外壁；

L—长度；b—宽度；d—高度

1. 砖的规格

烧结空心砖的长度、宽度、高度均应符合290、190、90，240、180（175）、115两组尺寸的组合，单位为mm。

2. 技术性质

（1）分级。根据密度不同，烧结空心砖分为800、900、1000、1100等4个密度级别。其各级密度等级对应的5块砖密度平均值分别为不大于800kg/m³，801～900kg/m³，901～1000kg/m³，1001～1100kg/m³，否则为不合格品。

（2）分等。每个密度级别根据孔洞及其排数、尺寸偏差、外观质量、强度等级和物理性能分为优等品（A）、一等品（B）和合格品（C）3个等级。各等级的各项技术指标均应符合GB 13545—2003的相应规定。

（3）强度等级。空心砖的强度等级分为MU10.0、MU7.5、MU5.0、MU3.5、MU2.5等5个等级，各强度等级的强度值应符合表4-11的规定。

表4-11　　　　　　　　烧结空心砖的强度等级（见GB 13545—2003）　　　　　单位：MPa

强度等级	抗 压 强 度			密度等级范围/(kg/m³)
	抗压强度平均值	变异系数 $\delta \leqslant 0.21$	变异系数 $\delta > 0.21$	
		强度标准值 f_K	单块最小抗压强度值 f_{min}	
MU10.0	≥10.0	≥7.0	≥8.0	≤1000
MU7.5	≥7.5	≥5.0	≥5.8	
MU5.0	≥5.0	≥3.5	≥4.0	
MU3.5	≥3.5	≥2.5	≥2.8	
MU2.5	≥2.5	≥1.6	≥1.8	≤800

空心砖的表观密度为800～1100kg/m³，具有良好的热绝缘性能，在多层建筑中用于隔断墙或框架结构填充墙中。

生产和使用多孔砖和空心砖可节约黏土25%左右，燃料10%～20%，比实心砖减轻墙体自重1/3，提高工效40%，降低造价约20%，并改善了墙体的热工性能。

二、非烧结砖

不经焙烧而制成的砖均称为非烧结砖,如蒸养(压)砖、碳化砖、免烧免蒸砖等。蒸养(压)砖是以钙质材料(石灰、电石渣等)和硅质材料(砂、粉煤灰、煤矸石、灰渣、炉渣等)与水拌和,经压制成型,在人工热合成条件(蒸养或蒸压)下,反应生成以水化硅酸钙、水化铝酸钙为主要成分的硅酸盐制品。目前,工程中应用较广的是蒸养(压)砖,其主要品种有蒸养(压)粉煤灰砖和蒸压灰砂砖。

(一)蒸养(压)粉煤灰砖

凡以粉煤灰、石灰或水泥为主要原料,掺加适量石膏、外加剂、颜料和集料等,经坯料制备、成型、高压或常压蒸汽养护而制成的实心砖称为粉煤灰砖。

粉煤灰砖的公称尺寸为240mm×115mm×53mm,呈深灰色,表观密度约1500kg/m³。

粉煤灰砖根据抗压强度和抗折强度可分为MU30、MU25、MU20、MU15、MU10等5个强度等级。根据尺寸偏差、外观质量、强度等级、干燥收缩分为优等品(A)、一等品(B)、合格品(C)3个质量等级。

粉煤灰砖可用于工业与民用建筑的墙体和基础,但用于基础或用于易受冻融和干湿交替作用的建筑部位必须使用MU15以上强度等级的砖,不得用于长期受热(200℃以上)、受急冷急热和有酸性介质侵蚀的建筑部位。

(二)蒸压灰砂砖

凡以石灰和砂为主要原料,允许掺加颜料和外加剂,经坯料制备、压制成型、蒸压养护而制成的实心砖称为蒸压灰砂砖。

蒸压灰砂砖的公称尺寸为240mm×115mm×53mm。表观密度约1800~1900kg/m³。灰砂砖有彩色(C_0)和本色(N)两类。

蒸压灰砂砖根据抗压强度和抗折强度可分为MU25、MU20、MU15、MU10等4个强度等级。根据尺寸偏差和外观质量、强度及抗冻性分为优等品(A)、一等品(B)和合格品(C)3个质量等级。各等级强度值及抗冻性指标应符合表4-12的规定。

表4-12 蒸压灰砂砖力学性能(见 GB 11945—1999)

强度等级	抗压强度/MPa		抗折强度/MPa		抗冻性	
	平均值	单块值	平均值	单块值	冻后抗压强度/MPa 平均值	单块砖的干质量损失
MU25	≥25.0	≥20.0	≥5.0	≥4.0	≥20.0	≤2.0%
MU20	≥20.0	≥16.0	≥4.0	≥3.2	≥16.0	≤2.0%
MU15	≥15.0	≥12.0	≥3.3	≥2.6	≥12.0	≤2.0%
MU10	≥10.0	≥8.0	≥2.5	≥2.0	≥8.0	≤2.0%

MU15、MU20、MU25的蒸压灰砂砖可用于基础及其他建筑,MU10的蒸压灰砂砖仅可用于防潮层以上的建筑;不得用于长期受热200℃以上、受急冷急热和有酸性介质侵蚀的建筑部位。

单元三 墙 用 砌 块

砌块是指砌筑用的人造块材,外形多为直角六面体,也有各种异形的。砌块系列中主规格的长度、宽度或高度有一项或一项以上分别大于365mm、240mm或115mm。

砌块生产工艺简单，能充分利用地方材料和工业废渣；可利用中小型施工机具施工，提高施工速度；砌筑方便；其力学性能、物理性能、耐久性能均能满足一般工业与民用建筑的要求。

砌块按用途分为承重砌块与非承重砌块；按有无孔洞分为密实砌块与空心砌块；按使用原材料分为硅酸盐混凝土砌块与轻集料混凝土砌块；按生产工艺分为烧结砌块与蒸压（蒸养）砌块；也可按砌块产品规格分为大型砌块（主规格的高度大于980mm）、中型砌块（主规格高度为380～980mm）和小型砌块（主规格的高度大于115mm而小于380mm）。

一、蒸养粉煤灰砌块（FB）

蒸养粉煤灰砌块是以粉煤灰、石灰、石膏和集料等为原料，加水搅拌、振动成型、蒸汽养护后而制成的密实砌块。

（一）蒸养粉煤灰砌块的规格

蒸养粉煤灰砌块的主规格外形尺寸为880mm×380mm×240mm，880mm×420mm×240mm。砌块端面应加灌浆槽，坐浆面宜设抗剪槽。形状如图4-5所示。

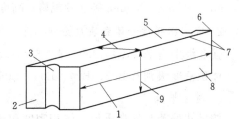

图4-5 粉煤灰砌块形状示意图
1—长度；2—端面；3—灌浆槽；4—宽度；
5—坐浆面；6—角；7—棱；
8—侧面；9—高度

（二）技术性能

（1）蒸养粉煤灰砌块的强度等级、质量等级见表4-13。

表4-13 蒸养粉煤灰砌块的强度等级、质量等级

项　目	说　明
强度等级	按立方体试件的抗压强度分为10级和13级
质量等级	按外观质量、尺寸偏差和干缩性能分为一等品（B）和合格品（C）

（2）蒸养粉煤灰砌块的立方体抗压强度、碳化后强度、抗冻性能和密度应符合表4-14的要求。

表4-14 蒸养粉煤灰砌块的立方体抗压强度、碳化后强度、抗冻性能和密度（见 JC 238—1991）

项　目	指　标	
	10级	13级
抗压强度/MPa	3块试件平均值≥10.0，单块最小值8.0	3块试件平均值≥13.0，单块最小值10.5
人工碳化后强度/MPa	≥6.0	≥7.5
抗冻性	冻融循环结束后，外观无明显疏松、剥落或裂缝现象；强度损失≤20%	
密度	不超过设计密度10%	
干缩值	一等品≤0.75，合格品≤0.90	

蒸养粉煤灰砌块适用于工业与民用建筑的承重、非承重墙体和基础，但不宜用于具有酸性侵蚀的、密封性要求高的及受较大振动影响的建筑物，也不宜用于受高温的承重墙和经常受潮湿的承重墙。

二、蒸压加气混凝土砌块（ACB）

蒸压加气混凝土砌块，是以钙质材料（水泥、石灰等）和硅质材料（砂、矿渣、粉煤灰等）为基本原料，经过磨细，并以铝粉为加气剂，按一定比例配合，经搅拌、浇注、发气、成型、切割和蒸压养护而制成的一种轻质墙体材料。

（一）分类

1. 规格

蒸压加气混凝土砌块长度为 600mm；宽度有 100mm、120mm、125mm、150mm、180mm、200mm、240mm、300mm 等 9 种规格；高度有 200mm、250mm、300mm 等 3 种规格。

2. 按抗压强度和体积密度分级

强度级别有 A1.0、A2.0、A2.5、A3.5、A5.0、A7.5、A10 等 7 个级别。
体积密度级别有 B03、B04、B05、B06、B07、B08 等 6 个级别。

3. 质量等级

按尺寸偏差与外观质量、体积密度和抗压强度分为优等品（A）、一等品（B）和合格品（C）3 个质量等级。

（二）技术要求

（1）蒸压加气混凝土砌块的尺寸允许偏差和外观应符合表 4-15 的规定。

表 4-15　　　蒸压加气混凝土砌块的尺寸偏差和外观（见 GB/T 11968—1997）

项　目				指　标		
				优等品 （A）	一等品 （B）	合格品 （C）
尺寸允许偏差 /mm	长度		L_1	±3	±4	±5
	宽度		B_1	±2	±3	+3 -4
	高度		H_1	±3	±3	+3 -4
缺棱掉角	个数，不多于/个			0	1	2
	最大尺寸不得大于/mm			0	70	70
	最小尺寸不得大于/mm			0	30	30
	平面弯曲不得大于/mm			0	3	5
裂纹	条数，不多于/条			0	1	2
	任一面上的裂纹长度不得大于裂纹方向尺寸的			0	1/3	1/2
	贯穿一棱二面的裂纹长度不得大于裂纹所在的裂纹方向尺寸总和的			0	1/3	1/3
	爆裂、粘模和损坏深度不得大于/mm			10	20	30
	表面疏松、层裂			不允许		
	表面油污			不允许		

（2）蒸压加气混凝土砌块的抗压强度应符合表 4-16 的规定。

表 4 - 16 砌块的抗压强度（见 GB/T 11968—1997） 单位：MPa

强 度 级 别	立方体抗压强度	
	平均值不小于	单块最小值不小于
A1.0	1.0	0.8
A2.0	2.0	1.6
A2.5	2.5	.2.0
A3.5	305	2.8
A5.0	5.0	4.0
A7.5	7.5	6.0
A10.0	10.0	8.0

（3）蒸压加气混凝土砌块的强度级别应符合表 4 - 17 的规定。

表 4 - 17 砌块的强度级别（见 GB/T 11968—1997）

体积密度级别		B03	B04	B05	B06	B07	B08
强度级别	优等品	A1.0	A2.0	A3.5	A5.0	A7.5	A10.0
	一等品			A3.5	A5.0	A7.5	A10.0
	合格品			A2.5	A3.5	A5.0	A7.5

（4）蒸压加气混凝土砌块的干体积密度应符合表 4 - 18 的规定。

表 4 - 18 砌块的干体积密度（见 GB/T 11968—1997） 单位：kg/m³

体积密度级别		B03	B04	B05	B06	B07	B08
体积密度	优等品（A）	≤300	≤400	≤500	≤600	≤700	≤800
	一等品（B）	≤330	≤430	≤530	≤630	≤730	≤830
	合格品（C）	≤350	≤450	≤550	≤650	≤750	≤850

（5）砌块的干燥收缩、抗冻性和导热系数（干态）应符合表 4 - 19 的规定。

表 4 - 19 干燥收缩、抗冻性和导热系数（见 GB/T 11968—1997）

体积密度级别			B03	B04	B05	B06	B07	B08
干燥收缩值	标准法	mm/m	≤0.50					
	快速法		≤0.80					
抗冻性	质量损失		≤5.0%					
	冻后强度/MPa		≥0.8	≥1.6	≥2.0	≥2.8	≥4.0	≥6.0
导热系数（干态）/(W/mk)			≤0.10	≤0.12	≤0.14	≤0.16	—	—

注 1. 规定采用标准法、快速法测定砌块干燥收缩值。若测定结果发生矛盾不能判定，则以标准法测定的结果为准。
 2. 用于墙体的砌块，允许不测导热系数。

蒸压加气混凝土砌块质轻、便于加工、保温隔声，防火性好。常用于低层建筑的承重墙、多层和高层建筑的非承重墙、框架结构填充墙，也可作为填充材料或保温隔热材料；不得用于有侵蚀介质的环境、处于浸水或经常处于潮湿环境的建筑墙体，不得用于墙体表面温度高于 80℃ 的结构，不得用于建筑物基础。

三、普通混凝土小型空心砌块（NHB）

普通混凝土小型空心砌块是以水泥为胶凝材料，以砂、碎石或卵石、煤矸石、炉渣为集料，加水搅拌，经振动、振动加压或冲压成型，养护而制成的小型并有一定空心率的墙体材料。常用于地震设计烈度为 8 度和 8 度以下地区的一般民用与工业建筑物的墙体。

（一）等级和标记

1. 等级

按其尺寸偏差、外观质量分为优等品（A）、一等品（B）和合格品（C）3 个质量等级。按其抗压强度分为 MU3.5、MU5.0、MU7.5、MU10.0、MU15.0 和 MU20.0 等 6 个强度等级。

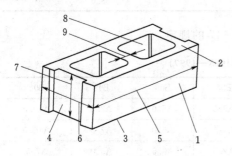

图 4-6　混凝土小型空心砌块

1—条面；2—坐浆面；3—铺浆面；4—顶面；5—长度；6—宽度；7—高度；8—壁；9—肋

2. 标记

按产品名称、强度等级、外观质量等级和标准编号的顺序进行标记。如强度等级为 MU7.5、外观质量为优等品（A）的砌块，其标记为：NHB-MU7.5 A GB 8239。

（二）技术要求

1. 规格

混凝土小型空心砌块主规格尺寸为 390mm×190mm×190mm。最小外壁厚应不小于 30mm，最小肋厚应不小于 25mm。空心率应不小于 25%。尺寸允许偏差应符合表 4-20 的规定。混凝土小心砌块的外形如图 4-6 所示。

表 4-20　　混凝土小型空心砌块尺寸允许偏差（见 GB 8239—1997）　　单位：mm

项目名称	优等品（A）	一等品（B）	合格品（C）
长度	±2	±3	±3
宽度	±2	±3	±3
高度	±2	±3	+3 −4

2. 外观质量

混凝土小型空心砌块外观质量应符合表 4-21 的规定。

表 4-21　　混凝土小型空心砌块外观质量（见 GB 8239—1997）

项　目　名　称		优等品（A）	一等品（B）	合格品（C）
弯曲/mm		≤2	≤2	≤3
掉角缺棱	个数/个	≤0	≤2	≤2
	三个方向投影尺寸的最小值/mm	≤0	≤20	≤30
裂纹延伸的投影尺寸累计/mm		≤0	≤20	≤30

3. 强度等级

混凝土小型空心砌块强度等级应符合表 4-22 的规定。

表 4 - 22 混凝土小型空心砌块强度等级（见 **GB 8239—1997**） 单位：MPa

强度等级	砌 块 强 度	
	平均值	单块最小值
MU3.5	≥3.5	≥2.8
MU5.0	≥5.0	≥4.0
MU7.5	≥7.5	≥6.0
MU10.0	≥10.0	≥8.0
MU15.0	≥15.0	≥12.0
MU20.0	≥20.0	≥16.0

4. 相对含水率、抗渗性、抗冻性

相对含水率、抗渗性、抗冻性应符合《普通混凝土小型空心砌块》（GB 8239—1997）的规定。

四、轻集料混凝土小型空心砌块（LHB）

轻集料混凝土小型空心砌块（简称轻集料小砌块）是由水泥、轻粗细集料及外加剂加水搅拌，经装模、振动（或加压振动或冲压）成型并经养护而制成的一种墙体材料。它具有良好的保温隔热性、抗震性、防火及吸声性能，并且施工方便，自重轻，是一种具有广泛发展前景的墙体材料。

（一）分类

1. 类别

按砌块孔的排数分为实心(0)、单排孔(1)、双排孔(2)、三排孔(3)和四排孔(4)等5类。

2. 等级

按砌块的干表观密度分为 500、600、700、800、900、1000、1200 和 1400 等 8 个密度等级。按砌块的抗压分为 1.5、2.5、3.5、5.0、7.5 和 10.0 等 6 个强度等级。按砌块的尺寸允许偏差和外观质量，分为一等品（B）和合格品（C）两个质量等级。

3. 标记

轻集料混凝土小型空心砌块按产品名称、类别、密度等级、强度等级、质量等级和标准编号的顺序进行标记。如密度等级为 600 级、强度等级为 1.5 级、质量等级为一等品的轻集料混凝土三排孔小砌块，其标记为：LHB（3）6001.5BGB/T 15229。

（二）技术要求

1. 规格尺寸

轻集料混凝土小型空心砌块的主规格尺寸为 390mm×190mm×190mm。尺寸允许偏差应符合表 4 - 23 的规定。

表 4 - 23 规 格 尺 寸 偏 差 单位：mm

项目名称	一等品	合格品
长度	±2	±3
宽度	±2	±3
高度	±2	±3

2. 外观质量

轻集料混凝土小型空心砌块的外观质量应符合表 4 - 24 的规定。

表 4 - 24   外 观 质 量

项目名称	一等品	合格品
缺棱掉角/个	≤0	≤2
3 个方向投影的最小尺寸/mm	≤0	≤30
裂缝延伸投影的累计尺寸/mm	≤0	≤30

3. 密度等级

轻集料混凝土小型空心砌块的密度等级应符合表 4 - 25 的规定。

表 4 - 25   密 度 等 级   单位：kg/m³

密度等级	砌块干燥表观密度的范围	密度等级	砌块干燥表观密度的范围
500	≤500	900	810～900
600	510～600	1000	910～1000
700	610～700	1200	1010～1200
800	710～800	1400	1210～1400

4. 强度等级

轻集料混凝土小型空心砌块的强度等级应符合表 4 - 26 的规定。其中，完全符合的为一等品；密度等级范围不满足要求的为合格品。

表 4 - 26   强 度 等 级   单位：MPa

强度等级	砌块抗压强度		密度等级范围
	平均值	最小值	
1.5	≥1.5	1.2	≤600
2.5	≥2.5	2.0	≤800
3.5	≥3.5	2.8	≤1200
5.0	≥5.0	4.0	
7.5	≥7.5	6.0	≤1400
10.0	≥10.0	8.0	

5. 吸水率、相对含水率和干缩率

吸水率不应大于 20%，干缩率和相对含水率应符合表 4 - 27 的规定。

表 4 - 27   干缩率和相对含水率   %

干缩率	相对含水率		
	潮湿	中等	干燥
<0.03	45	40	35
0.03～0.045	40	35	30
0.045～0.065	35	30	25

注 相对含水率即砌块出厂含水率与吸水率之比。

6. 碳化系数和软化系数

加入粉煤灰等火山灰质掺合料的小砌块，其碳化系数不应小于 0.8，软化系数不应小于 0.75。

7. 抗冻性

轻集料混凝土小型空心砌块的抗冻性应符合表 4-28 的规定。

表 4-28   抗 冻 性

使用条件		抗冻等级	质量损失	强度损失
非采暖地区		F15		
采暖地区	相对湿度≤60%	F15	≤5%	≤25%
	相对湿度>60%	F35		
水位变化、干湿循环或粉煤灰掺量≥取代水泥量50%时		≥F50		

注 1. 非采暖地区指最冷月份平均气温高于-5℃的地区；采暖地区指最冷月份平均气温低于或等于-5℃的地区。

    2. 抗冻性合格的砌块的外观质量也应符合表 4-24 的规定。

任务二 建 筑 砂 浆

【学习任务和目标】 *主要介绍砌筑砂浆和水工砂浆的性能、配合比设计及用途。掌握①砌筑砂浆和易性的概念及测定方法；②砌筑砂浆、水工砂浆强度及配合比确定。理解砂浆与混凝土技术性质、配合比设计的异同。了解其他砂浆的特性及应用。*

砂浆是由胶凝材料、细集料、掺加料和水按适当的比例配制而成的，广泛用于堤坝、护坡、桥涵及房屋建筑等砖石结构物的砌筑；还可用于结构物表面的抹面等。砂浆按其所用胶凝材料可分为水泥砂浆、石灰砂浆、水泥混合砂浆等；按用途可分为砌筑砂浆、水工砂浆、抹面砂浆等；按生产方式可分为现场拌制砂浆和预拌砂浆等。

单元一 砌 筑 砂 浆

将砖、石材、砌块等块材经过砌筑成砌体，起着黏结、衬垫及传递荷载作用的砂浆称为砌筑砂浆，在房屋建筑工程中广泛用于砌筑基础和墙体。

一、砌筑砂浆的组成材料

（一）胶凝材料

砌筑砂浆常用的胶凝材料有水泥、石灰、石膏等，在选用时应根据使用环境、用途等合理选择。配制砂浆用的水泥强度等级应根据砂浆品种及强度要求进行选择：M15 及以下强度等级的砌筑砂浆宜选用 32.5 通用硅酸盐水泥或砌筑水泥；M15 以上强度等级的砌筑砂浆宜选用 42.5 通用硅酸盐水泥。水泥强度一般取砂浆强度的 4~5 倍为宜。

（二）掺加料及外加剂

为了改善砂浆的和易性，节约水泥用量，在砂浆中常掺入适量的掺加料或外加剂。常用的掺加料有石灰膏、黏土膏、电石膏和粉煤灰等，常用的外加剂有皂化松香、微沫剂、纸浆废液等。

石灰、黏土均应制成稠度为 (120±5)mm 的膏状体，并通过 3mm×3mm 的网过滤后掺入砂浆中。生石灰熟化成石灰膏时，熟化时间不得少于 7d；磨细生石灰的熟化时间不得少于 2d；消石灰粉不得直接用于砌筑砂浆中。黏土应选颗粒细、黏性好、砂及有机物含量少的为宜。严禁使用已经干燥脱水的石灰膏。

外加剂应符合国家现行有关标准的规定，引气型外加剂还应有完整的型式检验报告。

（三）砂

砂的技术指标应符合《建筑用砂》（GB/T 14684—2011）的规定。砂的最大粒径受灰缝厚度的限制，一般不超过灰缝厚度的 1/4～1/5，砌筑砂浆用砂一般宜采用中砂，并且应全部通过 4.75mm 的筛孔。

（四）拌和用水

砂浆拌和用水应符合现行行业标准《混凝土用水标准》（JGJ 63—2006）的规定。

二、砌筑砂浆的技术性质

砌筑砂浆应满足下列技术性质：①满足和易性要求；②满足设计种类和强度等级要求；③具有足够黏结力。

（一）和易性

砂浆的和易性是指在搅拌运输和施工过程中不易产生分层、析水现象，并且易于在粗糙的砖、石等表面上铺成均匀的薄层的综合性能。和易性好的砂浆，在运输和施工过程中不易产生分层、泌水现象，能在粗糙的砌筑底面上铺成均匀的薄层，使灰缝饱满密实，并且能与底面很好地黏结成整体。砂浆的和易性包括流动性和保水性两个方面。

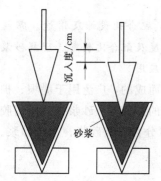

图 4-7　沉入度测定示意图

1. 流动性

砂浆的流动性表示砂浆在自重或外力作用下是否易于流动的性能。流动性的大小通过砂浆稠度仪试验测定（图 4-7），用稠度或沉入度表示，即标准圆锥体在砂浆内自由沉入 10s 的深度。稠度值大，表明砂浆流动性大。

砂浆的流动性与水泥的品种和用量、集料粒径和级配以及用水量有关，主要取决于用水量。砌筑砂浆适宜稠度应根据砌体种类、施工条件及气候条件等按表 4-29 选择，天气炎热干燥时选大值，寒冷潮湿时选小值。

表 4-29　　　　　　　　　　砌筑砂浆适宜稠度（见 JGJ/T 98—2010）

项次	砌 体 种 类	稠度/cm
1	烧结普通砖砌体、粉煤灰砖砌体	7～9
2	混凝土砖砌体、普通混凝土小型空心砌块砌体、灰砂砖砌体	5～7
3	烧结多孔砖砌体、烧结空心砖砌体、轻集料混凝土小型空心砌块砌体、蒸压加气混凝土砌块砌体	6～8
4	石砌体	3～5

2. 保水性

砂浆的保水性是指砂浆保持水分的能力，用分层度或砂浆保水率表示。

砂浆分层度通过测定仪测定（图 4-8）。将拌好的砂浆置于容器中，测其沉入度 K_1，静止 30min 后，去掉上面 20cm 厚砂浆，将下面剩余 10cm 砂浆倒出拌和均匀，测其沉入度 K_2，两次沉入度的差（$K_1 - K_2$）称为分层度，以 cm 表示。砂浆分层度 1～3cm 说明保水性好。

《砌筑砂浆配合比设计规程》（JGJ/T 98—2010）中对水泥砂浆、水泥混合砂浆、预拌砂浆的保水率要求分别为不小于 80%、84% 和 88%。

砂浆的保水性与胶凝材料、掺加料的品种及用量、集料粒径和细颗粒含量有关。在砂浆中掺入石灰膏、引气剂或微沫剂可有效提高砂浆的保水性。

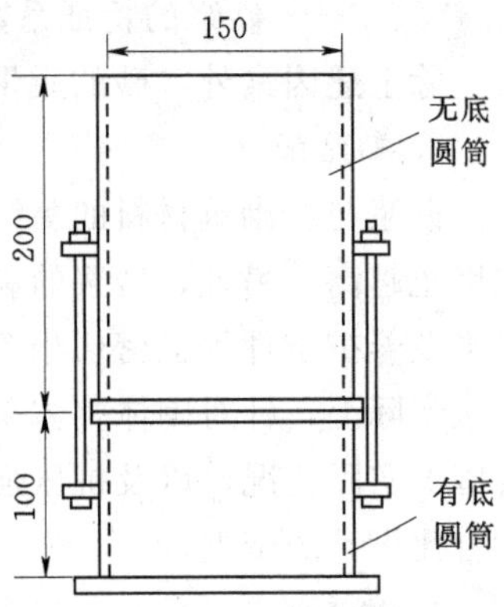

图 4－8　砂浆分层度筒
（单位：mm）

（二）强度和抗冻性

硬化后的砂浆应满足抗压强度及黏结强度的要求。

1. 强度等级

砂浆在砌体中主要起胶结砌块和传递荷载的作用，所以应具有一定的抗压强度。其抗压强度是确定强度等级的主要依据。砌筑砂浆强度等级是用尺寸为 70.7mm×70.7mm×70.7mm 立方体试件，在标准温度 20±3℃ 及规定湿度条件下养护 28d 的平均抗压极限强度（MPa）来确定的。

水泥砂浆和预拌砂浆的强度等级分别为 M30、M25、M20、M15、M10、M7.5、M5；水泥混合砂浆的强度等级分别为 M15、M10、M7.5、M5。

2. 影响强度的主要因素

影响砂浆强度的因素基本与混凝土相同，但砌筑砂浆的实际强度与所砌筑材料的吸水性有关。当用于不吸水的材料（如致密的石材）时，砂浆强度影响因素与混凝土类似，主要取决于水泥的强度和水灰比，可用式（4-4）表示：

$$f_{28} = A f_{ce} \left(\frac{c}{w} - B \right) \qquad (4-4)$$

式中　f_{28}——砂浆 28d 抗压强度，MPa；

　　　f_{ce}——水泥实测强度，MPa；

　　　$\dfrac{c}{w}$——灰水比；

　　　A、B——经验系数，当用普通水泥时，A 取 0.29，B 取 0.4。

当用于吸水的材料（如烧土砖）时，原材料及灰砂比相同时，砂浆拌和时加入水量虽稍有不同，但经材料吸水，保留在砂浆中的水分仍相差不大，砂浆的强度主要取决于水泥强度和水泥用量，而与水灰比关系不大，所以可用式（4-5）表示：

$$f_{28} = \frac{\alpha f_{ce} Q_c}{1000} + \beta \qquad (4-5)$$

式中　f_{28}——砂浆 28d 抗压强度，MPa；

　　　f_{ce}——水泥实测强度，MPa；

　　　Q_c——每立方米砂浆中水泥用量，kg；

α、β——砂浆的特征系数,其中 α 取 3.03,β 取 -15.09。

除上述因素外,砂的质量、混合材料的品种及用量也影响砂浆的抗压强度。

3. 黏结强度

砂浆与所砌筑材料的黏结力称为黏结强度。一般情况下,砂浆的抗压强度越高,其黏结强度也越高。另外,砂浆的黏结强度与所砌筑材料的表面状态、清洁程度、湿润状态、施工水平及养护条件等也密切相关。

实际上,针对砌体整体来说,砂浆的黏结性较砂浆的抗压强度更为重要。但是,考虑到我国的实际情况,以及抗压强度相对来说容易测定,因此,将砂浆抗压强度作为必检项目和配合比设计的依据。

4. 抗冻性

具有冻融循环次数要求的砌筑砂浆,经冻融试验后,其质量损失率不得大于 5%,抗压强度损失率不得大于 25%。

三、砌筑砂浆配合比设计

(一) 初选配合比

1. 现场配制水泥混合砂浆初选配合比

(1) 计算砂浆试配强度 $f_{m,0}$。

$$f_{m,0} = kf_2 \tag{4-6}$$

式中 $f_{m,0}$——砂浆的试配强度,MPa,应精确至 0.1MPa;

$\quad\quad f_2$——砂浆强度等级值,MPa,应精确至 0.1MPa;

$\quad\quad k$——砂浆生产质量控制水平系数,优良、一般、较差对应系数分别为 1.15、1.2、1.25。

(2) 计算水泥用量 Q_c。

每立方米砂浆中的水泥用量,应按下式计算:

$$Q_c = \frac{1000(f_{m,0} - \beta)}{\alpha f_{ce}} \tag{4-7}$$

式中 Q_c——每立方米砂浆的水泥用量,kg,应精确至 1kg;

$\quad\quad f_{ce}$——水泥的实测强度,MPa,应精确至 0.1MPa;

$\quad\quad \alpha$、β——砂浆的特征系数,其中 α 取 3.03,β 取 -15.09。

注意:各地区也可用本地区试验资料确定 α、β 值,统计用的试验组数不得少于 30 组。

在无法取得水泥的实测强度值时,可按下式计算:

$$f_{ce} = \gamma_c f_{ce,k} \tag{4-8}$$

式中 $f_{ce,k}$——水泥强度等级值,MPa;

$\quad\quad \gamma_c$——水泥强度等级值的富余系数,宜按实际统计资料确定;无统计资料时可取 1.0。

(3) 计算石灰膏用量 Q_D。

$$Q_D = Q_A - Q_c \tag{4-9}$$

式中 Q_D——每立方米砂浆的石灰膏用量,kg,应精确至 1kg;石灰膏使用时的稠度宜为 120 ± 5mm;

Q_c——每立方米砂浆的水泥用量，kg，应精确至 1kg；

Q_A——每立方米砂浆中水泥和石灰膏总量，应精确至 1kg，可为 350kg。

（4）每立方米砂浆中的砂用量 Q_s。应按干燥状态（含水率小于 0.5%）的堆积密度值作为计算值（kg）。

（5）每立方米砂浆中的用水量 Q_w。可根据砂浆稠度等要求选用 210～310kg。

注意：混合砂浆中的用水量，不包括石灰膏中的水。

2．现场配制水泥砂浆初选配合比

现场配制水泥砂浆初选配合比按表 4-30 选用。

表 4-30 　　　　　　　　　　每立方米水泥砂浆材料用量 　　　　　　　　　单位：kg/m³

强度等级	水泥	砂	用水量
M5	200～230		
M7.5	230～260		
M10	260～290		
M15	290～330	砂的堆积密度值	270～330
M20	340～400		
M25	360～410		
M30	430～480		

注 1．M15 及 M15 以下强度等级水泥砂浆，水泥强度等级为 32.5 级；M15 以上强度等级水泥砂浆，水泥强度等级为 42.5 级。

2．当采用细砂或粗砂时，用水量分别取上限或下限。

3．稠度小于 70mm 时，用水量可小于下限。

4．施工现场气候炎热或干燥季节，可酌量增加用水量。

5．试配强度应按式（4-8）计算。

（二）配合比试配、调整与确定

对初选配合比称料、试拌，测定其拌和物的沉入度和保水率，若不能满足要求，则应调整用水量或掺加料，直到符合要求。此配合比即为砂浆基准配合比。

强度检验至少应采用 3 个不同的配合比，其中一个按基准配合比，另外两个配合比的水泥用量按基准配合比分别增加和减少 10%，在保证稠度、保水率合格的条件下，可将用水量或掺加料用量作相应调整。

各配合比砂浆按国家现行标准《建筑砂浆基本性能试验方法标准》（JGJ/T 70—2009）的规定成型、养护，测定砂浆 28d 强度。选定符合强度要求且水泥用量较少的砂浆配合比。砂浆配合比确定后，当原材料有变更时，其配合比必须重新通过试验确定。

（三）砂浆配合比表示方法

砂浆配合比可用质量比或体积比表示。

（1）质量配合比。

$$水泥：石灰膏：砂：水 = Q_c : Q_D : Q_s : Q_w = 1 : \frac{Q_D}{Q_c} : \frac{Q_s}{Q_c} : \frac{Q_w}{Q_c} \qquad (4-10)$$

（2）体积配合比。

$$水泥：石灰膏：砂：水 = \frac{Q_c}{\rho_c} : \frac{Q_D}{\rho_D} : 1 : \frac{Q_w}{\rho_w} = 1 : \frac{Q_D \rho_c'}{Q_c \rho_D} : \frac{\rho_c'}{Q_c} : \frac{Q_w \rho_c'}{\rho_w Q_c} \qquad (4-11)$$

式中　ρ_c'、ρ_D'、ρ_w——水泥、掺加料的堆积密度和水的密度，g/cm³。

砌筑砂浆常用质量配合比表示，抹面砂浆常用体积配合比表示。

单元二　水　工　砂　浆

一、概述

水工砂浆指与水工混凝土接触使用的水泥基砂浆，用于混凝土与基岩接触铺筑、混凝土浇筑升层间铺筑、混凝土施工中局部处理等。用于经常或周期性地受环境作用的水工建筑物，如某住宅家属楼的基础所处的位置每到夏季就全被地下水浸泡，这种情况下就应使用水工砂浆。水工砂浆拌制时的水灰比在使用及水泥砂浆凝结硬化过程中水分基本没有损失，因此水工砂浆的强度取决于水泥强度和水灰比。

二、水工砂浆配合比设计的基本原则

水工砂浆配合比设计应按照 DL/T 5330—2005《水工混凝土配合比设计规程》的规定进行。配合比设计应遵循以下基本原则：

（1）砂浆的技术指标要求与其接触的混凝土的设计指标相适应。

（2）砂浆所使用的原材料应与其接触的混凝土所使用的原材料相同。

（3）砂浆应与其接触的混凝土所使用的掺合料品种、掺量相同，减水剂的掺量为混凝土掺量的 70％左右。当掺引气剂时，其掺量应通过试验确定，以含气量达到 7％～9％时的掺量为宜。

（4）采用体积法计算每立方米砂浆各项材料用量。

三、水工砂浆配合比设计

（一）初选配合比

1. 计算砂浆配制强度

$$f_{m,0} = f_{m,k} + t\sigma \tag{4-12}$$

式中　$f_{m,0}$——砂浆配制抗压强度，MPa；

$\quad\quad f_{m,k}$——砂浆设计龄期立方体抗压强度标准值，MPa；

$\quad\quad t$——概率度系数，由给定的保证率 P 选定，其值按表 4-31 选用；

$\quad\quad \sigma$——砂浆立方体抗压强度标准差，MPa。

表 4-31　　　　　　　　　　　　　**保证率和概率度系数关系**

保证率 P（％）	70.0	75.0	80.0	84.1	85.0	90.0	95.0	97.7	99.9
概率度系数 t	0.525	0.675	0.840	1.0	1.040	1.280	1.645	2.0	3.0

注意：（1）当设计龄期为 28d 时，抗压强度保证率 P 为 95％。其他龄期砂浆抗压强度保证率应符合设计要求。

（2）砂浆抗压强度标准差 σ，宜按同品种砂浆抗压强度统计资料确定。统计时，砂浆抗压强度试件总数应不少于 25 组；按式（4-4）计算。

（3）当无近期统计资料时，σ 值可按砂浆抗压强度标准值不大于 10、15、不小于 20 分别采用 3.5MPa、4.0MPa、4.5MPa。

2. 初选水胶比

可选择与其接触混凝土的水胶比作为砂浆初选水胶比。

3. 用水量确定

初选砂浆配合比用水量可按表4-32确定。

表4-32　　　　　　　　　砂浆参考用水量（稠度40～60mm）　　　　　单位：kg/m³

水泥品种	砂子细度	用水量
普通硅酸盐水泥	粗砂	270
	中砂	280
	细砂	310
矿渣硅酸盐水泥	粗砂	275
	中砂	285
	细砂	315
稠度±10mm	用水量±（8～10kg/m³）	

4. 胶凝材料用量确定

$$m_c + m_p = m_w / [w/(c+p)] \qquad (4-13)$$

$$m_c = (1 - P_m)(m_c + m_p) \qquad (4-14)$$

$$m_p = P_m(m_c + m_p) \qquad (4-15)$$

式中　　m_c——每立方米砂浆水泥用量，kg；

　　　　m_p——每立方米砂浆掺合料用量，kg；

　　　　m_w——每立方米砂浆用水量，kg；

$w/(c+p)$——水胶比；

　　　　P_m——掺合料掺量（%）。

5. 砂子用量确定

砂子用量由已确定的用水量和胶凝材料用量，根据体积法计算：

$$V_s = 1 - [m_w/\rho_w + m_c/\rho_c + m_p/\rho_p + \alpha] \qquad (4-16)$$

$$m_s = \rho_s V_s \qquad (4-17)$$

式中　　V_s——每立方米砂浆中砂的绝对体积，m³；

　　　　m_w——每立方米砂浆用水量，kg；

　　　　m_c——每立方米砂浆水泥用量，kg；

　　　　m_p——每立方米砂浆掺合料用量，kg；

　　　　α——含气量，一般为7%～9%；

　　　　ρ_w——水的密度，kg/m³；

　　　　ρ_c——水泥密度，kg/m³；

　　　　ρ_p——掺合料密度，kg/m³；

　　　　ρ_s——砂子饱和面干表观密度，kg/m³；

　　　　m_s——每立方米砂浆砂子用量，kg。

6. 列出砂浆各项材料的计算用量和比例

（二）配合比的试配、调整和确定

（1）按计算的初选配合比进行试拌，固定水胶比，调整用水量直至达到设计要求的稠度。由调整后的用水量提出进行砂浆抗压强度试验用的基准配合比。

（2）砂浆抗压强度试验至少应采用 3 个不同的配合比，其中一个应为上一步确定的配合比，其他配合比的用水量不变，水胶比依次增减，变化幅度为 0.05。当不同水胶比的砂浆稠度不能满足设计要求时，可通过增、减用水量进行调整。

（3）测定满足设计要求的稠度时每立方米砂浆的质量、含气量及抗压强度，根据 28d 龄期抗压强度试验结果，绘出抗压强度与水胶比关系曲线，用作图法或计算法求出与砂浆配制强度（$f_{m,0}$）相对应的水胶比。

（4）按式（4-13）～式（4-17）计算出每立方米砂浆中各项材料用量及比例，并经试拌确定最终配合比。

单元三　其他砂浆

一、抹面砂浆

抹面砂浆以薄层砂浆涂抹于建筑物表面，既能提高建筑物防风、雨及潮气侵蚀的能力，又使建筑物表面平整、光滑、清洁和美观。抹面砂浆一般用于粗糙和多孔的底面，其水分易被底面吸收，因此要有很好的保水性。抹面砂浆对强度的要求不高，而主要是能与底面很好的黏结。从以上两个方面考虑，抹面砂浆的胶凝材料用量要比砌筑砂浆多一些。

为了保证抹灰质量及表面平整，避免裂缝、脱落，常分底层、中层、面层 3 层涂抹。

底层砂浆主要起与材料底层的黏结作用，一般多采用水泥砂浆，但对于砖墙，则多用混合砂浆。中层砂浆主要起找平作用，多用混合砂浆。面层砂浆主要起装饰作用，多采用细砂配制的混合砂浆、麻刀石灰浆或纸筋石灰浆。在容易碰撞或潮湿的地方应采用水泥砂浆。

二、防水砂浆

用于防水层的砂浆，称为防水砂浆。防水砂浆适用于堤坝、隧洞、水池、沟渠等具有一定刚度的混凝土或砖石砌体工程。对于变形较大或可能发生不均匀沉陷的建筑物防水层不宜采用。

为了提高砂浆的防水性能，可掺入防水剂。常用的防水剂有氯化铁、金属皂类防水剂等。近年来采用引气剂、减水剂、三乙醇胺等作为砂浆的防水剂，也取得了良好的防水效果。

防水砂浆的水泥用量较多，砂灰比一般为 2.5～3.0，水灰比为 0.50～0.55；水泥应选用 42.5 级以上的火山灰水泥、硅酸盐水泥或普通硅酸盐水泥；采用级配良好的中砂。防水砂浆要分多层涂抹，逐层压实，最后一层要压光；并且要注意养护，以提高防水效果。

三、小石子砂浆

在水泥砂浆中掺入适量的小石子，称为小石子砂浆（亦称小石子混凝土）。这种砂浆主要用于毛石砌筑工程，既可节约水泥用量，又能提高砌体强度。小石子砂浆所用石子粒径为 10～20mm。石子的掺量为集料总量的 20%～30%。粒径过大或用量过多，砂浆不易捣实。

任务三　墙体材料试验检测

一、试验依据

按照《建筑砂浆基本性能试验方法标准》（JGJ/T 70—2009）规定执行。

二、拌和物取样及试样制备

（1）砌筑砂浆试验用料应根据不同要求，可从同一盘搅拌机或同一车运送的砂浆中取出，或在实验室用机械或人工单独拌制。

（2）施工中取样进行砂浆试验时，其取样方法和原则按相应的施工验收规范执行。一般应在使用地点的砂浆槽中、运送车内或搅拌机出料口，从不同部位，至少取 3 处，取样数量应是试验用量的 1～2 倍。

（3）实验室拌制砂浆进行试验时的一般规定如下：

1）拌和用的材料应提前运入室内，室温应保持在（20±5）℃（需要模拟施工条件下所用的砂浆时，实验室原材料的温度宜保持与施工现场一致）。

2）试验用水泥和其他原料应与现场使用材料一致。水泥如有结块应通过 0.9mm 筛过筛。采用中砂为宜，其最大粒径小于 5mm。

3）材料用量以质量计，称量的精确度：水泥、外加剂等为±0.5％；砂、石灰膏、黏土膏、粉煤灰和磨细生石灰粉为±1％。

4）应采用机械搅拌，搅拌量不宜少于搅拌机容量的 20％。搅拌时间对水泥砂浆和水泥混合砂浆，不得小于 120s；对掺用粉煤灰和外加剂的砂浆，不宜小于 180s。

（4）砂浆拌和物取样后，应尽快进行试验。现场取来的试样，试验前应经人工略翻拌，使其质量均匀。

三、试验

（一）砂浆稠度试验

1. 试验目的

检验砂浆配合比，评定和易性；施工过程中控制砂浆的稠度，以达到控制用水量的目的。

2. 主要仪器设备

（1）砂浆稠度仪。该仪器主要构造有支架、底座、齿条侧杆、带滑杆的圆锥体，如图4-9所示。带滑杆的圆锥体质量为 300g，圆锥体高度为 1.45mm，锥底直径为75mm；刻度盘及盛砂浆的圆锥形金属筒，筒高为180mm，锥底内径为150mm。

（2）钢制捣棒。其直径 10mm、长 350mm。

（3）秒表等。

3. 试验方法

（1）盛浆容器和试锥表面用湿布擦干净，并用少量润滑油轻擦滑杆，使滑杆能自由滑落。

（2）将砂浆拌和物一次装入金属筒内，砂浆表面约低于筒口 10mm。

（3）用捣棒自筒边向中心插捣 25 次，然后轻轻地将筒摇动和敲击 5～6 下，使砂浆表面平整，然后将筒移至测定仪底座上。

（4）拧开试锥杆的制动螺丝，向下移动滑杆，当试锥尖端与砂浆表面接触时，拧紧制动

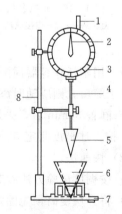

图 4 - 9　砂浆稠度仪（单位：mm）
1—齿条测杆；2—指针；3—刻度盘；
4—滑杆；5—圆锥体；6—圆锥桶；
7—底座；8—支架

螺丝，使齿条侧杆下端刚接触滑杆上端，并将指针对准零点上。

（5）拧开制动螺丝，同时记时间。待 10s 后立即固定螺丝，将齿条测杆下端接触滑杆上端，从刻度盘上读出下沉深度（精确至 1mm）即为砂浆稠度值。

（6）圆锥筒内砂浆只允许测定一次稠度，重复测定时应重新取样。

4. 结果处理

（1）取两次试验结果的算术平均值，计算精确至 1mm。

（2）两次试验值之差则应大于 20mm，则应另取砂浆搅拌后重新测定。

（二）砂浆分层度试验

1. 试验目的

测定砂浆拌和物在运输或停放时内部组分的稳定性，用来评定和易性。

2. 试验仪器

（1）砂浆分层测定仪。由上、下两层金属圆筒及左右两根连接螺栓组成。圆筒内径为 150mm，上节高度为 200mm，下节带底净高为 100mm。上、下层连接处需加宽到 3～5mm，并设有橡胶垫圈，如图 4-10 所示。

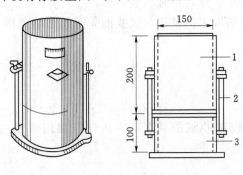

图 4-10　砂浆分层度测定仪
1—无底圆筒；2—连接螺丝；3—有底圆筒

（2）水泥胶砂振动台。SI-85 型，频率为 (50 ± 3)Hz。

（3）稠度仪、木锤等。

3. 试验方法

分层度试验一般采用标准法（也称为静置法），也可采用快速法，但如有争议时，则以标准法为准。

（1）标准法。

1）首先将砂浆拌和物按稠度试验方法测其稠度（沉入度）K_1。

2）将砂浆拌和物一次装入分层度筒内，待装满后，用木锤在容器周围距离大致相等的 4 个不同位置分别轻轻敲击 1～2 下，如砂浆沉落到低于筒口，则应随时添加，然后刮去多余砂浆并用抹刀抹平。

3）静置 30min 后，去掉上节 200mm 砂浆，将剩余的 100mm 砂浆倒出放在拌和锅内拌 2min，按上述稠度测定方法测其稠度 K_2。

（2）快速法。

1）按稠度试验方法测其稠度 K_1。

2）将分层度筒预先固定在振动台上，砂浆一次装入分层度筒内，振动 20s。

3）去掉上节 200mm 砂浆，剩余 100mm 砂浆倒出放在拌和锅拌 2min，再按稠度试验方法测其稠度 K_2。

4. 结果处理

（1）两次测得的稠度之差，为砂浆分层度值，即 $\Delta=K_1-K_2$。

（2）取两次试验结果的算术平均值作为该砂浆的分层度值。

（3）两次分层度试验值之差如果大于 20mm，应重做试验。

（三）立方体抗压强度试验

1. 试验目的

检测砂浆强度是否满足工程要求。

2. 主要仪器设备

（1）砂浆试模（图4-11）。砂浆试模为70.7mm×70.7mm×70.7mm的立方体，由铸铁或钢制成，应具有足够的刚度并拆装方便试模内表面应机械加工，其不平度应为每100mm不超过0.05mm，组装后各相邻面的不垂直度不应超过±0.5。

（2）压力机、捣棒、垫板等。

3. 试验方法

（1）试件制作。

1）将内壁事先涂刷薄层机油的无底试模放在预先铺有吸水性较好的湿纸的普通砖上，砖的含水率不应大于2%，吸水率不小于10%。

2）纸应为湿的新闻纸，纸的大小要以能盖过砖的四边为准。砖的使用面要求平整，并不能粘有水泥或其他胶结材料。否则，不允许使用。

图4-11　砂浆试模

3）砂浆拌和均匀，应一次注满试模，用捣棒由外向里按螺旋方向均匀插捣25次，并用油灰刀沿模壁插数次，砂浆应高出试模顶面6～8mm。

4）当砂浆表面出现麻斑状态时（一般为15～30min）将多出部分的砂浆沿试模顶面刮平。

（2）试件养护。

1）试件制作后，应在20±5℃温度环境下停置一昼夜24±2h，当气温较低时，可适当延长时间，但不应超过两昼夜，然后对试件进行编号并拆模。

2）试件拆模后应在标准养护条件下，继续养护至28d，进行试压。

a. 标准养护条件：水泥混合砂浆应在温度为20±3℃，相对湿度为60%～80%的条件下养护。水泥砂浆和微沫砂浆应在温度为20±3℃，相对湿度为90%以上的潮湿条件下养护。

b. 自然养护条件：水泥混合砂浆应在正常温度，相对湿度为60%～80%条件下（如养护箱中或不通风的室内）养护；水泥砂浆和微沫砂浆应在正常温度并保持试块表面潮湿的状态下（如湿砂堆中）养护。

c. 自然养护期间必须做好温度记录。在有争议时，以标准养护条件为准。

d. 养护时，试件彼此间隔不小于10mm。

（3）立方体抗压强度试验。

1）试件从养护地点取出后，应尽快进行试验，以免试件内部的温度、湿度发生显著变化。将试件擦拭干净，测量尺寸，并检查外观。试件尺寸测量精确至1mm，并据此计算试件的承压面。如实测尺寸与公称尺寸之差不超过1mm，可按公称尺寸进行计算。

2）将试件安放在试验机下压板上（或下垫板上），试件的承压面应与成型时的顶面垂直，试件的中心应与试验机压板中心对准。开动试验机，当上压板与试件接近时，调整球座，使接触面均衡受压。

加荷速度要均匀，加荷速度应为 0.5～1.5kN/s（当砂浆强度不大于 5MPa 时，取下限为宜，砂浆强度大于 5MPa 时，取上限值为宜），当试件接近破坏而开始迅速变形时，停止调整试验机油门，直至试件破坏，然后记录破坏荷载。

3）砂浆立方体抗压强度按式（4-18）计算：

$$f_{m,cu} = \frac{P}{A} \tag{4-18}$$

式中　$f_{m,cu}$——砂浆立方体试件抗压强度，MPa，精确至 0.1MPa；

P——破坏荷载，N；

A——试件承压面积，mm^2。

4. 结果处理

（1）以 6 个试件测值的算术平均值作为该组试件的抗压强度值，平均值计算精确至 0.1MPa。

（2）当 6 个试件的最大值或最小值与平均值之差超过 20% 时，以中间 4 个试件的平均值作为该组试件的抗压强度值。

（四）砌墙砖试验

1. 试验依据

《砌墙砖试验方法》（GB/T 2542—2012）、《烧结普通砖》（GB/T 5101—1998）和《砌墙砖检验规则》[JC/T 466—1992(96)] 等规定。

2. 取样方法

（1）批量。按 3.5 万～15 万块为一批，不足 3.5 万块的按一批计。

（2）抽样。外观质量检验的试样采用随机抽样法，在每一检验批的产品堆垛中抽取。尺寸偏差检验的样品用随机抽样法从外观质量检验后的样品中抽取。其他检验项目的样品用随机抽样法从外观质量检验后的样品中抽取。抽样数量见表 4-33。

表 4-33　　　　　　　　　　　　　抽 样 数 量　　　　　　　　　　　单位：块

序号	检验项目	抽样数量	序号	检验项目	抽样数量
1	外观质量	50	5	石灰爆裂	5
2	尺寸偏差	20	6	冻融	5
3	强度等级	10	7	吸水率和饱和系数	5
4	泛霜	5			

3. 砖的尺寸偏差检验

（1）试验目的。作为评定砖的产品质量等级的依据。

（2）主要仪器。砖用卡尺如图 4-12 所示，分度值为 0.5mm。

（3）试验方法。按 GB/T 2542—2003 规定，长度、宽度应在砖的两个大面中间处分别测量两个尺寸；高度应在两个条面中间处分别测量两个尺寸，如图 4-13 所示。其中每一尺寸测量不足 0.5mm 的按 0.5mm 计，每一方向尺寸以两个测量值的算术平均值表示，精确至 1mm。当被测处缺损或凸出时，可在其旁边测量，但应选择不利的一侧。

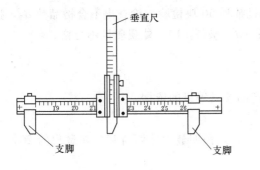

图 4-12 砖用卡尺

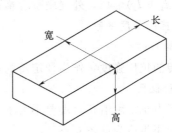

图 4-13 尺寸量法示意图

（4）结果处理。样本平均偏差是 20 块试样同一方向测量尺寸的算术平均值减去其公称尺寸的差值，样本极差是 20 块试样同一方向测量尺寸的最大值与最小值之差。

尺寸偏差符合国家标准相应等级规定，判尺寸偏差为该等级。否则，判为不合格。

4. 外观质量检验

（1）试验目的。作为评定砖的产品质量等级的依据。

（2）主要仪器。

1）砖用卡尺。分度值为 0.5mm。

2）钢直尺。分度值为 1mm。

（3）试验方法。

1）缺损。

a. 缺棱掉角在砖上造成的破损程度，以破损部分对长、宽、高 3 个棱边的投影尺寸来度量，称为破坏尺寸。

b. 缺损所造成的破坏面，是指缺损部分对条面、顶面，空心砖为条面、大面的投影面积，空心砖内壁残缺及肋残缺尺寸，以长度方向的投影尺寸度量。

2）裂纹。

a. 裂纹分为长度、宽度和水平方向 3 种，以被测方向的投影长度表示。如果裂纹从一个面延伸至其他面上，则累计其延伸的投影长度，多孔砖的孔洞与裂纹相通时，则将孔洞包括在裂纹内一并测量。

b. 裂纹长度以在 3 个方向上分别测得的最长裂纹作为测量结果。

3）弯曲。

a. 弯曲分别在大面和条面上测量，测量时将砖用卡尺的两支脚沿棱边两端放置，择其弯曲最大处将垂直尺推至砖面。但不应将因杂质或碰伤造成的凹处计算在内。

b. 以弯曲中测得的较大值作为测量结果。

4）杂质凸出高度。杂质在砖面上造成的凸出高度，以杂质距砖面的最大距离表示。测量时将砖用卡尺的两支脚置于凸出两边的砖平面上，以垂直尺测量。

（4）结果处理。外观测量结果以 mm 为单位，不足 1mm 者按 1mm 计。

（5）结果评定。外观质量采用《砌墙砖检验规则》（JC/T 466—1992）二次抽样方案，根据国家标准规定的外观质量指标，检查出其中不合格品数 d_1，按下列规则判定：

1）$d_1 \leqslant 7$ 时，外观质量合格。

2）$d_1 \geqslant 11$ 时，外观质量不合格。

3）$7<d_1<11$ 时，需再次从该产品批抽样 50 块检验，检查出不合格品数 d_2，按下列规则判定：$(d_1+d_2)\leqslant18$，外观质量合格；$(d_1+d_2)\geqslant19$，外观质量不合格。

（五）抗压强度试验

1. 试验目的

测定砖的抗压强度，作为评定砖的产品质量等级的依据。

2. 试验仪器

（1）压力机。示值相对误差不大于 $\pm1\%$，预期最大破坏荷载应在量程的 $20\%\sim80\%$ 之间。其下加压板应为球铰支座。

（2）抗压试件制备平台。试件制备平台必须平整水平，可用金属或其他材料制作。

（3）锯砖机或砌砖器、直尺、镘刀等。

3. 试验方法

烧结多孔砖和蒸压灰砂砖的抗压强度试样数量为 5 块，烧结普通砖及其他砖为 10 块（空心砖大面和条面抗压各 5 块）。非烧结砖也可用抗折强度试验后的试样作为抗压强度试样。

（1）试件制备。

1）烧结普通砖。在试件制备平台上，将已断开的两个半截砖（一块整砖断开后的两个半截砖，其长度均不得小于 100mm）放入室温的净水中浸 $10\sim20$min 后取出，并以断口相反方向叠放，两者中间抹以厚度不超过 5mm 稠度适宜的水泥净浆（用 32.5 级普通硅酸盐水泥调制），上下两面用厚度不超过 3mm 的同种水泥浆抹平，制成的试件上下两面必须相互平行，并垂直于侧面，如图 4-14 所示。

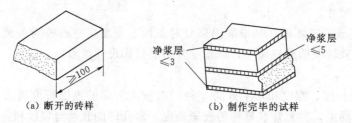

（a）断开的砖样　　　　（b）制作完毕的试样

图 4-14　烧结普通砖试件（单位：mm）

2）多孔砖、空心砖。多孔砖以单块整砖沿竖孔方向加压，空心砖以单块整砖沿大面和条面方向分别加压。试件制作采用坐浆法操作，即将玻璃板置于试件制备平台上，其上铺一张湿的垫纸，纸上铺一层厚度不超过 5mm 的水泥净浆（用 32.5 级普通硅酸盐水泥制成），再用在水中浸泡 $10\sim20$min 的试样平稳地将其受压面坐放在水泥浆上，在另一受压面上稍加压力，使整个水泥浆层与砖受压面相互黏结，砖的侧面应垂直于玻璃板。待水泥浆适当凝固后，连同玻璃板翻放在另一铺纸放浆的玻璃板上，再进行坐浆，用水平尺校正玻璃板水平。

3）非烧结砖。将同一块试样的两半截砖断口相反叠放，叠放部分长度不得小于 100mm，即成为抗压强度试件。若不足 100mm，则应剔除，另取备用试样补足。

（2）试件养护。

1）制成的抹面试件应置于不低于 $10\,^{\circ}\!\mathrm{C}$ 的不通风室内养护 3d，再进行试验。

2）非烧结砖试样，不需养护，直接进行试验。

（3）抗压试验。

1）测量每个试件连接面或受压面的长、宽尺寸各两个，分别取其平均值，精确至 1mm。

2）将试件平放在加压板的中央，垂直于受压面加荷，加荷应均匀平稳，不得发生冲击或振动。加荷速度以 4kN/s 为宜，直至试件破坏为止，记录最大破坏荷载。

4. 结果处理

（1）每块试样的抗压强度，按下式计算（精确至 0.01MPa）：

$$f_c = \frac{P}{Lb} \tag{4-19}$$

式中　f_c——抗压强度，MPa；

　　　P——最大破坏荷载，N；

　　　L——受压面（连接面）的长度，mm；

　　　b——受压面（连接面）的宽度，mm。

（2）试验结果以试样抗压强度的算术平均值和标准值或单块最小值表示，精确至 0.1MPa。

（3）根据《烧结普通砖》（GB/T 101—1998）规定，对烧结普通砖的抗折强度已不作要求，只需给出烧结普通砖的抗压强度算术平均值及强度标准值，分别按式（4-20）～式（4-23）计算。

$$\overline{f} = \frac{1}{10} \sum_{i=1}^{10} f_i \tag{4-20}$$

$$f_K = \overline{f} - 1.8S \tag{4-21}$$

$$S = \sqrt{\frac{1}{9} \sum_{i=1}^{10} (f_i - \overline{f})^2} \tag{4-22}$$

$$\delta = \frac{S}{\overline{f}} \tag{4-23}$$

式中　$\overline{f}$——10 块砖样抗压强度算术平均值，MPa，精确至 0.1MPa；

　　　f_K——强度标准值，MPa，精确至 0.1MPa；

　　　S——10 块砖样抗压强度标准差，MPa，精确至 0.01MPa；

　　　δ——砖强度变异系数，精确至 0.01；

　　　f_i——单块砖样抗压强度的测定值，MPa，精确至 0.01MPa。

变异系数 $\delta \leqslant 0.21$ 时，按抗压强度平均值 $\overline{f}$ 和强度标准值 f_K 指标评定砖的强度等级；$\delta > 0.21$ 时，按抗压强度平均值 $\overline{f}$ 和单块最小抗压强度值 f_{min}（精确至 0.1MPa）指标评定砖的强度等级。

强度试验结果符合国家标准的规定，判强度合格，且定为相应等级，否则，判为不合格。

（六）抗折强度试验

1. 试验仪器

（1）砖瓦抗折试验机或万能试验机。试验机的示值相对误差不大于 ±1%，预期最大破坏荷载应在量程的 20%～80% 之间；抗折试验的加荷形式为三点加荷，其上压辊和下压辊的曲率半径为 15mm，下支辊应有一个为铰接固定。

（2）直尺。分度值为 1mm。

2. 试验方法

（1）抗折强度用烧结砖和蒸压灰砂砖试样，数量为 5 块，其他砖则为 10 块。

（2）在砖的两个大面的中间处测量宽度 6（测量两次取其平均值，精确至 1mm）；在砖的两个条面的中间处用同样的方法测出砖的高度 h(mm)。

（3）调整抗折夹具下支辊的跨距为砖规格长度减去 40mm，如图 4-15 所示。但规格长度为 190mm 的砖，其跨距为 160mm。

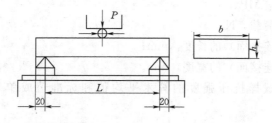

图 4-15　砖的抗折强度（荷重）试验示意图（单位：mm）

（4）将试样大面平放在下支辊上，试样两端面与下支辊的距离应相同，当试样有裂缝或凹陷时，应使有裂缝或凹陷的大面朝下，以 50～150N/s 的速度均匀加荷，直至试样断裂，记录最大破坏荷载。

3. 结果处理

（1）每块试样的抗折强度按式（4-24）计算（精确至 0.01MPa）。

$$f_{tm} = \frac{3PL}{2bh^2} \tag{4-24}$$

式中　f_{tm}——抗折强度，MPa；

　　　　P——最大破坏荷载，N；

　　　　L——跨距，mm；

　　　　b——试样宽度，mm；

　　　　h——试样高度，mm。

（2）试验结果以试样抗折强度算术平均值和单块最小值表示，精确至 0.01MPa。

复 习 思 考 题

1. 工程中常用的岩石有哪几种？性质和用途各有哪些？

2. 毛石和料石有哪些用途？

3. 烧结普通砖、烧结多孔砖和烧结空心砖各自的强度等级、质量等级是如何划分的？各自的规格尺寸是多少？主要适用范围如何？

4. 什么是蒸压灰沙砖、蒸压粉煤灰砖？它们的主要用途是什么？

5. 什么是粉煤灰砌块？其强度等级有哪些？用途有哪些？

6. 加气混凝土砌块的规格、等级各有哪些？用途有哪些？

7. 什么是普通混凝土小型空心砌块？什么是轻集料混凝土小型砌块？它们各有什么用途？

8. 砂浆和易性测定与混凝土和易性测定有何不同？

9. 影响砂浆强度的因素与混凝土有哪些异同？

10. 砌筑砂浆配合比设计有哪些主要步骤？

项目五　建　筑　钢　材

任务一　建筑钢材的基础知识

【学习任务和目标】　介绍钢材的分类，建筑钢材的技术性能、技术标准及应用。掌握①建筑钢材的力学性能和工艺性能；②碳素结构钢和低合金高强度结构钢的牌号表示方法与技术要求。理解①钢的化学成分对钢材性能的影响；②碳素结构钢和低合金高强度结构钢的特点与应用。了解钢的分类、钢的冶炼方法对钢材性能的影响。

建筑钢材是建筑工程中所用各种钢材的总称，是现代建筑行业中主要的建筑材料之一。建筑钢材具有强度高，有一定塑性和韧性，能承受冲击和振动荷载，可以焊接或铆接，易于装配等优点，在建筑工程中被大量用作结构材料，并被列为建筑工程的三大重要材料之一，但也存在易锈蚀、维护费用大、耐火性差及生产能耗大的缺点。

单元一　钢的冶炼加工与分类

一、钢的冶炼加工及其对钢材质量的影响

钢是由炼钢生铁在 1700℃ 左右的炼钢炉中冶炼，把生铁中的杂质氧化，将含碳量降到 2.06% 以下，并将其他元素调整到规定范围，经浇铸得到钢锭（或钢坯），再经加工（轧制、挤压、拉拔等）工艺处理后得到的铁碳合金。当铁碳合金中含碳量小于 0.04% 时称为熟铁，大于 2.06% 时称为生铁，在 0.04%~2.06% 之间时称为钢。钢的密度为 $7.84~7.86g/cm^3$。

钢的冶炼方法根据炼钢设备的不同主要分为平炉炼钢法、转炉炼钢法和电炉炼钢法 3 种。

（1）平炉炼钢法。平炉炼钢法是以固态或液态的生铁、铁矿石或废钢材作为原料，用煤气或重油加热冶炼。由于冶炼时间长，钢的化学成分较易控制，除渣较净，但设备投资大、燃料能耗大、冶炼周期长，已基本被淘汰。

（2）转炉炼钢法。转炉炼钢法有空气转炉法和氧气转炉法。

1）空气转炉法是将熔融状态的铁水，由转炉侧面吹入高压热空气，使铁水中的杂质在空气中氧化，从而除去杂质。但是，在吹炼时易混入氮、氢等有害气体使钢质变坏，控制钢的成分较难。侧吹转炉钢的炉体容量小、出钢快，一般只能用来炼制普通碳素钢。

2）氧气转炉法是将高压纯氧从转炉顶部吹入炉内，克服了空气转炉法的缺点，效率较高，钢质也易控制，常用来炼制优质碳素钢和合金钢。

（3）电炉炼钢法。电炉炼钢法是以生铁或废钢为原料，利用电能迅速加热，进行高温冶炼。其熔炼温度高，而且温度可以自由调节，清除杂质比较容易。因此，电炉钢的质量最好，但成本高，主要用于冶炼优质碳素钢和特殊合金钢。

炼钢需要足够的氧，但如果钢材中残存了氧，会使钢质变差。在炼钢后期投入脱氧剂，

除去钢液中的氧,这个过程称为"脱氧"。

二、钢的分类

(一) 按化学成分分类

按化学成分,可以分为碳素钢和合金钢两大类。

1. 碳素钢

(1) 低碳钢。含碳量小于 0.25%。

(2) 中碳钢。含碳量为 0.25%～0.60%。

(3) 高碳钢。含碳量大于 0.60%。

2. 合金钢

(1) 低合金钢。合金元素总含量小于 5%。

(2) 中合金钢。合金元素总含量为 5%～10%。

(3) 高合金钢。合金元素总含量大于 10%。

在建筑工程中,钢结构用钢和钢筋混凝土结构用钢,主要使用碳素钢中的低碳钢和合金钢中的低合金钢加工成的产品。其他品种也有少量使用。

(二) 按冶炼时脱氧程度分类

冶炼时脱氧程度不同,钢的质量差别很大,通常可分为以下 4 种。

(1) 沸腾钢。炼钢时仅加入锰铁进行脱氧,脱氧不完全。这种钢水浇入锭模时,钢液中残留的氧化亚铁与碳化合,生成大量的一氧化碳气体从钢水中外逸,引起钢水呈沸腾状,故称沸腾钢,代号为"F"。沸腾钢组织不够致密,成分不太均匀,硫、磷等杂质偏析较严重,故质量较差。但因其成本低、产量高,所以被广泛用于一般建筑工程。

(2) 镇静钢。炼钢时采用锰铁、硅铁和铝锭等作脱氧剂,脱氧完全,且同时能起去硫作用。这种钢水铸锭时能平静地充满锭模并冷却凝固,故称镇静钢,代号为"Z"。镇静钢虽成本较高,但其组织致密,成分均匀,性能稳定,故质量好。适用于承受冲击荷载和预应力混凝土等重要的结构工程。

(3) 半镇静钢。脱氧程度介于沸腾钢和镇静钢之间,为质量较好的钢,其代号为"b"。

(4) 特殊镇静钢。比镇静钢脱氧程度还要充分彻底的钢,代号为"TZ"。特殊镇静钢质量最好,适用于特别重要的结构。

(三) 按质量(磷、硫的含量)分类

按钢中有害杂质磷和硫含量的多少,钢材可分为以下 4 类。

(1) 普通钢。磷含量不大于 0.045%;硫含量不大于 0.050%。

(2) 优质钢。磷含量不大于 0.035%;硫含量不大于 0.035%。

(3) 高级优质钢。磷含量不大于 0.025%;硫含量不大于 0.025%。

(4) 特级优质钢。磷含量不大于 0.025%;硫含量不大于 0.0150%。

(四) 按用途分类

(1) 结构钢。结构钢是主要用作工程结构构件及机械零件的钢。

(2) 工具钢。工具钢是主要用于各种刀具、量具及模具的钢。

(3) 特殊钢。特殊钢是具有特殊物理、化学或机械性能的钢,如不锈钢、耐热钢、耐酸钢、耐磨钢、磁性钢等。

单元二　建筑钢材的主要技术性能

钢材的技术性能包括力学性能、工艺性能和化学性能等。

一、力学性能

（一）抗拉性能

抗拉性能是钢材最重要的力学性能。在实际工程中，对进入现场的钢材首先要有质保单以提供钢材的抗拉性能指标，然后对钢材进行抗拉性能的复试以确定其是否符合标准要求。拉伸中测试所得的屈服强度、抗拉强度和伸长率是衡量钢材力学性能和塑性好坏的主要技术指标。

1. 低碳钢拉伸的 4 个阶段

钢材的拉伸性能，典型地反映在广泛使用的软钢（低碳钢）拉伸试验时得到的应力 σ 与应变 ε 的关系上，如图 5-1 所示。钢材从拉伸到拉断，在外力作用下的变形可分为 4 个阶段，即弹性阶段、屈服阶段、强化阶段和颈缩阶段。

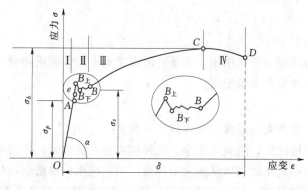

图 5-1　低碳钢受拉应力-应变

（1）弹性阶段。在拉伸的开始阶段，OA 为直线，说明应力与应变成正比，即 $\sigma/\varepsilon = E$，E 称为弹性模量，它反映钢材的刚度，是钢材在受力计算结构变形的重要指标。A 点对应的应力 σ_p 称为比例极限。

当应力超过比例极限时，应力与应变开始失去比例关系，但仍保持弹性变形。所以，e 点对应的应力 σ_e 称为弹性极限。Oe 为弹性阶段。

（2）屈服阶段。当荷载继续增大，线段呈曲线形，开始形成塑性变形。应力增加到 $B_{上}$ 点后，变形急剧增加，应力则在不大的范围（$B_{上}$、$B_{下}$、B）内波动，呈现锯齿状，直到 B 点。与 $B_{下}$ 点（此点较稳定，易测得）对应的应力定义为屈服极限强度（屈服点）σ_s。屈服点 σ_s 是热轧钢筋和冷拉钢筋的强度标准值确定的依据，也是工程设计中强度取值的依据。该阶段为屈服阶段。

（3）强化阶段。超过屈服点后，应力增加又产生应变，钢材进入强化阶段，曲线最高点 C 点所对应的应力，即试件拉断前的最大应力 σ_b 称为强度极限，即抗拉强度。抗拉强度 σ_b 是钢丝、钢绞线和热处理钢筋强度标准值确定的依据。BC 为强化阶段。

（4）颈缩阶段。超过 C 点后，塑性变形迅速增大，试件出现颈缩，应力随之下降，在有杂质或缺陷处，断面急剧缩小，直到试件断裂，CD 为颈缩阶段。

中碳钢和高碳钢（硬钢）的拉伸曲线与低碳钢不同，伸长率小，抗拉强度高。这类钢材由于没有明显的屈服平台，难以测定屈服点，则规定产生残余变形为 0.2% 原始标距长度时所对应的应力值，作为钢的屈服强度，称为条件屈服点，用 $\sigma_{0.2}$ 表示。

钢材的 σ_e 和 σ_s 越高，表示钢材对小量塑性变形的抵抗能力越大。因此，在不发生塑性变形的条件下，所能承受的应力就越大。屈服强度与抗拉强度的比值称为屈强比，它反映了结构在超载的情况下继续使用的可靠性大小和利用率的高低。屈强比过小表明结构在超载的情况下继续使用的可靠性降低，但利用率提高。反之，可靠性提高，利用率降低。合理的屈强比为 $0.60 \sim 0.75$。

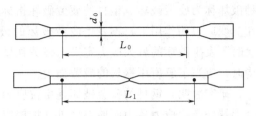

图 5-2　试件拉伸前和断裂后标距长度

2. 塑性指标

试件拉断后，将拉断后的两段试件拼对起来，量出拉断后的标距长 l_1，如图 5-2 所示。按公式（5-1）计算伸长率：

$$\delta = \frac{l_1 - l_0}{l_0} \times 100\% \tag{5-1}$$

式中　δ——试件的伸长率（%）；

l_0——原始标距长度，mm；

l_1——断后标距长度，mm。

伸长率是衡量钢材塑性的重要指标，其值越大说明钢材的塑性越好。塑性变形能力强，可使应力重新分布，避免应力集中，结构的安全性增大。塑性变形在试件标距内的分布是不均匀的，颈缩处的变形最大，离颈缩部位越远其变形越小。所以，原始标距与直径之比越小，则颈缩处伸长值在整个伸长值中的比重越大，计算出来的 δ 值就越大。标距的大小影响伸长率的计算结果，通常以 δ_5 和 δ_{10} 分别表示 $l_0 = 5d_0$ 和 $l_0 = 10d_0$ 时的伸长率。对于同一种钢材，其 δ_5 大于 δ_{10}。某些线材的标距用 $l_0 = 100\text{mm}$，伸长率用 δ_{100} 表示。

（二）冲击韧性

冲击韧性是指钢材抵抗冲击荷载不被破坏的能力。用于重要结构的钢材，特别是承受冲击振动荷载的结构所使用的钢材，必须保证冲击韧性。

钢材的冲击韧性用标准试件在做冲击试验时，每平方厘米所吸收的冲击断裂功（J/cm^2）表示，其符号为 α_k。试验时将试件放置在固定支座上，然后以摆锤冲击试件刻槽的背面，使试件承受冲击弯曲而断裂。显然，α_k 值越大，钢材的冲击韧性越好。

影响钢材冲击韧性的因素很多，当钢材内硫、磷的含量高，存在化学偏析，含有非金属夹杂物及焊接形成的微裂缝时，钢材的冲击韧性都会显著降低。

环境温度对钢材的冲击韧性影响很大。试验证明，冲击韧性随温度的降低而下降，开始时下降平缓，此时破坏的钢件断口呈韧性断裂状态；当达到一定温度范围时，突然下降很多而呈脆性，这种性质称为钢材的冷脆性。这时的温度称为脆性临界温度，其数值越低，钢材的低温冲击韧性越好。所以，在负温下使用的结构，应选用脆性临界温度较使用温度低的钢材。由于脆性临界温度的测定较复杂，故规范中通常是根据气温条件规定 $-20℃$ 或 $-40℃$ 的负温冲击值指标。

冲击韧性随时间的延长而下降的现象称为时效，完成时效的过程可达数十年，但钢材如经冷加工或使用中受振动和反复荷载的影响，时效可迅速发展。因时效导致钢材性能改变的程度称为时效敏感性。时效敏感性越大的钢材，经过时效后冲击韧性的降低越显著。为了保证安全，对于承受动荷载的重要结构，应当选用时效敏感性小的钢材。

总之，对于直接承受动荷载，而且可能在负温下工作的重要结构，必须按照有关规范要求进行钢材的冲击韧性检验。

（三）疲劳强度

钢材在交变荷载反复多次作用下，可在最大应力远低于抗拉强度的情况下突然破坏，这种破坏称为疲劳破坏。钢材的疲劳破坏指标用疲劳强度（或称疲劳极限）来表示，它是试件在交变应力的作用下，不发生疲劳破坏的最大应力值。一般将承受交变荷载达 $10^6 \sim 10^7$ 周次时不发生破坏的最大应力定义为疲劳强度。在设计承受反复荷载且必须进行疲劳验算的结构时，应当了解所用钢材的疲劳强度。

研究表明，钢材的疲劳破坏是由拉应力引起的，首先在局部开始形成细微裂缝，由于裂缝尖端处产生应力集中而使裂缝迅速扩展直至钢材断裂。因此，钢材内部成分的偏析和夹杂物的多少以及最大应力处的表面光洁程度、加工损伤等，都是影响钢材疲劳强度的因素。疲劳破坏常常是突然发生的，往往造成严重事故。

（四）硬度

硬度是指钢材抵抗外物压入表面而不产生塑性变形的能力，也即钢材表面抵抗塑性变形的能力。

钢材的硬度是以一定的静荷载，把一定直径的淬火钢球压入试件表面，然后测定压痕的面积或深度来确定的。测定钢材硬度的方法很多，较常用的为布氏法和洛氏法。相应的硬度试验指标称布氏硬度（HB）和洛氏硬度（HR）。

（1）布氏法是利用直径为 $D(\text{mm})$ 的淬火钢球，以 $P(\text{N})$ 的荷载将其压入试件表面，经规定的持续时间后卸除荷载，得到直径为 $d(\text{mm})$ 的压痕，以压痕表面积 $F(\text{mm}^2)$ 去除荷载 P，所得的应力值即为试件的布氏硬度值，以数字表示，不带单位。各类钢材的 HB 值与抗拉强度之间有较好的相关关系。钢材的强度越高，塑性变形抵抗力越强，硬度值也越大。由试验得出，对于碳素钢，当 HB<175 时，抗拉强度 $\sigma_b \approx 0.36\text{HB}$；当 HB>175 时，抗拉强度 $\sigma_b \approx 0.35\text{HB}$。根据这一经验关系，可以直接在钢结构上测出钢材的 HB 值，并估算出该钢材的抗拉强度。

（2）洛氏法是用压入试件深度的大小表示材料的硬度值。洛氏法压痕很小，一般用于判断机械零件的热处理效果。

二、工艺性能

良好的工艺性能，可以保证钢材顺利通过各种加工，而使钢材制品的质量不受影响。冷弯、冷拉、冷拔及焊接性能均是建筑钢材的重要工艺性能。

（一）冷弯性能

冷弯性能是指钢材在常温下承受弯曲变形的能力。以试件弯曲的角度和弯心直径对试件厚度（或直径）的比值来表示。弯曲的角度越大，弯心直径对试件厚度（或直径）的比值越小，表示对冷弯性能的要求越高。冷弯试验是按规定的弯曲角度和弯心直径进行弯曲后，检查试件弯曲处外面及侧面，若不发生裂缝、断裂或起层，即认为冷弯性能合格。

冷弯是钢材处于不利变形条件下的塑性，更有助于暴露钢材的某些内在缺陷，而伸长率则是反映钢材在均匀变形下的塑性。因此，相对于伸长率而言，冷弯是对钢材塑性更严格的检验，它能揭示钢材是否存在内部组织不均匀、内应力和夹杂物等缺陷。冷弯试验对焊接质量也是一种严格的检验，能揭示焊件在受弯表面是否存在未熔合、微裂纹及夹杂物等缺陷。

（二）冷加工性能及时效

1. 冷加工强化处理

将钢材在常温下进行冷加工（如冷拉、冷拔或冷轧），使之产生塑性变形，从而提高屈服强度，这个过程称为冷加工强化处理。经强化处理后钢材的塑性和韧性降低。由于塑性变形中产生内应力，故钢材的弹性模量降低。

建筑工地或预制构件厂常利用该原理对钢筋按一定强度进行冷拉或冷拔，以提高屈服强度，达到节约钢材的目的。

（1）冷拉。冷拉是将热轧钢筋用冷拉设备加力进行张拉。钢材冷拉后，屈服强度可提高20％～30％，钢材经冷拉后屈服阶段缩短，伸长率降低，材质变硬。

（2）冷拔。冷拔是将光圆钢筋通过硬质合金拔丝模强行拉拔。每次拉拔断面缩小应在10％以下。钢筋在冷拔过程中，不仅受拉，同时还受到挤压作用，因而冷拔的作用比冷拉作用强烈。经过一次或多次冷拔后的钢筋，表面光洁度高，屈服强度提高40％～60％，但塑性大大降低，具有硬钢的性质。

2. 时效

钢材经冷加工后，在常温下存放 15～20d，或加热至 100～200℃ 保持 2h 左右，其屈服强度、抗拉强度及硬度进一步提高，而塑性及韧性继续降低，这种现象称为时效。前者称为自然时效，后者称为人工时效。

钢材经冷加工及时效处理后，其应力-应变关系变化的规律，可明显地在应力-应变图上得到反映，如图 5-3 所示。

图中 OABCD 为未经冷拉试件的应力-应变曲线。将试件拉至超过屈服极限的某一点 K，然后卸去荷载，由于试件已产生塑性变形，故曲线沿 KO' 下降，KO' 大致与 AO 平行。如立即重新拉伸，则钢筋的应力-应变沿 O'KCD 发展，屈服强度提高，抗拉强度基本不变，塑性和韧性下降。如在 K 点卸荷后进行时效处理，然后再拉伸，则曲线将沿 O'K₁C₁D₁ 发展，屈服强度和抗拉强度都将提高，塑性和韧性进一步下降。

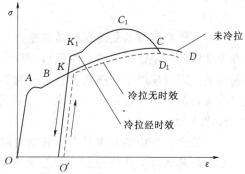

图 5-3　钢筋经冷拉时效后应力-应变的变化

（三）焊接性能

焊接是各种型钢、钢板、钢筋的重要连接方式。建筑工程的钢结构有 90％ 以上是焊接结构。焊接的质量取决于焊接工艺、焊接材料及钢的焊接性能。焊接性能好的钢材，焊接后的焊头牢固，硬脆倾向小，强度不低于母材。

钢材的可焊性是指钢材适应用通常的焊接方法与工艺的性能。可焊性的好坏，主要取决于钢材的化学成分。含碳量小于 0.25％ 的碳素钢具有良好的可焊性。碳含量高或加入合金元素（如硅、锰、钒、钛等）也将增大焊接处的硬脆性，降低可焊性，特别是硫能使焊接产生热裂纹及硬脆性。

钢筋焊接应注意以下问题：

（1）冷拉钢筋的焊接应在冷拉之前进行。

（2）钢筋焊接之前，焊接部位应清除铁锈、熔渣、油污等。

（3）应尽量避免不同国家的进口钢筋之间或进口钢筋与国产钢筋之间的焊接。

三、钢的化学成分对钢材性能的影响

1. 碳

碳是形成钢材强度的主要成分，是钢材中除铁以外最主要的元素。含碳量高，则钢材强度高，但同时钢材的塑性、韧性、冷弯性能、可焊性及抗锈蚀能力下降。因此，建筑钢材对含碳量要加以限制，一般不应超过 0.22%，在焊接结构中还应低于 0.20%。

2. 硅

硅是强脱氧剂，是制作镇静钢的必要元素。硅适量时可提高钢材的强度而不显著影响其塑性、韧性、冷弯性能及可焊性。在碳素镇静钢中硅的含量为 0.12%～0.3%，在低合金钢中为 0.2%～0.55%。过量时会恶化钢材的可焊性及抗锈蚀性。

3. 锰

锰是钢中的有益元素，它能显著提高钢材的强度而不过多降低塑性和冲击韧性。锰有脱氧作用，是弱脱氧剂。同时还可以消除硫引起的钢材热脆现象及改善冷脆倾向。锰是低合金钢中的主要合金元素，含量一般为 1.2%～1.6%，过量时会降低钢材的可焊性。

4. 硫

硫是钢中的有害元素，属杂质。硫在钢材温度达到 800～1000℃ 时生成硫化铁而熔化，使钢材变脆，易出现裂缝，称为热脆。硫还会降低钢材的冲击韧性、可焊性、疲劳强度及抗锈蚀能力。因此，对硫的含量必须严加控制，一般为 0.045%～0.05%，Q235 的 C 级与 D 级钢要求更严。

5. 磷

磷可以提高钢材的强度和抗锈蚀能力，但却严重降低钢材的塑性、韧性和可焊性，特别是在温度较低时使钢材变脆（冷脆），即在低温条件下使钢材的塑性和韧性显著降低，钢材容易脆裂。因而应严格控制其含量，一般不超过 0.045%。但采取适当的冶金工艺处理，磷也可作为合金元素，含量为 0.05%～0.12%。

6. 氧和氮

氧和氮也是钢中的有害元素。氧能使钢材热脆，其作用比硫剧烈；氮能使钢材冷脆，与磷类似，故其含量应严格控制。由于氧和氮在冶炼过程中容易逸出，一般不会超过极限含量，故不作含量要求。

7. 铝、钛、钒、铌

铝、钛、钒、铌均是炼钢时的强脱氧剂，也是钢中常用的合金元素。适量加入钢内，能提高钢材的强度和抗锈蚀性，又不显著降低塑性。

四、钢材的热处理性能

按照一定的温度制度，将钢材加热到一定的温度，在此温度下保持一定的时间，再以一定的速度和方式进行冷却，以使钢材内部晶体组织和显微结构按要求进行改变，或者消除钢中的内应力，从而获得人们所需求的机械力学性能，这一过程就称为钢材的热处理。

钢材的热处理通常有以下几种基本方法：

1. 淬火和回火

（1）将钢材加热至 723℃（相变温度）以上某一温度，并保持一定时间后，迅速置于水中或机油中冷却，这个过程称钢材的淬火处理。钢材经淬火后，强度和硬度提高，脆性增大，塑性和韧性明显降低。

（2）将淬火后的钢材重新加热到 723℃ 以下某一温度范围，保温一定时间后再缓慢地或较快地冷却至室温，这一过程称为回火处理。回火可消除钢材淬火时产生的内应力，使其硬度降低，恢复塑性和韧性。回火温度越高，钢材硬度下降越多，塑性和韧性等性能均得以改善。若钢材淬火后随即进行高温回火处理，则称调质处理，其目的是使钢材的强度、塑性、韧性等性能均得以改善。

2. 退火和正火

（1）退火是指将钢材加热至 723℃以上某一温度，并保持相当时间后，在退火炉中缓慢冷却。退火能消除钢材中的内应力、细化晶粒、均匀组织，降低钢材硬度，提高韧性和塑性，从而达到改善性能的目的。

（2）正火是将钢材加热到 723℃以上某一温度，并保持相当长时间，然后在空气中缓慢冷却，则可得到均匀细小的显微组织。钢材正火后强度和硬度提高，塑性较退火为小。

3. 化学热处理

化学热处理是利用某些化学元素向钢表层内进行扩散，以改变钢材表面的化学成分和性能。常用的方法有渗碳法、氮化法和氰化法等。

单元三　建筑钢材的技术标准及应用

建筑钢材常用于钢结构和钢筋混凝土结构，前者主要用型钢，后者主要用钢筋和钢丝，两者均多为碳素结构钢和低合金高强度结构钢。

一、碳素结构钢

1. 碳素结构钢的牌号及其表示方法

国家标准《碳素结构钢》（GB/T 700—2006）规定，碳素结构钢按其屈服点分 Q195、Q215、Q235 和 Q275 等 4 个牌号。各牌号钢又按其硫、磷含量由多至少分为 A、B、C、D 4 个质量等级。碳素结构钢的牌号由代表屈服强度的字母"Q"、屈服强度数值（单位为 MPa）、质量等级符号（A、B、C、D）、脱氧方法符号（F、Z、TZ）等 4 个部分按顺序组成。如 Q235AF，它表示屈服强度为 235MPa、质量等级为 A 级的沸腾碳素结构钢。

碳素结构钢的牌号组成中，表示镇静钢的符号"Z"和表示特殊镇静钢的符号"TZ"可以省略，例如：质量等级分别为 C 级和 D 级的 Q235 钢，其牌号表示为 Q235CZ 和 Q235DTZ，可以省略为 Q235C 和 Q235D。

2. 碳素结构钢的技术要求

碳素结构钢的化学成分、力学性能及冷弯性能应符合表 5－1～表 5－3 的规定。

表 5－1　　　　　碳素结构钢的化学成分（见 GB/T 700—2006）

牌号	等级	厚度（或直径）/mm	脱氧方法	化学成分（质量分数）				
				C	Si	Mn	P	S
Q195	—	—	F、Z	≤0.12%	≤0.30%	≤0.50%	≤0.035%	≤0.040%
Q215	A	—	F、Z	≤0.15%	≤0.35%	≤1.20%	≤0.045%	≤0.050%
	B							≤0.045%
Q235	A	—	F、Z	≤0.22%	≤0.35%	≤1.40%	≤0.045%	≤0.050%
	B			≤0.20%				≤0.045%
	C		Z	≤0.17%			≤0.040%	≤0.040%
	D		TZ				≤0.035%	≤0.035%

续表

牌号	等级	厚度（或直径）/mm	脱氧方法	化学成分（质量分数）				
				C	Si	Mn	P	S
Q275	A	—	F、Z	≤0.24%	≤0.35%	≤1.50%	≤0.045%	≤0.050%
	B	≤40	Z	≤0.21%			≤0.045%	≤0.045%
		>40	Z	≤0.22%				
	C		Z	≤0.20%			≤0.040%	≤0.040%
	D		TZ				≤0.035%	≤0.035%

表 5 - 2　　　　　　　　　　碳素结构钢的力学性能（见 GB/T 700—2006）

牌号	等级	屈服点 σ_s/MPa						抗拉强度 σ_b/MPa	伸长率 δ_5					冲击试验（V 型缺口）	
		厚度（或直径）/mm							厚度（或直径）/mm					温度/℃	冲击吸收功（纵向）/J 不小于
		≤16	>16~40	>40~60	>60~100	>100~150	>150~200		≤40	>40~60	>60~100	>100~150	>150~200		
Q195	—	195	185	—	—	—	—	315~430	33%	—	—	—	—	—	—
Q215	A	215	205	195	185	175	165	335~450	31%	30%	29%	27%	26%	—	—
	B													+20	27
Q235	A	235	225	215	215	195	185	370~500	26%	25%	24%	22%	21%	—	—
	B													+20	27
	C													0	
	D													-20	
Q275	A	275	265	255	245	225	215	410~540	22%	21%	20%	18%	17%	—	—
	B													+20	27
	C													0	
	D													-20	

注　1. Q195 的屈服强度值仅供参考，不作交货条件。
　　2. 厚度大于 100mm 的钢材，抗拉强度下限允许降低 20N/mm²。宽带钢（包括剪切钢板）抗拉强度上限不作交货条件。
　　3. 厚度小于 25mm 的 Q235B 级钢材，如供方能保证冲击吸收值合格，经需方同意，可不做检验。

表 5 - 3　　　　　　　　　　碳素结构钢的冷弯性能（见 GB/T 700—2006）

牌号	试样方向	冷弯试验 180° B=2a	
		钢材厚度或直径/mm	
		≤60	>60~100
		弯芯直径 d	
Q195	纵	0	
	横	0.5a	
Q215	纵	0.5a	1.5a
	横	a	2a
Q235	纵	a	2a
	横	1.5a	2.5a
Q275	纵	1.5a	2.5a
	横	2a	3a

注　1. B 为试样宽度，a 为试样厚度或直径。
　　2. 钢材厚度或直径大于 100mm 时，弯曲试验由双方协商确定。

由表 5-1～表 5-3 可知，碳素结构钢随着牌号的增大，其含碳量增加，强度提高，塑性和韧性降低，冷弯性能逐渐变差。

3. 碳素结构钢的特性与选用

工程中应用最广泛的碳素结构钢牌号为 Q235，其含碳量为 0.14%～0.22%，属低碳钢，由于该牌号钢既具有较高的强度，又具有较好的塑性和韧性，可焊性也好，故能较好地满足一般钢结构和钢筋混凝土结构的用钢要求。

Q195 号和 Q215 号钢强度低，塑性和韧性较好，易于冷加工，常用作钢钉、铆钉、螺栓及铁丝等。Q215 号钢经冷加工后可代替 Q235 号钢使用。

Q275 号钢强度较高，但塑性、韧性和可焊性较差，不易焊接和冷加工，可用于轧制钢筋、制作螺栓配件等。

二、优质碳素结构钢

根据国家标准《钢铁产品牌号表示方法》（GB/T 221—2008）规定，优质碳素结构钢的牌号采用阿拉伯数字或阿拉伯数字和规定的符号表示，以两位阿拉伯数字表示平均含碳量（以万分之几计），如：平均含碳量为 0.08% 的沸腾钢，其牌号表示为"08F"；平均含碳量为 0.10% 的半镇静钢，其牌号表示为"10b"；含锰量较高的优质碳素结构钢，在表示平均含碳量的阿拉伯数字后加锰元素符号，如平均含碳量为 0.50%，含锰量为 0.70%～1.0% 的钢，其牌号表示为"50Mn"。按国家标准《优质碳素结构钢》（GB/T 699—1999）的规定，我国生产的优质碳素结构钢有 31 个牌号，其中 08F、10F 和 15F 是沸腾钢，其余都是镇静钢。

优质碳素结构钢中的硫、磷等有害杂质含量更低，且脱氧充分，质量稳定，在建筑工程中常用作重要结构的钢铸件、高强螺栓及预应力锚具。

三、低合金高强度结构钢

为了改善碳素结构钢的力学性能和工艺性能，或为了得到某种特殊的理化性能，在炼钢时有意识地加入一定量的一种或几种合金元素，所得的钢称为合金钢。低合金高强度结构钢是在碳素结构钢的基础上，添加总量小于 5% 的一种或几种合金元素的一种结构钢，所加元素主要有锰、硅、钒、钛、铌、铬、镍及稀土元素。目的是为了提高钢的屈服强度、抗拉强度、耐磨性、耐蚀性及耐低温性能等。因此，它是综合性能较为理想的钢材。另外，与使用碳素钢相比，可节约钢材 20%～30%，而成本并不是很高。

1. 低合金高强度结构钢的牌号表示法

根据国家标准《低合金高强度结构钢》（GB 1591—2008）及《钢铁产品牌号表示方法》（GB 221—2008）的规定，低合金高强度结构钢分 8 个牌号。其牌号的表示方法由屈服点字母"Q"、屈服点数值、质量等级（A、B、C、D、E）3 部分组成。如 Q500D 表示屈服强度为 500MPa、质量等级为 D 级的低合金高强度结构钢。

低合金高强度结构钢分为镇静钢和特殊镇静钢，在牌号的组成中没有表示脱氧方法的符号。低合金高强度结构钢的牌号也可以采用 2 位阿拉伯数字（表示平均含碳量，以万分之几计）和规定的元素符号，按顺序表示。

2. 低合金高强度结构钢的技术要求

低合金高强度结构钢的拉伸、冷弯和冲击试验指标，按钢材厚度或直径不同，其技术要求见表 5-4。

表5-4 低合金高强度结构钢的力学性能（见 GB/T 1591—2008）

牌号	质量等级	钢材的拉伸性能																	断后伸长率 δ					
		以下公称厚度（直径、边长）下屈服强度 σ_s/MPa									以下公称厚度（直径、边长）抗拉强度 σ_b/MPa							公称厚度（直径、边长）						
		≤16mm	>16mm~40mm	>40mm~63mm	>63mm~80mm	>80mm~100mm	>100mm~150mm	>150mm~200mm	>200mm~250mm	>250mm~400mm	≤40mm	>40mm~63mm	>63mm~80mm	>80mm~100mm	>100mm~150mm	>150mm~250mm	>250mm~400mm	≤40mm	>40mm~63mm	>63mm~100mm	>100mm~150mm	>150mm~250mm	>250mm~400mm
Q345	A	≥345	≥335	≥325	≥315	≥305	≥285	≥275	≥265	—	470~630	470~630	470~630	470~630	450~600	450~600	—	≥20%	≥19%	≥19%	≥18%	≥17%	—
	B																						
	C																						
	D									≥265							450~600					≥17%	≥17%
	E																						
Q390	A	≥390	≥370	≥350	≥330	≥330	≥310	—	—	—	490~650	490~650	490~650	490~650	470~620	—	—	≥20%	≥19%	≥19%	≥18%	—	—
	B																						
	C																						
	D																						
	E																						
Q420	A	≥420	≥400	≥380	≥360	≥360	≥340	—	—	—	520~680	520~680	520~680	520~680	500~650	—	—	≥19%	≥18%	≥18%	≥18%	—	—
	B																						
	C																						
	D																						
	E																						
Q460	C	≥460	≥440	≥420	≥400	≥400	≥380	—	—	—	550~720	550~720	550~720	550~720	530~700	—	—	≥17%	≥16%	≥16%	≥16%	—	—
	D																						
	E																						

续表

钢材的拉伸性能

牌号	质量等级	以下公称厚度（直径、边长）下屈服强度 σ_s/MPa									以下公称厚度（直径、边长）抗拉强度 σ_b/MPa							断后伸长率 δ 公称厚度（直径、边长）					
		≤16mm	>16mm~40mm	>40mm~63mm	>63mm~80mm	>80mm~100mm	>100mm~150mm	>150mm~200mm	>200mm~250mm	>250mm~400mm	≤40mm	>40mm~63mm	>63mm~80mm	>80mm~100mm	>100mm~150mm	>150mm~250mm	>250mm~400mm	≤40mm	>40mm~63mm	>63mm~100mm	>100mm~150mm	>150mm~250mm	>250mm~400mm
Q500	C																						
	D	≥500	≥480	≥470	≥450	≥440	—	—	—	—	610~770	600~760	590~750	540~730	—	—	—	≥17%	≥17%	≥17%	—	—	—
	E																						
Q550	C																						
	D	≥550	≥530	≥520	≥500	≥490	—	—	—	—	670~830	620~810	600~790	590~780	—	—	—	≥16%	≥16%	≥16%	—	—	—
	E																						
Q620	C																						
	D	≥620	≥600	≥590	≥570	—	—	—	—	—	710~880	690~880	670~860	—	—	—	—	≥15%	≥15%	≥15%	—	—	—
	E																						
Q690	C																						
	D	≥690	≥670	≥660	≥640	—	—	—	—	—	770~940	750~920	730~900	—	—	—	—	≥14%	≥14%	≥14%	—	—	—
	E																						

注　1. 当屈服不明显时，可测量 $\sigma_{0.2}$ 代替下屈服强度。

　　2. 宽度不小于 600mm 的扁平材，拉伸试验取横向试样；宽度小于 600mm 的扁平材、型材及棒材取纵向试样，断后伸长率最小值相应提高 1%（绝对值）。

　　3. 厚度>250mm~400mm 的数值适用于扁平材。

3. 低合金高强度结构钢的特点与应用

由于低合金高强度结构钢中的合金元素的结晶强化和固熔强化等作用，该钢材不但具有较高的强度，而且也具有较好的塑性、韧性、耐磨性、耐腐蚀性和可焊性。因此，在钢结构和钢筋混凝土结构中常采用低合金高强度结构钢轧制型钢（角钢、槽钢、工字钢）、钢板、钢管及钢筋，来建筑桥梁、高层及大跨度建筑，尤其在承受动荷载和冲击荷载的结构中更为适用。另外，与使用碳素钢相比，可节约钢材 20%～25%，而成本并不是很高。

任务二　工程中常用的建筑钢材

【学习任务和目标】　介绍常用建筑钢材的品种，技术性能、技术标准及应用。掌握热轧钢筋的力学性能、工艺性能及应用。理解冷轧带肋钢筋、热处理钢筋、预应力混凝土用钢丝和钢绞线的力学性能、工艺性能及应用。了解①型钢、钢板、钢管的品种与应用；②钢材的锈蚀与防止。

建筑钢材的产品主要包括型材、板材、线材和管材等几类。型材包括钢结构用的角钢、方钢、工字钢、槽钢、轨道钢等。线材包括钢筋混凝土和预应力混凝土用各种钢筋、钢丝和钢绞线等。板材包括用于水利水电工程金属结构、桥梁及建筑机械的中厚钢板以及用于屋面、墙面、楼板等的薄钢板。管材主要用于钢桁架和供水、供气（汽）管线等。

单元一　工程中常用的建筑钢材

一、热轧钢筋

用加热钢坯轧成的条形成品钢筋，称为热轧钢筋。它是建筑工程中用量最大的钢材品种之一，主要用于钢筋混凝土的配筋。热轧钢筋按表面形状分为热轧光圆钢筋和热轧带肋钢筋。

1. 热轧光圆钢筋

经热轧成型，横截面通常为圆形，表面光滑的成品钢筋，称为热轧光圆钢筋（HPB）。

热轧光圆钢筋按屈服强度特征值表示为 300 级，其牌号由 HPB 和屈服强度特征值构成，即 HPB300。

热轧光圆钢筋的公称直径范围为 6～22mm，《钢筋混凝土用钢　第 1 部分：热轧光圆钢筋》（GB 1499.1—2008）推荐的钢筋公称直径为 6mm、8mm、10mm、12mm、16mm 和 20mm。可按直条或盘卷交货。

热轧光圆钢筋的屈服强度、抗拉强度、断后伸长率、最大拉力总伸长率等力学性能特征值应符合表 5-5 的规定。表中各力学性能特征值，可作为交货检验的最小保证值。按规定的弯心直径弯曲 180°后，钢筋受弯部位表面不得产生裂纹。

表 5-5　热轧光圆钢筋的力学性能和工艺性能（见 GB 1499.1—2008/XG1—2012）

牌号	屈服强度 /MPa	抗拉强度 /MPa	断后伸长率	最大拉力总伸长率	冷弯试验 180° d—弯心直径 a—钢筋公称直径
HPB300	≥300	≥420	≥25.0%	≥10.0%	d＝a

2. 热轧带肋钢筋

经低合金钢热轧成型并自然冷却的横截面为圆形的且表面通常带有两条纵肋和沿长

度方向均匀分布的横肋的钢筋，称为热轧带肋钢筋。包括普通热轧钢筋和细晶粒热轧钢筋两种。

热轧带肋钢筋按屈服强度特征值分为 335、400、500 等 3 级，其牌号由 HRB 和屈服强度特征值构成，分为 HRB335、HRB400、HRB500 等 3 个牌号，细晶粒热轧钢筋的牌号由 HRBF 和屈服强度特征值构成，分为 HRBF335、HRBF400、HRBF500 等 3 个牌号。

热轧带肋钢筋的公称直径范围为 6～50mm，《钢筋混凝土用钢　第 2 部分：热轧带肋钢筋》(GB 1499.2—2007) 推荐的钢筋公称直径为 6mm、8mm、10mm、12mm、16mm、20mm、25mm、32mm、40mm 和 50mm。

热轧带肋钢筋按定尺长度交货，也可以盘卷交货。

热轧带肋钢筋的力学性能和工艺性能应符合表 5-6 的规定。表中所列各力学性能特征值，可作为交货检验的最小保证值；按规定的弯心直径弯曲 180°后，钢筋受弯部位表面不得产生裂纹。反向弯曲试验是先正向弯曲 90°，再反向弯曲 20°，经反向弯曲试验后，钢筋受弯曲部位表面不得产生裂纹。

表 5-6　　　　　热轧带肋钢筋的力学性能和工艺性能 (见 GB 1499.2—2007)

牌号	屈服强度 /MPa	抗拉强度 /MPa	断后伸长率	最大拉力总伸长率	公称直径 /mm	弯心直径 d——弯心直径 a——钢筋公称直径	反向弯曲
HRB335、HRBF335	≥335	≥455	≥17.0%		6～25	3d	4d
					28～40	4d	5d
					>40～50	5d	6d
HRB400、HRBF400	≥400	≥540	≥16.0%	≥7.5%	6～25	4d	5d
					28～40	5d	6d
					>40～50	6d	7d
HRB500、HRBF500	≥500	≥630	≥15.0%		6～25	6d	7d
					28～40	7d	8d
					>40～50	8d	9d

热轧钢筋中热轧光圆钢筋的强度较低，但塑性及焊接性能很好，便于各种冷加工，因而广泛用作普通钢筋混凝土构件的受力筋，各种钢筋混凝土结构的构造筋、构件箍筋和钢结构的拉杆等。热轧带肋钢筋表面有纵肋和横肋，从而加强了钢筋与混凝土之间的握裹力。HRB335 和 HRB400 钢筋强度较高，塑性和焊接性能也较好，故广泛用作大、中型钢筋混凝土结构的受力钢筋，经冷拉后可作为预应力钢筋；HRB500 钢筋强度高，但塑性及焊接性能较差，主要用作预应力钢筋。

二、冷轧带肋钢筋

热轧圆盘条经冷轧后，在其表面带有沿长度方向均匀分布的三面或两面横肋的钢筋，称为冷轧带肋钢筋。

冷轧带肋钢筋的牌号由 CRB 和钢筋的抗拉强度最小值构成，分为 CRB550、CRB650、CRB800、CRB970 等 4 个牌号。CRB550 为普通钢筋混凝土用钢筋，其他牌号为预应力混凝土用钢筋。CRB550 钢筋的公称直径范围为 4～12mm。CRB650 及以上牌号钢筋的公称直径（相当于横截面积相等的光圆钢筋的公称直径）为 4mm、5mm 和 6mm。

冷轧带肋钢筋通常按盘卷交货，CRB550 钢筋也可按直条交货。冷轧带肋钢筋的表面不得有裂纹、折叠、结疤、油污及其他影响使用的缺陷。

冷轧带肋钢筋的力学性能和工艺性能应符合表 5-7 的规定。钢筋的强曲比 $R_m/R_{p0.2}$ 应不小于 1.03。当进行弯曲试验时，受弯部位表面不得产生裂纹。公称直径为 4mm、5mm 和 6mm 的冷轧带肋钢筋，反复弯曲试验的弯曲半径分别为 10mm、15mm 和 15mm。

表 5-7　　　　冷轧带肋钢筋的力学性能和工艺性能（见 GB 13788—2008）

牌号	屈服强度 /MPa	抗拉强度 /MPa	伸长率		弯曲试验 180°	反复弯曲 次数	应力松弛 初始应力应相当于公称抗拉强度的 70%
			$A_{11.3}$	A_{100}			1000h 松弛率
CRB550	≥500	≥550	≥8.0%	—	$d=3a$		
CRB650	≥585	≥650	—	≥4.0%		3	≤8%
CRB800	≥720	≥800	—	≥4.0%		3	≤8%
CRB970	≥875	≥970	—	≥4.0%		3	≤8%

注　表中 d 为弯心直径，a 为钢筋公称直径。

冷轧带肋钢筋具有以下优点：

（1）强度高、塑性好，综合力学性能优良。CRB550 和 CRB650 的抗拉强度由冷扎前的不足 500MPa 提高到 550MPa 和 650MPa；冷拔低碳钢丝的伸长率仅 2% 左右，而冷轧带肋钢筋的伸长率大于 4%。

（2）握裹力强。混凝土对冷轧带肋钢筋的握裹力为同直径冷拔钢丝的 3~6 倍。又由于塑性较好，大幅度提高了构件的整体强度和抗震能力。

（3）节约钢材，降低成本。以冷轧带肋钢筋代替Ⅰ级钢筋用于普通钢筋混凝土构件，可节约钢材 30% 以上。如用以代替冷拔低碳钢丝用于预应力混凝土多孔板中，可节约钢材 5%~10%，且每立方米混凝土可节省水泥约 40kg。

（4）提高构件整体质量，改善构件的延性，避免"抽丝"现象。用冷轧带肋钢筋制作的预应力空心楼板，其强度、抗裂度均明显优于冷拔低碳钢丝制作的构件。

冷轧带肋钢筋适用于中、小型预应力混凝土构件和普通混凝土构件，也可用于焊接网片。

三、钢筋混凝土用余热处理钢筋

钢筋混凝土用余热处理钢筋是热轧后利用热处理原理进行表面控制冷却（穿水），并利用芯部余热自身完成回火处理所得的成品钢筋。

根据《钢筋混凝土用余热处理钢筋》（GB 13014—2013）规定：钢筋混凝土用余热处理钢筋按屈服强度特征值分为 400 级、500 级，按用途分为可焊和非可焊。非可焊牌号分为 RRB400、RRB500；可焊牌号分为 RRB400W、RRB500W。

余热处理钢筋的公称直径范围为 8~40mm，推荐的钢筋公称直径为 8mm、10mm、12mm、16mm、20mm、25mm、32mm 和 40mm。

钢筋混凝土用余热处理钢筋的力学性能和工艺性能应符合表 5-8 的规定。

表 5 - 8　　钢筋混凝土用余热处理钢筋的力学性能和工艺性能（见 GB 13014—2013）

牌号	屈服强度 /MPa	抗拉强度 /MPa	断后伸长率	最大拉力总伸长率	公称直径 a	弯心直径 d
RRB400	≥400	≥540	≥14%		8～25	4a
RRB500	≥500	≥630	≥13%	≥5.0%	8～25	6a
RRB400W	≥430	≥570	≥14%		28～40	5a
RRB500W	≥530	≥660	≥13%		28～40	7a

余热处理钢筋生产工艺简单，性能稳定可靠，晶粒细小，在保证良好塑性、焊接性能的条件下，提高屈服强度；另外不需要添加钒、铌、钛等微合金化元素，节约了合金资源。

四、预应力混凝土用钢材

预应力混凝土用钢材包括预应力混凝土用钢丝、钢绞线和钢棒、螺纹钢筋等。预应力钢材常作为大型预应力混凝土构件的主要受力钢筋。

1. 预应力混凝土用钢丝

预应力混凝土用钢丝是用优质碳素结构钢盘条，经酸洗、冷拉或再经回火处理等工艺制成，专用于预应力混凝土。根据《预应力混凝土用钢丝》（GB/T 5223—2014）规定，预应力钢丝按加工状态分为冷拉钢丝和消除应力钢丝两类。消除应力钢丝按松弛性能又分为低松弛级钢丝和普通松弛级钢丝。预应力钢丝按外形分为光圆、螺旋肋和刻痕 3 种。

冷拉钢丝（盘条通过拔丝等减径工艺经冷加工而成）代号"WCD"；低松弛钢丝（钢丝在塑性变形下进行短时热处理而成）代号"WLR"；光圆钢丝代号"P"；螺旋肋钢丝（钢丝表面沿长度方向上具有连续、规则的螺旋肋条）代号"H"；刻痕钢丝（钢丝表面沿长度方向上具有规则间隔的压痕）代号"I"。

预应力混凝土用钢丝每盘由一根钢丝组成。钢丝表面不得有裂纹和油污，也不允许有影响使用的拉痕、机械损伤等。

预应力混凝土用钢丝具有抗拉强度高、弹性模量稳定、柔性好、定尺无接头、镀锌层抗蚀性能好等优点。施工方便，不需冷拉、焊接接头等加工，而且质量稳定、安全可靠。主要应用于大跨度屋架及薄腹梁、大跨度吊车梁、桥梁、电杆、枕轨或曲线配筋的预应力混凝土构件。刻痕钢丝由于屈服强度高且与混凝土的握裹力大，主要用于预应力钢筋混凝土结构以减少混凝土裂缝。

2. 预应力混凝土用钢绞线

预应力混凝土用钢绞线是用 2（或 3、7、19）根钢丝在绞线机上捻制后，再经低温回火和消除应力等工序制成。按捻制结构分为 8 类。其代号为：（1×2）用 2 根钢丝捻制的钢绞线；（1×3）用 3 根钢丝捻制的钢绞线；（1×3I）用 3 根刻痕钢丝捻制的钢绞线；（1×7）用 7 根钢丝捻制的标准型钢绞线；（1×7I）用 6 根刻痕钢丝和 1 根光圆中心钢丝捻制的钢绞线；（1×7C）用 7 根钢丝捻制又经模拔的钢绞线；（1×19S）用 19 根钢丝捻制的 1+9+9 西鲁式钢绞线；（1×19W）用 19 根钢丝捻制的 1+6+6/6 瓦林吞式钢绞线。

钢绞线的捻向一般为左（S）捻，右（Z）捻需在合同中注明。

除非需方有特殊要求，钢绞线表面不得有油、润滑脂等降低钢绞线与混凝土粘结力的物质。钢绞线表面不得有影响使用性能的有害缺陷，允许存在轴向表面缺陷，但其深度应小于单根钢丝直径的 4%。钢绞线表面允许有轻微的浮锈，但不得有目视可见的锈蚀凹坑。钢绞线表面允许存在回火颜色。

钢绞线具有强度高、与混凝土粘结性能好、断面面积大、使用根数少、柔性好、易于在混凝土结构中排列布置、易于锚固等优点，主要用于大跨度、重荷载、曲线配筋的后张法预应力钢筋混凝土结构中。

3. 预应力混凝土用螺纹钢筋

预应力混凝土用螺纹钢筋是一种热轧成带有不连续的外螺纹的直条钢筋，该钢筋在任意截面处，均用带有匹配形状的内螺纹的连接器或锚具进行连接和锚固。根据《预应力混凝土用螺纹钢筋》（GB/T 20065—2006）规定：钢筋的公称直径有 18mm、25mm、32mm、40mm 和 50mm，强度等级有 PSB785、PSB830、PSB930 和 PSB1080 等 4 级，力学性能应符合 GB/T 20065—2006 相关规定。

五、冷轧扭钢筋

低碳钢热轧圆盘条经专用钢筋冷轧扭机调直、冷轧并冷扭（或冷滚）一次成型具有规定截面形式和相应节距的连续螺旋状钢筋，称为冷轧扭钢筋。

1. 冷轧扭钢筋分类

（1）冷轧扭钢筋按其截面形状不同分为 3 种类型。近似矩形截面为 Ⅰ 型，近似正方形截面为 Ⅱ 型，近似圆形截面为 Ⅲ 型。

（2）冷轧扭钢筋按其强度级别不同分为 2 级，即 550 级和 650 级。

2. 冷轧扭钢筋标记

冷轧扭钢筋的标记由产品名称代号（CTB 冷轧扭）、强度级别代号（550、650）、标志代号（Φ^T）、主参数代号（标志直径）、类型代号（Ⅰ、Ⅱ、Ⅲ）组成。如：冷轧扭钢筋 550 级 Ⅱ 型，标志直径 10mm，标记为：CTB550Φ^T10 - Ⅱ。

3. 冷轧扭钢筋力学性能和工艺性能

冷轧扭钢筋力学性能和工艺性能应符合表 5 - 9 的规定。

表 5 - 9　　　　冷轧扭钢筋力学性能和工艺性能（见 JG 190—2006）

强度级别	型号	抗拉强度 σ_b/(N/mm²)	伸长率 δ	180°弯曲试验（弯曲直径=3d）	应力松弛率（当 $\sigma_{con}=0.7f_{ptk}$）	
					10h	1000h
CTB550	Ⅰ	≥550	$\delta_{11.3}$≥4.5%	受弯曲部位钢筋表面不得产生裂纹	—	—
	Ⅱ	≥550	δ≥10%		—	—
	Ⅲ	≥550	δ≥12%			
CTB650	Ⅲ	≥650	δ_{100}≥4%		≤5%	≤8%

注 1. d 为冷轧扭钢筋标志直径。

　　2. δ、$\delta_{11.3}$ 分别表示以标距 $5.65\sqrt{S_0}$ 或 $11.3\sqrt{S_0}$（S_0 为试样原始截面面积）的试样拉断伸长率；δ_{100} 表示标距为 100mm 的试样拉断伸长率。

　　3. σ_{con} 为预应力钢筋张拉控制应力；f_{ptk} 为预应力冷轧扭钢筋抗拉强度标准值。

4. 冷轧扭钢筋外观

冷轧扭钢筋表面不应有影响力学性能的裂纹、折叠、结疤、机械损伤或其他影响使用的缺陷。

六、混凝土用钢纤维

在混凝土中掺入钢纤维，能大大提高混凝土的韧性和抗冲击强度，显著改善混凝土的抗裂性、抗剪、抗弯、抗拉、抗疲劳等性能。

钢纤维的原料可以使用碳素结构钢、合金结构钢和不锈钢，生产方式有钢丝切断、薄板剪切、熔融抽丝和铣削。表面粗糙或表面有刻痕，形状为波浪形或扭曲形，端部带钩或端部大头的钢纤维与混凝土的胶结较好，有利于混凝土增强。钢纤维直径应控制在 $0.30\sim1.20mm$，长度与直径比控制在 $50\sim100$。增大钢纤维的长径比，可提高混凝土的增强效果；但过于细长的钢纤维容易在搅拌时形成纤维球而失去增强作用。

根据《混凝土用钢纤维》（YB/T 151—1999），钢纤维抗拉强度分为 1000（抗拉强度大于 1000MPa）、600（抗拉强度 $600\sim1000MPa$）和 380（抗拉强度 $380\sim1000MPa$）3 个等级。

七、钢结构用钢材

钢结构用钢材主要是型钢、钢管和钢板。型钢有热轧及冷弯薄壁型钢两种，型钢之间可直接连接或附加进行连接。连接方式有铆、螺栓连接或焊接。

1. 热轧型钢

常用的热轧型钢有角钢、I 字钢、槽钢、T 形钢、H 形钢等。对于承受动荷载的结构，处于低温环境的结构，应选择韧性好、脆性临界温度低、疲劳极限较高的钢材。对于焊接结构，应选择可焊性较好的钢材。

角钢的通常长度为 $4\sim19m$，其他型钢的通常长度为 $5\sim19m$。

型钢表面不应有裂缝、折叠、结疤、分层形象和夹杂物。型钢不应有大于 5mm 的毛刺。

各种型钢的型号、截面尺寸、截面面积和界面特征等应满足《热轧型钢》（GB/T 706—2008）的规定。

2. 冷弯薄壁型钢

冷弯薄壁型钢通常用 $2\sim6mm$ 薄钢板冷弯或模压而成，有角钢、薄壁型钢及方形、矩形等空心薄壁型钢，可用于轻型钢结构。

3. 钢板和板牙型钢

钢板是用光面轧辊轧制而成的扁平钢材。按轧制温度的不同，钢板又可分为热轧和冷轧两类。按厚度来分，热轧钢板可分为厚板（厚度大于 4mm）和薄板（厚度为 $0.35\sim4mm$）两种；冷轧钢板只有薄板（厚度为 $0.2\sim4mm$）。厚板可用于钢型的连接与焊接，组成钢结构承力构件；薄板可用作屋面或墙面等围护结构，或作为薄板型钢的原料。

薄钢板经辊压或冷弯可制成截面呈 V 形、U 形、梯形等形状的波纹，并可采用有机层、镀锌等表面保护层的钢板，称压型钢板，在建筑上常用作屋面板、楼板、墙板及装板等。还可将其与保温材料等复合，制成复合墙板等，用途十分广泛。

4. 钢管

钢管分无缝钢管和焊接钢管两类。

无缝钢管是经热轧、挤压、热扩或冷拔、冷轧而制成的周边无缝的管材。分为一般用途和专门用途两类，详见《无缝钢管尺寸、外形、重量及允许偏差》（GB/T 17395—2008）规定。

专用无缝钢管一般用于锅炉和耐热工程中。

在工程中用量最大的是焊接钢管。供低压流体输送用的直缝钢管，分焊接钢管和镀锌焊接钢管两大类；按壁厚分为普通焊管和加厚焊管；按管端形式分螺纹钢管和无螺纹钢管。低压流体输送用焊接钢管的规格详见《低压流体输送用焊接钢管》（GB/T 3091—2008）规定。

单元二 钢材的防护

一、钢材的锈蚀与防止

（一）钢结构的锈蚀与防止

1. 钢材的锈蚀

暴露于空气中的钢材往往会因表面潮湿并与一些气体（氧气、二氧化碳、二氧化硫、氯气等）接触形成电解质溶液，而发生电化学锈蚀。其结果造成受力面积减小，导致应力集中，降低承载能力；疲劳强度大为降低；显著降低冲击韧性使钢材脆裂。

2. 钢材的防护

防止钢结构锈蚀最常用的方法是采用保护膜法，即表面涂刷防锈漆。具体做法是先涂防锈底漆如红丹、环氧富锌漆、铁红环氧底漆等，面漆采用灰铅油、醇酸磁漆、酚醛磁漆等。

（二）混凝土中钢筋的锈蚀与防止

1. 钢筋的锈蚀

埋于混凝土中的钢筋是不易锈蚀的，因为混凝土为钢筋提供了一个弱碱性的环境，钢材在此环境下不易锈蚀。但若混凝土被碳化，使混凝土中性化后，其中的钢筋也会发生电化学锈蚀，结果不但损失受力截面，而且形成的铁锈因膨胀会导致混凝土顺筋开裂。

2. 钢筋锈蚀的防止措施

（1）提高混凝土的密实程度。

（2）保证钢筋有足够的保护层厚度。

（3）施工时，限制氯盐的使用量。

二、钢材的防火保护

1. 钢结构的防火保护

钢材是不燃材料，但钢材也是不耐火材料，当钢结构受火烧 20min 左右，其杆件就会迅速变软，失去承载能力，造成结构破坏。当前最多采用的方法是在钢材表面涂刷防火涂料，常有厚涂层型 LG 钢结构防火隔热涂料、LB 薄涂层型防火涂料、JC - 276 钢结构防火涂料、ST1 - A 钢型结构防火涂料等。

2. 钢筋的防火保护

（1）增厚钢筋保护层。

（2）若结构设计不允许增厚钢筋保护层，可在受拉区混凝土表面涂刷防火涂料，如JC - 276钢结构防火涂料、ST1 - A 钢型结构防火涂料等。

任务三 建筑钢材试验检测

一、钢筋的取样

（一）检测依据

钢筋的取样以《钢及钢产品的力学性能试验取样位置及试样制备》（GB/T 2975—1998）为检测依据。

（二）检验批次的规定

钢筋应按批次进行检查和验收，检验批次的规定如下：

（1）热轧光圆钢筋、热轧带肋钢筋、余热处理钢筋每批由同一牌号、同一炉罐号、同一规格的钢筋组成。每批检验的质量通常不超过 60t。超过 60t 的部分，每增加 40t（或不足 40t 的余数），增加一个拉伸试样和一个弯曲试样。

（2）低碳钢热轧圆盘条、优质碳素钢热轧盘条每批由同一炉号、同一牌号、同一尺寸的盘条组成。

（3）冷轧带肋钢筋每批应由同一牌号、同一外形、同一规格、同一生产工艺和同一交货状态的钢筋组成，每批质量不大于 60t。

（三）钢筋取样方法

钢筋取样时，应从每批钢筋中抽取产品，然后按规范规定的取样方法截取试样。每批钢筋的检测项目的取样方法和数量见表 5-10。

表 5-10　　　　　　　　　　　　钢筋的检验项目、取样方法和数量

钢筋种类	检验项目	取样数量	取样方法	试验方法
低碳钢热轧圆盘条	拉伸	每批 1 个	参照 GB/T 2975—1998	金属材料拉伸试验（室温试验方法）（G/T 228.1—2010）金属材料拉伸试验方法（G/T 232—2010）
	弯曲	每批 2 个	参照 GB/T 2975—1998	
优质碳素钢热轧盘条	拉伸	每批 2 个	参照 GB/T 2975—1998	
	弯曲	每批 1 个	参照 GB/T 2975—1998	
热轧光圆钢筋	拉伸	每批 1 个	任选两根钢筋切去	
	弯曲	每批 2 个	任选两根钢筋切去	
热轧带肋钢筋	拉伸	每批 2 个	任选两根钢筋切去	
	弯曲	每批 2 个	任选两根钢筋切去	
冷轧带肋钢筋	拉伸	每批 1 个	任选两根钢筋切去	
	弯曲	每批 2 个	任选两根钢筋切去	

二、钢筋的拉伸检测

（一）检测依据

钢筋的拉伸检测以《金属材料拉伸试验　第 1 部分：室温试验方法》（GB/T 228.1—2010）为依据。

（二）检验目的

检测钢材的力学性能，评定钢材质量。

（三）仪器设备

（1）试验机：应按照《静力单轴试验机的检验　第 1 部分：拉力和（或）压力试验机测力系统的检验与校准》（GB/T 16825.1—2008）进行检验，并应为 I 级或优于 I 级准确度。

（2）引伸计：应符合《单轴试验用引伸计的标定》（GB/T 12160—2002）的要求。

（3）钢筋打点机或划线机、游标卡尺（精度为 0.1mm）。

（四）检测步骤

1．试样的制作

试样原始标距 L_0 与横截面面积 S_0 有 $L_0 = \kappa \sqrt{S_0}$ 关系者称为比例试样。国际上使用的比例系数 κ 的值为 5.65，原始标距应不小于 15mm。当试样横截面面积太小，以致采用比例系

数 κ 为 5.65 的值不能符合这一最小标距要求时，可以采用较高的值（优先采用 11.3）或采用非比例试样。非比例试样其原始标距（L_0）与原始横截面面积（S_0）无关。

对于直径 $d_0 \geqslant 4mm$ 的钢筋，属于比例试件，原始标距 $L_0 = \kappa \sqrt{S_0}$，其中比例系数 κ 通常取 5.65，也可以取 11.3。对于比例试样，应将原始标距的计算值按《数值修约规则与极限数值的表示和判定》（GB/T 8170—2008）修约至最接近 5mm 的倍数。试件平行长度 $L_c \geqslant L_0 + d_0/2$，对于仲裁试验 $L_c \geqslant L_0 + 2d_0$，钢筋拉伸试件不允许进行车削加工，对未加工试样 L_c 是指夹持部分之间的距离。试件的总长度取决于夹持方法，原则上试件的总长 $L_t \geqslant L_c + 4d_0$。

对于直径 $d_0 < 4mm$ 的钢丝，属于非比例试件，其原始标距 L_0 应取 $200 \pm 2mm$ 或 $100 \pm 1mm$。试验机两夹头之间的试样长度 L_c 应至少等于 $L_0 + 3d_0$，最小值为 $L_0 \pm 20mm$。

试验前将试样原始标距细分为 5mm（推荐）到 10mm 的 N 等份。试样原始标距应用小标记、细划线或细墨线标记，但不得用可能会引起过早断裂的缺口作标记；也可以标记一系列套叠的原始标距；还可以在试样表面划一条平行于试样纵轴的线，并在此线上标记原始标距。

2. 试样原始横截面面积的测定

原始横截面面积 S_0 的测定应精确到 $\pm 1\%$。

对于钢筋（圆形截面）试样，应在标距的两端及中间 3 处，分别在两个相互垂直的方向测量试样的直径，取其算术平均值计算该处的横截面面积。取 3 处横截面面积的平均值作为试样原始横截面面积。

3. 上、下屈服强度的测定

上屈服强度 R_{eH} 可以从力-延伸曲线图或峰值力显示器上测得，定义为力首次下降前的最大力值对应的应力。

下屈服强度 R_{eL} 可以从力-延伸曲线图上测得，定义为不计初始瞬时效应时屈服阶段中的最小力所对应的应力。

对于上、下屈服强度位置判定的基本原则如下：

（1）屈服前的第 1 个峰值应力（第 1 个极大值应力）判为上屈服强度，不管其后的峰值应力比它大或比它小。

（2）屈服阶段中如呈现两个或两个以上的谷值应力，舍去第 1 个谷值应力（第 1 个极小值应力），取其余谷值应力中最小者判为下屈服强度。如只呈现 1 个下降谷，此谷值应力判为下屈服强度。

（3）屈服阶段中呈现屈服平台，平台应力判为下屈服强度；如呈现多个屈服平台而且后者高于前者的屈服平台，判第 1 个平台应力为下屈服强度。

（4）正确的判断结果应是下屈服强度一定低于上屈服强度。

4. 断后伸长率、断裂总延伸率和最大力总延伸率的测定

（1）断后伸长率。

1）为了测定断后伸长率，应将试样断裂的部分仔细地配接在一起，使其轴线处于同一直线上，并采取特别措施确保试样断裂部分适当接触后测量试样断后标距。这对小横截面试样和低伸长率试样尤为重要。

断后伸长率按式（5-2）计算：

$$A = \frac{L_u - L_0}{L_0} \qquad (5-2)$$

式中　A——断后伸长率（％）；

L_0——原始标距，mm；

L_u——断后标距，mm。

对于比例试样，若原始标距不为 $5.65 \sqrt{S_0}$（S_0 为平行长度的原始横截面面积），符号 A 应附以下脚注说明所使用的比例系数（如 $A_{11.3}$ 表示 L_0 为 $11.3 \sqrt{S_0}$ 的断后伸长率）。对于非比例试样，符号 A 应附以下脚注说明所使用的原始标距，以 mm 表示（如 A_{80mm} 表示 L_0 为 80mm 的断后伸长率）。

应使用分辨力足够的量具或测量装置测定断后伸长量（$L_u - L_0$），并准确到 ± 0.25mm。

如规定的最小断后伸长率小于 5％，建议按规范采取特殊方法进行测定。原则上只有断裂处与最接近的标距标记的距离不小于原始标距的 1/3 的情况方为有效。但断后伸长率若大于或等于规定值，不管断裂位置处于何处，测量均为有效。

2）移位法测定断后伸长率。当试样断裂处与最接近的标距标记的距离小于原始标距的 1/3 时，可以使用如下方法。试验前，将原始标距细分为 5mm（推荐）到 10mm 的 N 等份。试验后，以符号 X 表示断裂试样短段的标距标记，以符号 Y 表示断裂试样长段的等分标记，此标记与断裂处的距离最接近于断裂处至标距标记 X 的距离。

如 X 与 Y 之间的分格数为 n，按以下方法测定断后伸长率。

a. 如（$N-n$）为偶数 ［图 5-4（a）］，测量 X 与 Y 之间的距离 L_{XY} 和测量从 Y 至距离为（$N-n$）/2 个分格的 Z 标记之间的距离 L_{YZ}。

按式（5-3）计算断后伸长率：

$$A = \frac{L_{XY} + 2L_{YZ} - L_0}{L_0} \times 100\% \qquad (5-3)$$

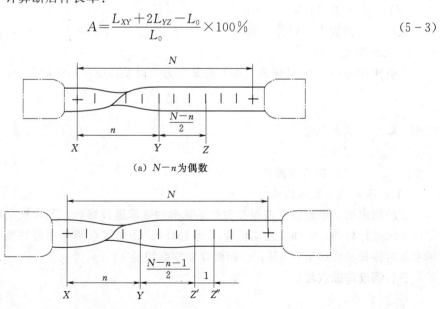

（a）$N-n$ 为偶数

（b）$N-n$ 为奇数

图 5-4　移位方法的图示说明（试样头部形状仅为示意）

b. 如 $(N-n)$ 为奇数 [图 5-4 (b)], 测量 X 与 Y 之间的距离 L_{XY} 和测量从 Y 至距离为 $(N-n-1)/2$ 和 $(N-n+1)/2$ 个分格的 Z' 和 Z'' 标记之间的距离 $L_{YZ'}$ 和 $L_{YZ''}$。

按式 (5-4) 计算断后伸长率:

$$A = \frac{L_{XY} + L_{YZ} - L_0}{L_0} \times 100\% \qquad (5-4)$$

3) 能用引伸计测定断裂延伸的试验机, 引伸计标距应等于试样原始标距, 无需标出试样原始标距的标记。以断裂时的总延伸作为伸长测量时, 为了得到断后伸长率, 应从总延伸中扣除弹性延伸部分。

原则上, 断裂发生在引伸计标距以内方为有效, 但断后伸长率等于或大于规定值时, 不管断裂位置处于何处, 测量均为有效。

(2) 断裂总延伸率。在用引伸计得到的力-延伸曲线图上测定断裂总延伸。断裂总延伸率按式 (5-5) 计算:

$$A_t = \frac{\Delta L_f}{L_e} \times 100\% \qquad (5-5)$$

式中　A_t——断裂总延伸率 (%);

　　　L_e——引伸计标距, mm;

　　　ΔL_f——断裂总延伸, mm。

(3) 最大力总延伸率。在用引伸计得到的力-延伸曲线图上测定最大力总延伸。最大力总延伸率按式 (5-6) 计算:

$$A_{gt} = \frac{\Delta L_m}{L_e} \times 100\% \qquad (5-6)$$

式中　A_{gt}——最大力总延伸率 (%);

　　　L_e——引伸计标距, mm;

　　　ΔL_m——最大力总延伸, mm。

5. 抗拉强度的测定

用引伸计得到的力-延伸曲线图上的最大力除以试样原始横截面面积, 即为抗拉强度。

$$R_m = \frac{F_m}{S_0} \qquad (5-7)$$

式中　R_m——抗拉强度;

　　　F_m——最大力;

　　　S_0——原始横截面面积。

(五) 测定结果数值的修约

试验测定的结果数值应按照相关产品标准的要求进行修约。如未规定具体要求, 应按照以下要求进行修约: ①强度性能值修约至 1MPa; ②屈服点延伸率修约至 0.1%, 其他延伸率和断后伸长率修约至 0.5%; ③断面收缩率修约至 1%。

三、钢筋弯曲试验

(一) 检测依据

《金属材料　弯曲试验方法》(GB/T 232—2010)。

(二) 检验目的

检测钢材的弯曲性能, 评定钢材质量。

（三）仪器设备

应在配备下列弯曲装置之一的试验机或压力机上完成试验。

（1）支辊式弯曲装置。如图5-5所示，支辊长度和弯曲压头的宽度应大于试样宽度或直径。弯曲压头的直径由产品标准规定，支辊和弯曲压头应具有足够的硬度。

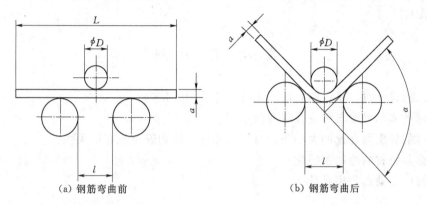

（a）钢筋弯曲前　　　　　　　　　　　（b）钢筋弯曲后

图5-5 支辊式弯曲装置

L—试验钢筋长度；l—支辊间距；D—支辊直径；a—试验钢筋直径；α—弯曲角度

（2）V形模具式弯曲装置。

（3）虎钳式弯曲装置。

（4）翻板式弯曲装置。

除非另有规定，支辊间距离L应按式（5-8）确定：

$$L=(D+3\alpha)\pm0.5\alpha \tag{5-8}$$

此距离在试验期间应保持不变。

（四）检测步骤

1. 试样准备

按钢筋的取样方法（见任务一）进行取样。试样表面不得有划痕和损伤。试样长度应根据钢筋直径和所使用的试验设备确定。

2. 试验方法

按照相关产品标准规定，采用下列方法之一完成试验：

（1）试样弯曲至规定角度的试验。应将试样放置于两支辊上，试样轴线应与弯曲压头轴线垂直，弯曲压头在两支座之间的中点处对试样连续施加力使其弯曲，直至达到规定的弯曲角度。

使用上述方法如不能直接达到规定的弯曲角度，应将试样置于两平行压板之间，连续对两端施压使其进一步弯曲，直到达到规定的弯曲角度。

（2）试样弯曲至两臂相互平行的试验。首先对试样进行初步弯曲，然后将试样置于两平行压板之间，连续施加力压其两端使其进一步弯曲，直至两臂平行。试验时可以加或不加内置垫块，垫块厚度等于规定的弯曲压头直径，除非产品标准中另有规定。

（3）试样弯曲至两臂直接接触的试验。首先对试样进行初步弯曲，然后将试样置于两平行压板之间，连续施加力压其两端使其进一步弯曲，直至两臂直接接触。

（五）检测结果评定

（1）应按相关产品标准的要求评定弯曲试验结果。如未规定具体要求，弯曲试验后不使用放大仪器观察，试样弯曲外表面无可见裂纹应评定为合格。

（2）以相关产品标准规定的弯曲角度作为最小值；若规定弯曲压头直径，以规定的弯曲压头作为最大值。

复 习 思 考 题

1. 钢结构设计时，是以钢材的什么强度作为设计依据？

2. 钢材的实际强度与理论强度有何不同？

3. 钢材的屈服强度比的大小与钢材的可靠性及结构安全性有何关系？

4. 什么是钢材的冷加工强化？

5. 钢材的优缺点分别是什么？

项目六　合成高分子材料与土工合成材料

任务一　合成高分子材料

【学习任务和目标】　掌握工程常用建筑塑料、合成橡胶、聚合物砂浆和混凝土以及化学灌浆材料的特点和用途。理解塑料的组分及其作用。了解高分子聚合物的分类方法。

合成高分子材料是指由人工合成的高分子化合物组成的材料，主要以不饱和的低分子碳氢化合物（单体）为主要成分，含少量氧、氮、硫等，经人工加聚或缩聚而合成的分子量很大的物质，常称为高分子聚合物。高分子聚合物具有密度小、比强度高、耐水性及耐化学腐蚀性强、抗渗性及防水性好、耐磨性强、绝缘性好、易加工等特点，但在环境影响下易发生老化，且具有可燃性，是较为常用的代用材料和改性材料。

一、高分子聚合物的分类

（一）按聚合物合成的方法不同分类

高分子聚合物可以分为加聚聚合物和缩聚聚合物两类。

（1）加聚聚合物是一种或几种含有双键的单体在引发剂或光、热、辐射等作用下，经聚合反应合成的聚合物。其中，用一种单体聚合成的称为均聚物，如聚乙烯、聚苯乙烯等；由两种或两种以上的单体聚合成的称为共聚物，如丁二烯苯乙烯共聚物、醋酸乙烯氯乙烯共聚物等。加聚反应不产生副产物。

（2）缩聚聚合物是由含有两个或两个以上官能团的单体，在催化作用下经化学反应而合成的聚合物。缩聚反应会生成水、酸、氨等副产物。缩聚聚合物品种很多，常以参与反应的单体名称后加"树脂"二字来命名，如酚醛树脂、脲醛树脂等。

（二）按聚合物在热作用下表现出的性质分类

高分子聚合物分为热塑性聚合物和热固性聚合物。

（1）热塑性聚合物是指可反复受热软化、冷却硬化的聚合物，一般是线性分子结构，如聚乙烯、聚氯乙烯等。

（2）热固性聚合物是指经一次受热软化（或熔化）后，在热和催化剂或热和压力作用下发生化学反应而变成坚硬的体型结构，之后再受热也不软化，在强热作用下即分解破坏的聚合物。如环氧树脂、不饱和聚酯树脂、酚醛树脂等。

（三）按聚合物所表现的性状不同分类

高分子聚合物分为合成树脂类、合成橡胶类及合成纤维类等。

二、高分子聚合物在建筑材料中的应用

高分子聚合物主要用于制成塑料、橡胶、合成纤维，还广泛用于制成胶粘剂、涂料及各种功能材料。塑料、橡胶和合成纤维被称为三大合成材料。一般地说，分子链之间吸引力大、链节空间对称性和结晶性高的高分子聚合物，适宜制成纤维和塑料；分子链间吸引力

小、链柔顺性高的高分子聚合物，适宜制成橡胶。有些高分子聚合物，例如聚乙烯、聚氯乙烯、聚乙内酰胺等，既可用于制成塑料，也可用于制成纤维；又如聚丙烯酸甲酯，则可用于制造塑料或橡胶。虽然有些高分子聚合物的化学成分相同，但通过控制生产条件，可以形成不同的结构，使其具有不同的性质，因而也就可以用于制作不同的材料。

（一）塑料

塑料是一种以合成树脂为主要成分，并内含各种助剂，在一定的温度和压力条件下可塑制成一定形状，并在常温下能保持形状不变的材料。

塑料的主要成分是高分子聚合物，占塑料总重量的 $40\% \sim 100\%$，常称为合成树脂或树脂。助剂能在一定程度上改进合成树脂的成型加工性能和使用性能，而不明显地影响合成树脂的分子结构物质。常用的助剂主要有增塑剂、填充剂、稳定剂、润滑剂、固化剂、阻燃剂、着色剂、发泡剂等。

塑料在建筑中有着广泛的应用。塑料可作为装修材料，用于制造门窗、楼梯扶手、踢脚板、隔墙等；可作为装饰材料，如塑料地板、塑料地砖、塑料卷材及塑料墙面材料；可制成涂料，如过氯乙烯溶液涂料、增强涂料等；可作为防水工程材料，如塑料止水带、嵌缝材料、塑料防潮模等；也可制成各种类型的水暖设备，如管道、卫生洁具及隔热隔音材料；还可作为混凝土工程材料及建筑胶粘剂；如塑料模板、聚合物混凝土等。

（二）合成橡胶

合成橡胶是一种在室温下呈高弹状态的高分子聚合物。橡胶经硫化作用后可制成橡皮，橡皮可制成各种橡皮止水材料、橡皮管及轮胎等。橡胶也可作为橡胶涂料的成膜物质，主要用于化工设备防腐及水工钢结构的防护涂料；合成橡胶的胶乳可作为混凝土的一种改性外加剂，以改善混凝土的变形性。工程中常用的橡胶有丁苯橡胶、丁腈橡胶、氯丁橡胶、聚胺基甲酸酯橡胶、乙丙橡胶及三元乙丙橡胶等。

（三）合成纤维

合成纤维是将液态树脂经高压通过喷头喷入稳定液后而得到的一种纤维状产品。合成纤维的线性结构分子中有部分结晶存在，故非常坚韧，具有强度高、变形小、耐磨、耐腐蚀等特点，广泛用于工业及日常生活中，如纤维混凝土用作护坡和反滤等的土工合成材料。工程中常用的合成纤维有尼龙、涤纶纤维、腈纶纤维、维纶纤维、乙纶纤维、氯纶纤维等品种。

三、工程中常用的合成树脂及塑料

（一）聚氯乙烯（PVC）

聚氯乙烯是由氯乙烯单体加聚聚合而得的热塑性线形树脂。经成塑加工后制成聚氯乙烯塑料，具有较高的粘结力和良好的化学稳定性，也有一定的弹性和韧性，但耐热性和大气稳定性较差。

用聚氯乙烯生产的塑料有硬质和软质两种。软质 PVC 有较好的柔韧性和弹性、较大的伸长率和低温韧性，但强度、耐热性、电绝缘性和化学稳定性较低。软质 PVC 可制成塑料止水带、土工膜、气垫薄膜等止水及护面材料；也可挤压成板材、型材和片材作为地面材料和装饰材料；软管可作为混凝土坝施工的塑料拔管，其波纹管常在预应力锚杆中使用。

硬质 PVC 具有良好的耐化学腐蚀性和电绝缘性，且抗拉、抗压、抗弯强度以及冲击韧性都较好，但其柔韧性不如其他塑料。硬质 PVC 常用作房屋建筑中的落水管、给排水管、天沟及塑钢窗和铝塑管；还可用作外墙护面板、中小型水利工程中的塑料闸门等。

聚氯乙烯乳胶可作为各种护面涂料和浸渍材料。也可制成合成纤维，称为氯纶。

PVC制品可以焊接、粘结，也可以机械加工，因此在各领域使用很普遍。

（二）聚乙烯（PE）

聚乙烯是由乙烯加聚得到的聚合物。聚乙烯的特点是强度较高、延伸率较大、耐寒性好、韧性好、无毒、耐腐蚀，常用来作为塑料管、防水工程材料及装饰材料等。聚乙烯按其密度可分为高密度聚乙烯、中密度聚乙烯及低密度聚乙烯3种。其中，高密度的PE具有低温性和水锤击适应性能好的特点，但不易粘结；低密度PE具有良好的热熔连接性能，具有较大的伸长率和较好的耐寒性，价格较便宜，常用于改性沥青。

聚乙烯塑料可制成薄膜，亦可加工成建筑用的板材或管材。

（三）聚苯乙烯（PS）

聚苯乙烯是以苯乙烯为单体制得的聚合物，是合成树脂中最轻的树脂之一，具有耐化学腐蚀性、耐水性和良好的电绝缘性，具有较高的刚性、表面硬度和光泽度，透明性极好。常用作护墙材料、装修材料及装饰涂料等，其主要制品有聚苯乙烯泡沫塑料、光学零件及文具用品。

（四）聚酯树脂（PAK）

聚酯树脂是二元或多元酸与二元或多元醇经缩聚而成的树脂的总称，有饱和聚酯树脂和不饱和聚酯树脂两种，工程中常用不饱和聚酯树脂。聚酯树脂可制成粘结剂以生产聚酯砂浆和聚酯混凝土，作为过水建筑物护面材料，具有较高的硬度及耐磨性；还可制成纤维、橡胶及涂料。聚酯树脂能耐一切化学侵蚀，常与玻璃纤维共制成玻璃钢作为结构材料使用。

（五）环氧树脂（EP）

环氧树脂主要由环氧氯丙烷和酚类（如二酚基丙烷）等缩聚而成，本身不会硬化，使用时必须加入固化剂，经室温放置或加热后才能成为不熔、不溶的固体。环氧树脂广泛用作粘结剂、涂料和用于制成各种增强塑料，如环氧玻璃钢等。

环氧树脂加固化剂固化后脆性较大，常加入增塑剂提高韧性和抗冲击强度。环氧树脂是主要的化学灌浆材料，还可用作装饰材料、卫生洁具和门窗及屋面采光材料。环氧树脂具有较强的抗冲耐磨性，工程中常用于配制抗冲耐磨部位的混凝土或砂浆，但环氧砂浆成本较高、毒性大、施工不便。

（六）呋喃树脂（FR）

呋喃树脂是以糠醇或糠醛等为原料制成的热固性树脂的总称，包括糠醇树脂、糠醛树脂、糠醛丙酮树脂和苯酚糠醛树脂等几种。

呋喃树脂在酸性固化剂作用下，在常温情况下即能固化。呋喃树脂具有不透水性，能耐侵蚀介质及承受拉力荷载的作用，是一种耐火材料，具有较好的粘结力和机械强度，具有很高的电绝缘性和足够的抗冻性，但性能较脆。常用作耐磨蚀涂料、胶粘剂、胶泥和塑料。呋喃树脂涂料常用于木材及混凝土的防腐护面材料，也可用于浸渍混凝土，以提高其抗渗性能。呋喃胶粘剂常用于配制聚合物混凝土和聚合物砂浆，作为防渗抗腐蚀材料，如隧洞衬砌防水或处于侵蚀性介质中的结构防腐。

（七）有机硅树脂（SI）

有机硅树脂是用含三官能团的有机硅单体进行水解缩聚，或用三官能团与双官能团的有机硅单体进行共水解缩聚得到的树脂的总称。有机硅树脂具有较高的耐热和化学稳定性，优良的电绝缘性和非常好的憎水性，同时具有较高的粘结力，低温时抗脆裂性较强，但耐溶剂性较差。常制成胶粘剂、涂料、浸渍剂及耐热和绝缘性较高的塑料。硅胶就是其中的一种胶粘剂。有机硅漆即是以有机硅树脂为主要成膜物质的涂料。

（八）聚醋酸乙烯酯（PVAC）

聚醋酸乙烯酯是醋酸乙烯的聚合物，俗称白乳胶，为无色黏稠状或无色透明球状固体，具有热塑性。聚醋酸乙烯酯具有粘结力强，耐稀酸、稀碱作用的特点，但吸水性强。主要用来配制水性涂料和胶粘剂，也可用于混凝土外掺剂，配制成聚合物水泥混凝土。

（九）聚丙烯酸酯（PAE）

聚丙烯酸酯是丙烯酸酯共聚乳液（简称丙乳），具有优良的粘结、抗裂、防水、防氯离子渗透、防腐、抗冻、耐磨、耐老化性能，并具有无毒、无污染、不燃、不爆、无腐蚀性等优点。主要用于配制丙乳砂浆，作为护面和修补材料，适用性较广。

四、工程中常用的合成橡胶

（一）丁苯橡胶（SBR）

丁苯橡胶由丁二烯与苯乙烯共聚而成，是合成橡胶中应用最广的一种通用橡胶。按苯乙烯占总量中的比例，分为丁苯-10、丁苯-30、丁苯-50等牌号。随着苯乙烯含量增大，硬度、耐磨性增大，弹性降低。丁苯橡胶综合性能较好，强度较高、延伸率大，耐磨性和耐寒性亦较好。

丁苯橡胶是水泥混凝土和沥青混合料常用的改性剂。丁苯橡胶可直接用于拌制聚合物水泥混凝土；也可与乳化沥青共混制成改性沥青乳液，用于道路路面和桥面防水层。丁苯块胶需用溶剂法或胶体磨法将其掺入沥青中。丁苯橡胶对水泥混凝土的强度、抗冲击和耐磨等性能均有改善；对沥青混合料的低温抗裂性有明显提高，对高温稳定性亦有适当改善。

（二）丁腈橡胶（NBR）

丁腈橡胶是丁二烯与丙烯腈经乳液聚合而制得的共聚物。丁腈橡胶呈浅褐色，其耐热性、耐磨性和耐油性较好，耐寒性差。丁腈乳液可与乳化沥青掺合，制成改性沥青乳液。由于其耐寒性差、价格贵，故较少采用。

（三）氯丁橡胶（CR）

氯丁橡胶是以2-氯-1、3-丁二烯为主要原料通过均聚或共聚制得的一种弹性体。氯丁橡胶呈米黄色或浅棕色，具有较高的抗拉强度和相对伸长率，耐磨性好，且耐热、耐寒，硫化后不易变老。由于它的性能较为全面，是一种常用胶种。

氯丁块胶用溶剂法可掺入沥青或氯丁胶乳与乳化沥青共混，均可用于制备路面用沥青混合料，也可作为桥面或高架路面防水层涂料。

（四）乙丙橡胶（EPR）

乙丙橡胶是以乙烯和丙烯为基础单体合成的弹性体共聚物，有二元乙丙橡胶和三元乙丙橡胶。三元乙丙橡胶是乙烯、丙烯和二烯烃的三元共聚物，由于它具有较好的综合力学性能，耐热性和耐老化性能均好，所以是当前较普遍地用来改性沥青的一个胶种。

（五）丁基橡胶（IIR）

丁基橡胶又称异丁橡胶，是由异丁烯与少量异戊二烯共聚而得的共聚物。丁基橡胶是一种无色的弹性体，其生胶具有较好的抗拉强度，较大的延伸率，耐老化性能好，玻璃化温度低且耐热性好。丁基橡胶作为沥青改性剂，可用溶剂法加入，掺量 2% 左右。

五、聚合物混凝土

聚合物混凝土通常分为聚合物胶结混凝土、聚合物水泥混凝土及聚合物浸渍混凝土等 3 类。聚合物水泥混凝土主要用于建筑物的防渗、抗冻及耐磨部位的表层。

（一）聚合物胶结混凝土（PC）

聚合物胶结混凝土是完全以聚合物为胶结材料粘结粗细骨料构成的混凝土，常用的聚合物为各种树脂或单体，所以也称"树脂混凝土"。如环氧砂浆、呋喃混凝土等。树脂混凝土或砂浆都具有较大的抗拉、抗压强度以及抗冲耐磨特点，多用于抗冲磨部位及表层修补。配制环氧系列混凝土常用材料有环氧树脂、固化剂（间苯二胺、乙二胺、酮亚胺等）、聚酯树脂增塑剂或邻苯二甲酸二丁酯增塑剂、稀释剂、催化剂（水）及各种填料（石英砂粉、石棉粉、石子、砂等）。环氧树脂硬化时放出大量热量，一般固化速度较快，施工时边配制边使用。环氧树脂混凝土价格高，一般只用于表层护面。

聚合物胶结混凝土的技术性能主要有以下几个方面。

（1）表观密度小。由于聚合物的密度较水泥的密度小，所以聚合物混凝土的表观密度也较小，通常在 $2000 \sim 2200 kg/m^3$ 之间，如采用轻集料配制混凝土，更能减少结构断面和增大跨度，达到轻质高强的要求。

（2）强度高。聚合物混凝土与水泥混凝土相比较，不论抗压、抗拉或抗折强度都有显著的提高，特别是抗拉和抗折强度尤为突出。

（3）与骨料的粘附性强。由于聚合物与骨料的粘附性强，可采用硬质石料作成混凝土路面抗滑层，提高路面抗滑性。

（4）结构密实。由于聚合物不仅可填充骨料间的空隙，而且可浸填骨料的孔隙，使混凝土的结构密度增大，提高了混凝土的抗渗性、抗冻性和耐久性。

（二）聚合物水泥混凝土（PCC）

聚合物水泥混凝土是以聚合物（或单体）和水泥共同起胶结作用的一种混凝土。它是在拌和混凝土时将聚合物掺入的。

1. 聚合物水泥混凝土的材料

（1）聚合物水泥混凝土的材料要求。聚合物水泥混凝土所用的水泥、砂、石子同普通混凝土，但掺入的聚合物必须满足下列要求：

1）聚合物必须能在水泥的碱性环境条件下成膜，覆盖在水泥颗粒和骨料上，并使水泥基体与骨料形成强有力的粘结。

2）聚合物网络必须具有阻止微裂缝生长的能力。

（2）聚合物种类。

1）聚合物水分散体，即以乳液形式掺入混凝土中的聚合物。

a. 橡胶胶乳。其中有天然橡胶胶乳及合成橡胶胶乳，如氯丁胶乳、丁苯胶乳、丁腈胶乳、聚丁二烯胶乳及甲基丙烯酸甲酯-丁二烯胶乳等。

b. 树脂胶乳。包括热塑性树脂胶乳、热固性树脂胶乳和沥青乳液。热塑性树脂胶乳有聚丙烯酸酯乳液、聚醋酸乙烯酯乳液、聚氯乙烯-偏氯乙烯乳液、乙烯-醋酸乙烯共聚乳液、聚丙烯及聚丙烯酸乙烯酯乳液；热固性树脂胶乳有环氧树脂乳液及不饱和树脂乳液；沥青乳液有煤焦油、沥青橡胶乳液及石蜡乳液。

c. 混合胶乳。即将几种乳液混合使用，如混合橡胶胶乳和混合树脂乳液。

　　2）水溶性聚合物或单体。此类聚合物有纤维素衍生物（甲基纤维素 MC）、聚乙烯醇、聚乙烯酸盐-聚丙烯酸钙、糠醇、脲醛、有机硅、聚丙烯酰胺及三聚氰胺甲醛等。

　　3）粉末状聚合物。此类聚合物有聚乙烯、脂肪醇、聚异丁烯等。

　　此外，还要加入某些辅助外加剂，如稳定剂、抗水剂、促凝剂和消泡剂等。

　　2. 聚合物水泥混凝土的性能

　　（1）聚合物水泥混凝土拌和物的性能。

　　1）减水性能。由于聚合物乳液在生产过程中一般都加入表面活性剂，当加入水泥拌和物后，其和易性得到极大改善，达到相同的流动性时，其用水量显著减少。

　　2）凝结时间。聚合物对水泥的水化过程一般有滞后作用，一般随聚灰比增大，其聚合物砂浆的终凝时间也增加。

　　3）保水性。砂浆、混凝土的保水性是指其保持水分的能力。聚合物水泥混凝土的保水性优于普通砂浆混凝土，且保水性随聚合物掺量增加而增强。

　　此外，聚合物的掺入，对水泥砂浆或水泥混凝土的泌水性及离析现象也有明显的改善效果。

　　（2）聚合物水泥混凝土的力学性能。

　　1）强度。一般聚合物水泥混凝土的抗拉与抗折强度比普通水泥砂浆、混凝土有较显著的增加，但其抗压强度改善不大，甚至有时还会降低。其强度受聚合物品种、掺入量、砂子细度模数、骨料种类、含气量、养护条件等因素的影响较大。一般抗折强度与粘结强度都随聚合物掺量增加而增加。标准养护 28d 后一直处于干燥状态的聚合物水泥砂浆强度随时间增加而增加，如果一直处于水中，则强度有所下降，但降低幅度不大。

　　2）弹性模量与变形。聚合物水泥砂浆的弹性模量随聚合物的掺量增加而降低，但聚合物混凝土的弹性模量随聚合物品种、掺量的不同，有增有减。聚合物水泥混凝土的刚性有所降低，但其抗裂性能得到有效改善。聚合物水泥砂浆的干缩变形随聚合物掺量的增加而明显减小。因此，聚合物水泥混凝土的抗裂性较好，聚合物水泥砂浆的抗裂性能可比普通砂浆提高 10 倍以上，大于聚合物混凝土的提高倍数。

　　3）聚合物水泥砂浆、混凝土的冲击韧性。由于掺加聚合物后，混凝土的脆性降低，柔韧性增加，因而抗冲击能力也有明显的提高。

　　（3）聚合物水泥砂浆、混凝土的耐久性。聚合物水泥砂浆、混凝土的密实性远远优于同灰砂比的普通水泥砂浆、混凝土。研究表明，丙乳砂浆的抗水渗透性比普通水泥砂浆提高 3 倍以上；吸水率显著降低；抗氯离子渗透能力也明显提高。

　　聚合物水泥砂浆具有较好的抗冻性和耐自然环境老化的性能。

　　3. 聚合物水泥混凝土的工程应用

　　聚合物水泥砂浆主要用于建筑物的防渗、抗冻及耐磨部位的表层。此外，我国还将聚合物水泥砂浆用于各种钢筋混凝土建筑物防渗处理、已碳化钢筋混凝土中钢筋的防锈蚀处理、钢筋的防氯盐腐蚀、工业建筑防腐蚀、铺面修补等。

　　（三）聚合物浸渍混凝土（PIC）

　　聚合物浸渍混凝土是用单体或低分子树脂浸入已硬化的混凝土中，再用辐射法或加热法，或同时用两种方法，使单体或树脂在混凝土中聚合而成的。

由于聚合物浸渍充盈了混凝土的毛细管孔和微裂缝所组成孔隙系统，改变了混凝土的孔隙结构，硬化后使得混凝土具有较高的强度，其抗渗性、抗冻性、耐磨及耐腐蚀性能都有很好的改善。以甲基丙烯酸甲酯浸渍混凝土为例，其强度比原混凝土提高 2～4 倍，抗压弹性模量约增长 1 倍，抗弯弹性模量增长 1.5 倍，徐变减少 90%，冲击值和耐磨损能能力增长 1.7 倍，几乎不吸水、不透水。但聚合物浸渍混凝土的抗冲击强度和韧性小，易脆断。聚合物浸渍混凝土的强度提高程度与聚合物的浸渍率、聚合物的种类、混凝土基材质量、在混凝土构件断面上浸渍所占面积、聚合方法等因素有关。

浸渍用的聚合物是液态的，称为浸渍液，它是由有机单体和化学引发剂组成的。对浸渍液的要求是：黏度低、流动性好、毒性低、挥发性小、易渗入硬化体内，并在硬化体内聚合。所形成的聚合物有较高的强度，较好的耐水、耐碱、耐热和耐老化性能。常用聚合物有甲基丙烯酸甲酯、苯乙烯、丙烯腈等乙烯类化合物。此外，也常用丙烯异冰片酯、丙烯酸甲酯、环氧树脂、不饱和聚酯树脂等。所选单体的种类、性能对浸渍后材料硬化体的物理、力学性能及用途、成本等均有较大影响。

浸渍单体在硬化体中聚合的方法，一般有辐射法、加热法和化学法。浸渍单体浸入硬化体的孔隙中，经聚合后可堵塞混凝土的孔隙，增加混凝土的固相，使多孔结构的混凝土成为致密的结构。不管浸渍前混凝土的孔隙分布如何，经浸渍后大孔均能被填塞。虽然聚合物并不能完全封闭混凝土的孔隙，只能起到缩小孔径的作用，但浸渍后的混凝土仅剩极小的孔隙（直径在 $50 \times 10^{-10} \sim 40 \times 10^{-10}$ m 以下）。因此，具有较好的密实性。

六、化学灌浆材料

灌浆是把浆液灌入土壤或岩石地基的缝隙或洞穴中以减少其透水性，提高强度或减小变形，也可用于对混凝土缝隙的处理。灌浆材料有固粒浆材（常用水泥）和化学浆材两类。

（一）化学灌浆材料的特点

化学灌浆材料一般应具有以下特点：

（1）浆液黏度低，可灌性好，能在较低压力下比较容易灌入细微裂隙。

（2）凝胶体具有较好的密实性、防渗性和耐久性。用于补强灌浆的材料，还应具有一定的抗压和抗拉强度；用于混凝土裂缝处理的材料，则必须有良好的粘结强度。

（3）操作工艺性能好。浆液有较长的适用期，便于浆液进入缝隙深处，浆液的胶凝时间容易调节，可以适应不同的灌浆要求。

（4）浆液无毒或低毒，不会造成环境污染。

（二）化学灌浆材料的种类及适用性

化学灌浆材料按灌浆对象分为防渗堵漏材料和补强加固材料两类。水玻璃、木质素类、丙烯酰胺类（丙凝）、丙烯酸盐类、氨基树脂、聚氨酯类（氰凝）等都属于防渗堵漏材料；环氧树脂、丙烯酸酯类（甲凝）和聚酯树脂类等属于补强加固材料。氰凝既可堵漏防渗，也可以作为补强加固材料。

（三）常用化学灌浆材料

1. 甲凝

甲凝是以甲基丙烯酸甲酯为主要成分配制成的一种低黏度液体，可灌性好，能灌入宽 0.05mm 的细微裂缝，在 0.2～0.3MPa 压力下，浆液可渗入混凝土内 4～6cm，起到浸渍作用，其粘结强度较高，但灌浆时不能与水直接接触。

2. 环氧树脂

环氧树脂具有粘结力强、收缩率小及常温固化等特点，但由于自身黏度较大，作为灌浆材料，必须降低其黏度。按加入稀释剂的种类来分，环氧树脂灌浆材料可分为 3 类。

(1) 非活性稀释剂体系。采用丙酮、二甲苯等活性剂稀释环氧树脂。这类浆液配制简单，施工方便，固化过程中放热反应也小。但是，由于掺入大量稀释剂，造成固化物收缩大，物理力学性能下降，粘结力低。

(2) 活性稀释剂体系。可以克服溶剂挥发的缺点，但稀释效果不佳，浆液可灌性受到一定限制。

(3) 糠醛-丙酮稀释体系。目前用糠醛-丙酮作为混合稀释剂的环氧树脂浆液应用较多，由于糠醛和丙酮在一定条件下能进一步树脂化，从而改善了固化物的结构，使其具有更大的密实性。

环氧树脂虽然性能优越，但在保持原有优良性能的前提下，进一步降低浆液黏度是有困难的。虽然采用糠醛-丙酮体系可以稀释，但浆液黏度增长快，适用期较短，扩散范围小，因而限制了环氧树脂的应用。

3. 氰凝

聚氨酯类（氰凝）灌浆材料发展较快，品种较多，但只有非水溶性聚氨酯才适合作补强加固材料使用。通常先将多异氰酸酯和多羟基化合物先预聚成低聚物，再配以稀释剂、表面活性剂、催化剂等成分组成。

聚氨酯灌浆材料遇水后立即反应，黏度逐渐增加，生成不溶于水的凝固体。在固化时不仅会发生体积膨胀，提高浆体在裂缝中的充填率，而且产生其他化学浆液所没有的次渗透现象，具有较大的渗透半径。因此，可用于湿缝甚至渗水缝的堵漏灌浆，但由于稀释剂的逸出而造成后期体积收缩。经过一段时间还会出现渗漏现象，作为补强加固灌浆使用，效果不甚满意。

氰凝多用于混凝土缝及岩石裂缝的漏水处理、地基加固及水管堵漏等。

4. 丙凝

丙凝是丙烯酰胺浆液，它是以丙烯酰胺为主剂，辅以其他药剂配制成的浆液。其浆液黏度低，与水接近。在凝结前黏度一直不变，由液体变成胶体是瞬间发生的，其凝结时间可以调整，由几秒到几小时之间。其强度不高，但稳定性好，常用于岩基及大坝的堵漏防渗，可灌入宽度 0.1mm 以下的裂缝中。

丙凝主要成分有丙烯酰胺、二甲基双丙烯酰胺、β-二甲胺基丙腈、水及过硫酸铵等。

5. 丙强

丙强是丙烯酰胺类化学灌浆材料，它是以脲醛树脂、丙烯酰胺及甲撑双丙烯酰胺为主要材料，辅以硫酸及过硫酸铵配制成的浆液。它是在丙凝灌浆的基础上发展起来的补强加固灌浆材料，强度比丙凝高，黏度比丙凝大。主要用于防渗帷幕灌浆及固结灌浆。

任务二　土工合成材料

【学习任务和目标】 了解常用土工合成材料的种类、技术性质及应用。掌握工程常用土工合成材料的功能和用途。理解土工合成材料的主要性能。了解土工合成材料的储存与发展。

一、土工合成材料的种类

我国《土工合成材料应用技术规范》（GB 50290—1998）将土工合成材料分为土工织物、土工膜、土工复合材料和土工特种材料四大类。

（一）土工织物

土工织物又称土工布，它是由聚合物纤维制成的透水性土工合成材料。按制造方法不同，土工织物可分织造型（有纺）土工织物与非织造型（无纺）土工织物两大类。

1. 织造型土工织物

（1）结构。织造型土工织物又称为有纺土工织物。它是由单丝或多丝织成的，或由薄膜形成的扁丝编织成的布状卷材。其制造工序是先将聚合物原材料加工成丝、纱、带，再借织机织成平面结构的布状产品。织造时有相互垂直的两组平行丝，如图6-1所示。沿织机（长）方向的称经丝，横过织机（宽）方向的称纬丝。

单丝的典型直径为0.5mm，它是将聚合物热熔后从模具中挤压出来的连续长丝。多丝是由若干根单丝组成的，在制造高强度土工织物时常采用多丝。扁丝是由聚合物薄片经利刀切成的薄条，在切片前后都要牵引拉伸以提高其强度，宽度约为3mm，是其厚度的10～20倍。目前，大多数编织土工织物是由扁丝织成的，而圆丝和扁丝结合成的织物有较高的渗透性，如图6-2所示。

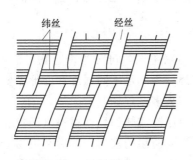

图6-1 土工织物的经、纬丝

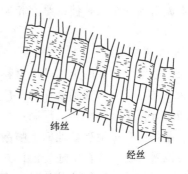

图6-2 圆丝和扁丝织成的织物

（2）织造型式。织造型土工织物有3种基本的织造型式：平纹、斜纹和缎纹。①平纹是最简单、应用最多的织法，其形式是经、纬纹一上一下，如图6-1和图6-2所示。②斜纹是经丝跳越几根纬丝，最简单的形式是经丝二下一上，如图6-3所示。缎纹是经丝和纬丝长距离地跳越，如经丝五上一下，这种织法适用于衣料类产品。

（3）各产品的特性。不同的丝和纱以及不同的织法，织成的产品具有不同的特性。平纹织物有明显的各向异性，其经、纬向的摩擦系数也不一样；圆丝织物的渗透性一般

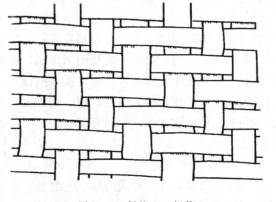

图6-3 斜纹土工织物

比扁丝的高，每百米长的经丝间穿越的纬丝越多，织物越密越强，渗透性越低。单丝的表面积较多丝的小，其防止生物淤堵的性能好。聚丙烯的老化速度比聚酯和聚乙烯的要快。由此可见，可以借助调整丝（纱）的材质、品种和织造方式等来得到符合工程要求的强度、经纬强度比、摩擦系数、等效孔径和耐久性等项指标。

2. 非织造型土工织物

非织造型土工织物又称无纺土工织物，是由短纤维或喷丝长纤维按随机排列制成的絮垫，经热黏合，或化学黏合，或机械缠合而成的布状卷材。

（1）热黏合。热黏合是将纤维在传送带上成网，让其通过两个反向转动的热辊之间热压，纤维网受热达到一定温度后，部分纤维软化熔融，互相粘连，冷却后得到固化。这种方法主要用于生产薄型土工织物，厚度一般为 0.5～1.0mm。由于纤维是随机分布的，织物中形成无数大小不一的开孔，又无经纬丝之分，故其强度的各向异性不明显。

（2）化学黏合。化学黏合是通过不同工艺将黏合剂均匀地施加到纤维网中，待黏合剂固化，纤维之间便互相粘连，使网得以加固，厚度可达 3mm。常用的黏合剂有聚烯酯、聚酯乙烯等。

（3）机械缠合。机械缠合是以不同的机械工具将纤维加固。机械缠合有针刺法和水刺法两种。针刺法利用装在针刺机底板上的许多截面为三角形或菱形且侧面有钩刺的针，由机器带动，做上下往复运动，让网内的纤维互相缠结，从而织网得以加固。产品厚度一般在 1mm 以上，孔隙率高，渗透性大，反滤、排水性能好，在工程中应用很广。水刺法是利用高压喷射水流射入纤维网，使纤维互相缠结加固。产品柔软，主要用于卫生用品，工程中尚未应用。

（二）土工膜

土工膜是透水性极低的土工合成材料。根据原材料不同，可分为聚合物和沥青两大类。按制作方法不同，可分为现场制作和工厂预制两大类。为满足不同强度和变形需要，又有加筋和不加筋之分。聚合物膜在工厂制造，而沥青膜则大多在现场制造。

现场制造是指在工地现场地面上喷涂一层或敷一层冷或热的黏性材料（沥青和弹性材料混合物或其他聚合物）或在工地先铺设一层织物在需要防渗的表面，然后在织物上喷涂一层热的黏性材料，使透水性低的黏性材料浸在织物的表面，形成整体性的防渗薄膜。

工厂制造是采用高分子聚合物、弹性材料或低分子量的材料通过挤出、压延或加涂料等工艺过程所制成的，是一种均质薄膜。挤出是将熔化的聚合物通过模具制成土工膜，厚 0.25～4.0mm。压延是将热塑性聚合物通过热辊压成土工膜，厚 0.25～2.0mm。加涂料是将聚合物均匀涂在纸片上，待冷却后将土工膜揭下来而成的。

制造土工膜时，掺入一定量的添加剂，可使其在不改变材料基本特性的情况下，改善某些性能和降低成本。如掺入炭黑可提高抗日光紫外线能力，延缓老化；掺入滑石等润滑剂可改善材料可操作性；掺入铅盐、钡、钙等衍生物可提高材料的抗热、抗光照稳定性；掺入杀菌剂可防止细菌破坏等。在沥青类土工膜中，掺入填料（如细矿粉）或纤维，可提高土工膜的强度。

（三）土工复合材料

土工复合材料是两种或两种以上的土工合成材料组合在一起的制品。这类制品将各种组合料的特性相结合，以满足工程的特定需要。

1. 复合土工膜

复合土工膜是将土工膜和土工织物（包括织造型和非织造型）复合在一起的产品。应用较多的是非织造针刺土工织物，其单位面积质量一般为 $200\sim1500\text{g/m}^2$。复合土工膜在工厂制造时有两种方法：①将织物和膜共同压成；②在织物上涂抹聚合物以形成二层（一布一膜）、三层（二布一膜）、五层（三布二膜）的复合土工膜。

复合土工膜具有许多优点，如以织造型土工织物复合，可以对土工膜加筋，保护不受运输或施工期间的外力损坏；以非织造型织物复合，可以对土工膜起加筋、保护、排水排气作用，提高膜的摩擦系数，在水利工程和交通隧洞工程中有广泛的应用。

2. 塑料排水带

塑料排水带是由不同凹凸截面形状并形成连续排水槽的带状心材，外包非织造土工织物（滤膜）构成的排水材料。心板的原材料为聚丙烯、聚乙烯或聚氯乙烯。心板截面形式有城垛式、口琴式和乳头式，如图 6-4 所示。

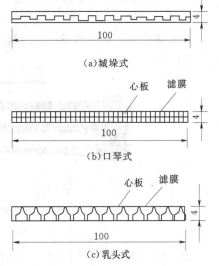

（a）城垛式

（b）口琴式

（c）乳头式

图 6-4 塑料排水带断面（单位：mm）

心板起骨架作用，截面形成的纵向沟槽供通水之用，而滤膜多为涤纶无纺织物，作用是滤土、透水。塑料排水带的宽度一般为 100mm，厚度为 $3.5\sim4$mm，每卷长 $100\sim200$m，单位质量为 0.125kg/m。排水带在公路、码头、水闸等软基加固工程中应用广泛。

3. 软式排水管

软式排水管又称为渗水软管，是由高强度钢丝圈作为支撑体及具有反滤、透水、保护作用的管壁包裹材料两部分构成的，如图 6-5 所示。

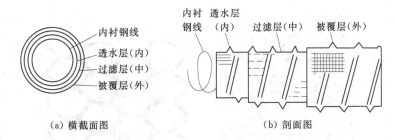

（a）横截面图

（b）剖面图

图 6-5 软式排水管构造示意图

高强钢丝由钢线经磷酸防锈处理，外包一层 PVC 材料，使其与空气、水隔绝，避免氧化生锈。包裹材料有三层：内层为透水层，由高强度尼龙纱作为经纱，特殊材料由纬纱制成；中层为非织造土工织物过滤层；外层为与内层材料相同的覆盖层。在支撑体和管壁外裹材料间、外裹各层之间都采用了强力黏结剂黏合牢固，以确保软式排水管的复合整体性。目前，管径有 50.1mm、80.4mm 和 98.3mm，相应的通水量（坡降 $i=1/250$）为 $45.7\text{cm}^3/\text{s}$、$162.7\text{cm}^3/\text{s}$、$311.4\text{cm}^3/\text{s}$。

软式排水管兼有硬水管的耐压与耐久性能，又有软水管的柔软和轻便特点，过滤性强，排水性好，可用于各种排水工程中。

（四）土工特种材料

土工特种材料是为工程特定需要而生产的产品。常见的有以下几种。

1. 土工格栅

土工格栅是在聚丙烯或高密度聚乙烯板材上先冲孔，然后进行拉伸而成的带长方形孔的板材，如图 6-6 所示。

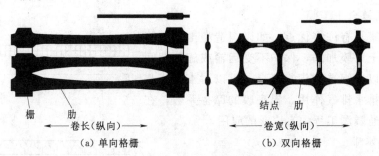

图 6-6 土工格栅示意图

（a）单向格栅　　　　　（b）双向格栅

加热拉伸是让材料中的高分子定向排列，以获得较高的抗拉强度和较低的延伸率。按拉伸方向不同，可分为单向拉伸（孔近矩形）和双向拉伸（孔近方形）两种。单向拉伸在拉伸方向上皆有较高强度。

土工格栅强度高、延伸率低，是加筋的好材料。土工格栅埋在土内，与周围土之间不仅有摩擦作用，而且由于土石料嵌入其开孔中，还有较高的啮合力，它与土的摩擦系数高达 0.8～1.0。

2. 土工网

土工网是由聚合物经挤塑成网，或由粗股条编织，或由合成树脂压制成的具有较大孔眼和一定刚度的平面结构网状材料，如图 6-7 所示。网孔尺寸、形状、厚度和制造方法不同，其性能也有很大差异。一般而言，土工网的抗拉强度都较低，延伸率较高。这类产品常用于坡面防护、植草、软基加固垫层或用于制造复合排水材料。

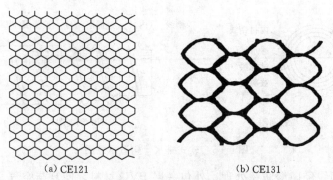

（a）CE121　　　　　（b）CE131

图 6-7 土工网示意图

3. 土工模袋

土工模袋是由上、下两层土工织物制成的大面积连续袋状材料，袋内充填混凝土或水泥砂浆，凝固后形成整体混凝土板，可用作护坡。模袋上、下两层之间用一定长度的尼龙绳来保持其间隔，可以控制填充时的厚度。浇灌在现场用高压泵进行。混凝土或砂浆注入模袋后，多余水量可从织物孔隙中排走，故而降低了水分，加快了凝固速度，提高了强度。

按加工工艺不同，模袋可分为机织模袋和简易模袋两类。前者是由工厂生产的定型产品，而后者是用手工缝制而成的。

4. 土工格室

土工格室是由强化的高密度聚乙烯宽带，每隔一定间距以强力焊接而形成的网状格室结构。典型条带宽 100mm、厚 1.2mm，每隔 300mm 进行焊接。闭合和张开时的形状如图 6-8 所示。格室张开后，可填土料，由于格室对土的侧向位移的限制，可大大提高土体的刚度和强度。土工格室可用于处理软弱地基，增大其承载力，沙漠地带可用于固沙，还可用于护坡等。

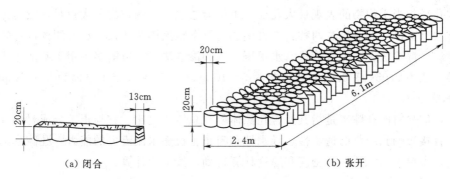

(a) 闭合　　　　　　　　　　　　　　(b) 张开

图 6-8　土工格室示意图

5. 土工管、土工包

（1）土工管是用经防老化处理的高强度土工织物制成的大型管袋及包裹体，可有效地护岸和用于崩岸抢险，或利用其堆筑堤防。

（2）土工包是将大面积高强度的土工织物摊铺在可开底的空驳船内，充填 $200\sim800m^3$ 料物将织物包裹闭合，运送沉放到预定位置。在国外，该技术主要用于环境保护。

6. 聚苯乙烯板块

聚苯乙烯板块又称泡沫塑料，是以聚苯乙烯为原料，加入发泡剂制成的。其特点是质量轻、导热系数低、吸水率小、有一定抗压强度。由于其质量轻，可用它代替土料，填筑桥端的引堤，解决桥头跳车问题。其导热系数低，在寒冷地带，可用该材料板块防止结构物冻害，如在挡墙背面或闸底板下，放置泡沫塑料以防止冻胀等。

7. 土工合成材料黏土垫层

土工合成材料黏土垫层是由两层或多层土工织物（或土工膜）中间夹一层膨润土粉末（或其他低渗透性材料）以针刺（缝合或黏结）而成的一种复合材料。其优点是体积小、质量轻、柔性好、密封性良好、抗剪强度较高、施工简便、适应不均匀沉降，比压实黏土垫层具有无比的优越性，可代替一般的黏土密封层，用于水利或土木工程中的防渗或密封设计。

二、土工合成材料的技术性能

土工合成材料广泛应用于水利和岩土工程的各个领域。不同的工程对材料有不同的功能要求，并因此而选择不同类型和不同品种的土工合成材料。根据国家有关规范、规程，土工合成材料的技术性能大体可分为物理性能、力学性能、水力性能、土工织物与土相互作用及耐久性等。

（一）物理性能

1. 单位面积质量

单位面积质量，是指每平方米土工合成材料的质量，单位为 g/m^2。它是土工合成材料的一个重要指标，土工合成材料的单价与其大致成正比，强度也随单位面积质量的增大而增大。因此，在选用产品时单位面积质量是必须考虑的技术经济指标。

2. 厚度

土工合成材料的厚度是指在承受一定压力（2kPa）的情况下，土工合成材料的实际厚度，单位为mm。土工织物的厚度在承受压力时变化很大，并随加压持续时间的延长而减小。不同类型土工织物的压缩量差别很大，其中针刺非织造型土工织物的压缩量最大。

3. 等效孔径（表观孔径）

等效孔径相当于织物的表观最大孔径，也是能通过的土颗粒的最大粒径。测定土工织物孔径的方法有直接法和间接法两种：①直接法有显微镜测读法和投影放大测读法；②间接法包括干筛法、湿筛法、动力水筛法、水银压入法和渗透法等。目前多采用干筛法。土工织物等效孔径一般为0.05～1.0mm；土工垫为5～10mm；土工网及土工格栅为5～100mm。

4. 孔隙率

土工合成材料的孔隙率是指其所含孔隙体积与总体积之比。它与土工合成材料孔径的大小有关，直接影响到织物的透水性、导水性和阻止土粒随水流流失的能力。孔隙率的大小不直接测定，由单位面积质量、密度和厚度计算得到，按下式计算：

$$n_p = \left(1 - \frac{G}{\rho\delta}\right) \times 100\% \qquad\qquad (6-1)$$

式中　n_p——孔隙率（%）；

　　　G——单位面积质量，g/m^2；

　　　ρ——无纺织物原材料密度，g/m^3；

　　　δ——无纺织物的厚度，m。

无纺织物在不受压力的情况下，其孔隙率一般在90%以上，随着压力的增大，孔隙率减小。

（二）力学性能

1. 抗拉强度及延伸率

（1）土工合成材料的抗拉强度是指试样在拉力机上拉伸至断裂时，单位宽度所承受的最大拉力，其单位为kN/m。抗拉强度是最基本的力学性能指标，在各种功能的应用中对抗拉强度都有一定的要求。

（2）延伸率是试样拉伸时对应最大拉力时的应变，是指试样长度的增加值与试样初始长度的比值，以百分数（%）表示。

2. 握持强度

握持强度是表示土工织物分散集中荷载的能力。其测试方法与抗拉强度基本相同，只是试验时仅1/3试样宽度被夹持，故该指标除反映抗拉强度的影响外，还与握持点相邻纤维提供的附加强度有关。拉伸速率为100mm/min。试样破坏过程中出现的最大拉力，即为握持强度，单位为kN。握持强度试验如图6-9所示。

3. 撕裂强度

撕裂强度是指沿土工织物某一裂口将裂口逐步扩大过程中的最大拉力，单位为kN。测定撕裂强度的测试方法是将梯形轮廓画在试样上，如图6-10（a）所示，并预先剪出15mm长的裂口，然后沿梯形的两个腰夹在拉力机的夹具中，如图6-10（b）所示。拉伸速度为

100mm/min，使裂口扩展到整个试样宽度，撕裂过程的最大拉力即为撕裂强度。

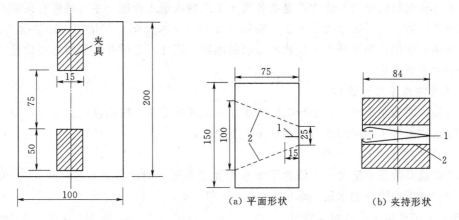

图 6-9 握持强度试验（单位：mm）　　图 6-10 撕裂强度梯形试验（单位：mm）

1—切缝；2—夹持线

4. 胀破强度、圆球顶破强度、CBR 顶破强度、刺破强度

胀破强度、圆球顶破强度、CBR 顶破强度、刺破强度这 4 个强度的试验均表示土工织物抵抗外部冲击荷载的能力，其共同特点是试样均为圆形，用环形夹具将试样夹住，所不同的是试样尺寸、加荷方式不同。试验装置如图 6-11 所示。不同的试验装置模拟工程中土工织物受到的荷载作用情况。

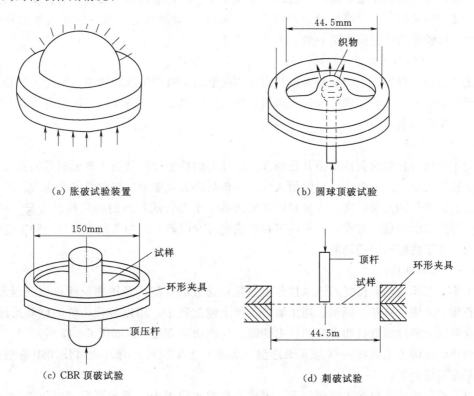

图 6-11 胀（顶、刺）破试验装置

（三）水力性能

土工合成材料的水力性能主要是指各类土工织物的透水性能。主要指标有孔隙率、等效孔径和渗透系数，这些因素决定了土工织物在反滤、排水及防止淤堵等方面的能力。目前，以保土和透水作用作为选择土工织物反滤层的准则。因此，等效孔径和渗透系数是反滤和排水功能中的重要指标。

1. 垂直渗透系数和透水率

垂直渗透系数是水流垂直于土工织物平面水力梯度等于 1 时的渗透流速，单位为 cm/s。透水率是水位差等于 1 时的渗透速率，单位为 cm/s。

2. 水平渗透系数和导水率

水平渗透系数是水流沿土工织物平面水力梯度等于 1 时的渗透流速，单位为 cm/s。导水率是单位宽度内输导的水量，单位为 cm^2/s。

（四）土工织物与土的相互作用

土工织物应用于岩土工程，其与土的相互作用最重要的性质有两个：①土工织物被土颗粒淤堵的特性；②土工织物与土的界面摩擦特性。

1. 土工织物被土颗粒淤堵的特性

土工织物用作滤层时，水从被保护的土流过织物，水中颗粒可能封闭织物表面的孔口或堵塞在织物内部，产生淤堵现象，渗透流量逐渐减少。同时，在织物上产生过大的渗透力，严重的淤堵会使滤层失去作用。

目前，还没有防止淤堵的设计公式，也没有统一的标准说明淤堵容许的程度，只有通过长期淤堵试验来判断。淤堵试验历时达 500～1000h，观测渗透流量（或渗透系数）随时间的变化，检验是否能稳定在某一数值上。

2. 土工织物与土的界面摩擦特性

土工织物与周围的土产生相对位移时，在接触面上将产生摩擦阻力，使土工织物承受拉力，形成加筋土。工程实例有加筋土挡墙、堤基加筋垫层等。按实验方法可分为直剪摩擦系数和拉拔摩擦系数。

（五）耐久性

土工合成材料的耐久性是指其物理和化学性能的稳定性，是土工合成材料能否应用于永久性工程的关键。土工合成材料的耐久性主要包括抗老化能力、抗化学侵蚀能力、抗生物侵蚀能力、抗磨损能力及温度、水分和冻融的影响。土工合成材料的耐久性没有统一的指标，也没有可遵循的规范、规程，一般按工程要求进行专门研究或参考已有工程经验来选取。

三、土工合成材料的功能

（一）反滤功能

由于土工织物具有良好的透水性和阻止颗粒通过的性能，是用作反滤设施的理想材料。在土石坝、土堤、路基、涵闸、挡土墙等各种土建工程中，用以替代传统的砂砾反滤设施，可以获得巨大的经济效益和良好的技术性能。反滤功能应用示意如图 6－12 所示。

用作反滤的土工织物一般是非织造型（无纺）土工织物，有时也可使用织造型土工织物，基本要求如下：

（1）被保护的土料在水流作用下，土粒不得被水流带走，即需要有"保土性"，以便防止管涌发生。

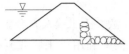 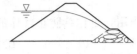 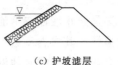

| (a) 堤内排水滤层 | (b) 土石坝下游堆石棱体
上游侧的滤层 | (c) 护坡滤层 |

图 6-12 反滤功能应用示意图

（2）水流必须能顺畅通过织物平面，即需要有"透水性"，以防止积水产生过高的渗透压力。

（3）织物孔径不能被水流挟带的土粒所阻塞，即要有"防堵性"，以避免反滤作用失效。

（二）排水功能

一定厚度的土工织物或土工席垫，具有良好的垂直和水平透水性能，可用作排水设施，有效地把土体中的水分汇集后予以排出。如在堤坝工程中用以降低浸润线位置，控制渗透变形；土坡排水，减少孔隙压力，防止土坡失稳；软土地基排水，加速土固结，提高地基承载能力；挡墙背面排水，以减少压力，提高墙体稳定性等。排水功能应用示意如图 6-13 所示。土工织物用作排水时兼起反滤作用，除满足反滤的基本要求外，织物还应有足够的平面排水能力以导走来水。

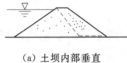 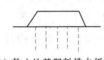

| (a) 土坝内部垂直
和水平排水 | (b) 软土地基塑料排水板
的垂直排水 | (c) 渠道防渗土工膜下
的织物排水 |

图 6-13 排水功能应用示意图

（三）隔离功能

隔离是将土工合成材料放置在两种不同材料之间或两种不同土体之间，使其不互相混杂。如将碎石和细粒土隔离、软土和填土之间隔离等。隔离可以产生很好的工程技术效果，当结构承受外部荷载作用时，隔离作用使材料不致互相混杂或流失，从而保持其整体结构和功能。如土石坝、堤防、公路等不同材料的各界面之间的分隔层；在冻胀性土中，用以切断毛细水流以消减土的冻胀和上层土融化而引起的沉陷或翻浆现象，防止粗粒材料陷入软弱路基和防止开裂反射到表面的作用等。隔离功能应用示意如图 6-14 所示。

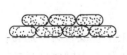  

| (a) 土石坝 | (b) 公路 | (c) 堤防 |

图 6-14 隔离功能应用示意图

选用隔离的土工合成材料应以它们在工程中的用途来确定，应用最多的是有纺土工织物。如果对材料的强度要求较高，可以土工网或土工格栅作材料的垫层，当要求隔离防渗时，用土工膜或复合土工膜。用于隔离的材料必须具有足够的抗顶破能力和抗刺破的能力。

（四）防渗功能

防渗是防止液体渗透流失的作用，也包括防止气体的挥发扩散。土工膜及复合土工膜防渗性能很好，其渗透系数一般为 $10^{-15}\sim10^{-11}\,\mathrm{cm/s}$，在水利工程中利用土工膜或复合土工膜，可有效防止水或其他液体的渗漏。如堤坝的防渗斜墙或心墙，透水地基上堤坝的水平防渗铺盖和垂直防渗墙，混凝土坝、圬工坝及碾压混凝土坝的防渗体，渠道和蓄水池的衬砌防渗，涵闸、海漫与护坦的防渗，隧洞和堤坝内埋管的防渗，施工围堰的防渗等。防渗功能应用示意如图 6-15 所示。

（a）防渗斜墙　　　（b）水闸上游护坦及护坡防渗　　　（c）渠道防渗

图 6-15　防渗功能应用示意图

土工膜防渗效果好，质量轻，运输方便，施工简单，造价低，为保证土工膜发挥其应有的防渗作用，应注意以下几点：

（1）土工膜材质选择。土工膜的原材料有多种，应根据当地气候条件进行适当选择。如在寒冷地带，应考虑土工膜在低温下是否会变脆破坏，是否会影响焊接质量；土和水中的某些化学成分会不会给膜材或粘结剂带来不良作用等。

（2）排水、排气问题。铺设土工膜后，由于种种原因，膜下有可能积气、积水，如不将它们排走，可能因受顶托而破坏。

（3）表面防护。聚合物制成的土工膜容易因日光紫外线照射而降解或破坏，故在储存、运输和施工等各个环节，必须注意封盖遮阳。

（五）防护功能

防护功能是指土工合成材料及由土工合成材料为主体构成的结构或构件对土体起到的防护作用。如把拼成大片的土工织物或者是用土工合成材料做成土工膜袋、土枕、石笼或各种排体铺设在需要保护的岸坡、堤脚及其他需要保护的地方，用以抵抗水流及波浪的冲刷和侵蚀；将土工织物置于两种材料之间，当一种材料受力时，它可使另一种材料免遭破坏。水利工程中利用土工合成材料的常见防护工程有：江河湖泊岸坡防护、水库岸坡防护、水道护底和水下防护、渠道和水池护坡；水闸护底、岸坡防冲植被；水闸、挡墙等防冻胀措施等。用于防护的土工织物应符合反滤准则和具有一定的强度。

（六）加筋功能

加筋是将具有高拉伸强度、拉伸模量和表面摩擦系数较大的土工合成材料（筋材）埋入土体中，通过筋材与周围土体界面间摩擦阻力的应力传递，约束土体受力时侧向位移，从而提高土体的承载力或结构的稳定性。用于加筋的土工合成材料有织造土工织物、土工带、土工网和土工格栅等，较多地应用于软土地基加固、堤坝陡坡、挡土墙等。加筋功能应用示意如图 6-16 所示。用于加筋的土工合成材料与土之间结合力良好，蠕变性较低。目前，土工格栅最为理想。

以上 6 种功能的划分是为了说明土工合成材料在实际应用中所起的主要作用。事实上，在实际应用中，一种土工合成材料往往同时发挥多种功能，例如反滤和排水，隔离和防冲、

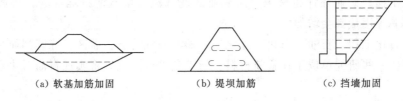

| （a）软基加筋加固 | （b）堤坝加筋 | （c）挡墙加固 |

图 6-16　加筋功能应用示意图

防渗、防护等，不能截然分开。此外，有的土工合成材料还具有减荷功能，如利用泡沫塑料质量轻、变形大的特点，用以替代工程结构中某些部位的填土，可大幅度减少其荷载强度和填土产生的压力；有的土工合成材料具有很好的隔离、保温性能，在严寒地区修建大型渠道和道路工程时，可使用这类土工合成材料作为渠道保温衬砌和道路隔离层。

四、土工合成材料的储存保管及行业发展前景

（一）土工合成材料的储存保管

土工合成材料是以高分子聚合物为原料的化纤产品，在阳光照射下易发生强度降低的现象，即老化。除在加工制造时采取防老化的措施外，在采购、运输、储存与保管等环节中都应注意保护，使其老化速度尽可能降低。

土工合成材料在采购时，要严格按设计要求的各项技术指标选购，如物理性能指标、力学性能指标、水力学性能指标、耐久性指标等都要符合设计标准。运送时材料不得受阳光的照射，要有篷盖或包装，并避免机械性损伤，如刺破、撕裂等。材料存放在仓库时，要注意防鼠，按用途分别存放，并标明进货时间、有效期、材料的型号、性能特征和主要用途，存放期不得超过产品的有效期限。产品在工地存放时应避免阳光的照射及苇根植物的穿透破坏，应搭设临时存放遮棚，当种类较多、用途不一时，应分别存放，标明性能指标和用途等。存放时还要注意防火。

（二）土工合成材料的行业发展前景

随着全球经济回暖，海外项目逐步增加、产品出口不断增长，国内越来越多关系环境、民生的基础工程将开工建设，土工合成材料的应用领域、范围和品种也在不断增加，涉及的领域主要有：

（1）水利工程。南水北调支线工程量不比主线少，主要是水库和渠道；打造水生态文明城市，水系联网成片，投资量大、面广，为保证饮水安全，国家规定县以上城市必须建第二水源，也因此将迎来水库建设高峰；美丽农村、美丽中国建设要求打造河道湿地绿色长廊，实施柔性护坡，将大量应用模袋、石笼、抗冲刷绿化毯等柔性护坡新材料，病险水库改造也是一个不小的市场。

（2）交通工程。高铁仍投资巨大，京沈、蒙西等大线开工建设，三十多个城市的地铁、轻轨续建和新开工；高速公路进入拓宽和修复期，西部新建增加，材料用量将大量增加；目前，我国省道、国道近 50 万 km，每年需要维修的里程约 7 万 km，再加上新建工程将使得公路工程成为土工合成材料的最大应用领域之一。

（3）环保工程。新建垃圾填埋场增加，已建垃圾填埋场陆续到了封场期和续建期，而且填埋过程中要除臭覆盖，同时餐厅垃圾、建筑垃圾、医疗垃圾、饲养垃圾等大都要求填埋，将成倍增加用量；还有污水处理、沼气池、危险废弃物等处理。

（4）矿业工程。矿业环评越来越严，矿业的洗选池、堆浸池、堆灰场、溶解池、沉淀池、堆场、尾矿等用量都会增加。

（5）石油石化工程。石油、石化、煤化工、输油输气管道、灌区、炼区都面临着严峻的防渗课题。国内一些研究单位正在就新材料、新工艺进行研究，将实现石油石化系统有害水零渗漏。

（6）市政园林工程。地下工程、屋顶储水及花园、人工湖、景观湖等。

（7）水产养殖工程。鱼塘、虾池、海参圈、畜牧业等。

（8）围海工程。围海造田、港口、码头、机场等。

（9）盐业。盐场结晶池，输卤渠道等。

（10）农业。土壤修复、生态环境、防鸟防虫等。

国家政策及应用领域的不断拓宽为我们提供了越来越大的市场。

复 习 思 考 题

1. 常用的合成高分子材料有哪些？各有何特点？

2. 工程中常用的合成树脂、合成橡胶有哪些？各有何特点？

3. 聚合物混凝土有哪些特点？

4. 化学灌浆材料有哪些特点？

5. 土工合成材料有什么优越性？

6. 土工合成材料有哪些种类？各有什么特点？

7. 土工合成材料的水力性能有哪些？分别怎么计算？

8. 防止土工合成材料老化的措施有哪些？

9. 在下列工程中，各选用何种土工合成材料？

（1）堤坝黏土斜墙和黏土心墙的反滤层。

（2）土堤下游坡的排水层。

（3）堤坝排水体与坝体的隔离层。

（4）透水地基上堤坝的水平防渗铺盖和垂直防渗墙。

（5）水闸护底。

（6）堤坝边坡加筋。

项目七 沥青、防水材料、水工沥青混凝土

任务一 沥青基础知识

【学习任务和目标】 介绍沥青的种类、主要技术性质及用途。掌握石油沥青的主要技术性质、技术标准及其应用。理解①石油沥青的组分与结构；②煤沥青的应用；③改性沥青的原理及途径。了解①沥青加工安全指标；②沥青的老化与防止。

沥青是一种有机胶凝材料，它是由复杂的高分子碳氢化合物及非金属（氧、硫、氮等）衍生物的混合物。在常温下呈固体、半固体或黏性液体状态，颜色由黑褐色至黑色，能溶于多种有机溶剂，极难溶于水，具有良好的憎水性、粘结性和塑性，能抵抗冲击荷载的作用，且耐酸、耐碱、耐腐蚀。在工程中广泛地用作防水、防潮、防腐和路面等材料。

沥青可分为地沥青和焦油沥青两大类，其中地沥青（松香柏油）包括石油沥青和天然沥青。焦油沥青（柏油、臭柏油）包括煤沥青、木沥青、泥炭沥青和页岩沥青。石油沥青是由石油原油炼制出汽油、煤油、柴油及润滑油等以后的副产品经过加工而成的，天然沥青是由沥青矿提炼加工而成的。焦油沥青是干馏各种固体或液体燃料及其他有机材料所得的副产品，如煤焦油蒸馏后的残余物即煤沥青，木焦油蒸馏后的残余物即木沥青等。页岩沥青是由页岩提炼石油后的残渣加工制得的。

工程中常用的沥青材料主要为石油沥青和煤沥青，石油沥青的技术性质优于煤沥青，在工程中应用更为广泛。

沥青具有一定的人体危害性，几种沥青中以煤沥青危害最大，施工作业时应该引起注意。

一、石油沥青

石油沥青是由天然原油炼制各种成品油后，经加工所得的重质产品，是黑色或棕褐色的黏稠状或固体状物质，燃烧时略有松香或石油味，但无刺激性臭味，韧性较好，略有弹性。

（一）石油沥青的分类

（1）按原油的成分分为：石蜡基沥青、沥青基沥青和混合基沥青。

（2）按加工方法不同分为：直馏沥青、氧化沥青、裂化沥青等。

（3）按沥青用途不同分为：道路石油沥青、建筑石油沥青、专用石油沥青和普通石油沥青。

1）道路石油沥青是石油蒸馏的残留物或将残留物氧化而制得的，适用于铺筑道路及制作屋面防水层的粘结剂，或制造防水纸及绝缘材料用。

2）建筑石油沥青是用原油蒸馏后的重油经氧化所得的产物，适用于建筑工程及其他工程的防水、防潮、防腐蚀、胶结材料和涂料，制造油毡、油纸等防水卷材和绝缘材料等。

3）专用石油沥青指有特殊用途的沥青，是石油经减压蒸馏的残渣经氧化而制得的高熔

点沥青，适用于电缆防潮防腐、电气绝缘填充材料、配制油漆等。

4）普通石油沥青（又称多蜡沥青）是由石蜡基原油减压蒸馏的残渣经空气氧化而得的。由于其含有较多的石蜡，温度稳定性、塑性较差，黏性较小，一般不宜直接用于防水工程，常与建筑石油沥青等掺配使用，或经脱蜡处理后使用。

（二）石油沥青的组分与结构

1．石油沥青的组分

沥青是一种化学成分相当复杂的混合物，为了便于研究，可将沥青中化学性质与物理性质相似的成分划分为一个组分。一般情况下，沥青分为三大组分，即油分、树脂和地沥青质。沥青中除三大组分外，还含有其他成分，但由于含量很少，因此可忽略不计。

（1）油分。油分是淡黄色至红褐色的黏性透明液体，分子量为 $200\sim700$，几乎溶于所有溶剂，密度小于 $1g/cm^3$，含量为 $40\%\sim60\%$，它使沥青具有流动性。

（2）树脂。树脂是红褐色至黑褐色的黏稠的半固体，分子量为 $500\sim3000$，密度略大于 $1g/cm^3$，含量为 $15\%\sim30\%$。沥青中所含的绝大部分属于中性树脂，它使沥青具有良好的塑性和粘结性，另有少量（约 1%）的酸性树脂，是沥青中表面活性物质，能增强沥青与矿质材料的粘结。

（3）地沥青质。地沥青质是深褐色至黑褐色粉末状固体颗粒，分子量为 $1000\sim5000$，密度大于 $1g/cm^3$，含量为 $10\%\sim30\%$，加热时不熔化，在高温时分解成焦炭状物质和气体。它能提高沥青的黏滞性和耐热性，但含量增多时会降低沥青的低温塑性，是决定沥青性质的主要成分。

此外，沥青中还含有少量的石蜡、沥青碳等有害物质。

2．石油沥青的结构

沥青中的油分和树脂可以互溶，而只有树脂才能浸润地沥青质。以地沥青质为核心，周围吸附部分树脂和油分，构成胶团，无数胶团分散在油分中形成胶体结构，并随着各化学组分的含量及温度变化，使沥青形成了不同类型的胶体结构，这些结构使石油沥青具有各种不同的技术性质。当地沥青质含量较少时，油分及树脂含量较多，地沥青质在胶体结构中运动较为自由，形成了溶胶结构，如图 7-1（a）所示。这是液体石油沥青的结构特征。具有溶胶结构的石油沥青，黏滞性小而流动性大，塑性好，但温度稳定性较差。

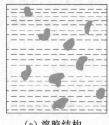 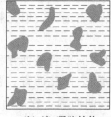 

（a）溶胶结构　　　　　　（b）溶、凝胶结构　　　　　　（c）凝胶结构

图 7-1　沥青胶体结构图

当地沥青质含量适当，并有较多的树脂作为保护层时，它们组成的胶团之间有一定的吸引力。这类沥青在常温下变形的最初阶段，表现出明显的弹性效应。大多数优质沥青属于溶、凝胶型沥青，也称弹性溶胶。在常温下的黏稠沥青（固体、半固体状）即属于此种结

构，如图 7 - 1 (b) 所示。

当地沥青质含量增多，油分及树脂含量减少时，地沥青质成为不规则空间网状的凝胶结构，如图 7 - 1 (c) 所示。这种结构的石油沥青具有弹性，且黏结性及温度稳定性较好，但塑性较差。

石油沥青的结构状态随温度不同而改变。当温度升高时，固体石油沥青中易熔成分逐渐转变为液体，使原来的凝胶结构状态逐渐转变为溶胶状态；但当温度降低时，它又可以恢复为原来的结构状态。

（三）石油沥青的主要技术性质

1. 黏滞性

黏滞性是沥青在外力作用下抵抗发生变形的性能。不同沥青的黏滞性变化范围很大，主要由沥青的组分和温度而定，一般随地沥青质的含量增加而增大，随温度的升高而降低。

液体沥青黏滞性指标是黏滞度。黏滞度是液体沥青在一定温度（25℃或60℃）条件下，经规定直径（3.5mm或10mm）的孔漏下 50mL 所需的秒数。其测定示意如图 7 - 2 所示。黏滞度常以符号 C_t^d 表示。其中 d 为孔径（mm），t 为试验时沥青的温度（℃）。黏滞度大，表示沥青的稠度大，黏性高，反映液态沥青流动时内部的阻力大。

半固体沥青和固体沥青的黏滞性指标是针入度。针入度通常是指在温度为 25℃ 的条件下，以质量为100g的标准针，经5s插入沥青中的深度（每0.1mm为1度）来表示。针入度测定示意如图 7 - 3 所示。针入度值大，表示沥青流动性大、黏性差，反映沥青抵抗剪切变形的能力差。针入度范围为 5～200 度，它是沥青很重要的技术指标，是沥青划分牌号的主要依据。

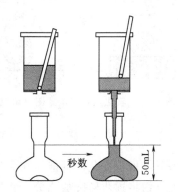

图 7 - 2 黏滞度测定示意图

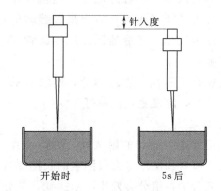

图 7 - 3 针入度测定示意图

2. 塑性

沥青在外力作用下产生变形，除去外力后仍保持变形后的形状不变，而且不发生破坏（裂缝或断开）的性能称为塑性。塑性反映了沥青开裂后的自愈能力及受机械应力作用后变形而不破坏的能力。沥青之所以能被制造成性能良好的柔性防水材料，很大程度上取决于这种性质。沥青的塑性与它的组分和所处温度密切相关。沥青的塑性一般随其温度的升高而增大，随温度的降低而减小；地沥青质含量相同时，树脂和油分的比例决定沥青的塑性大小，树脂含量越多，沥青的塑性越大。

沥青的塑性用"延伸度"或"延伸率"表示。按标准试验方法，制成"8"字形标准试

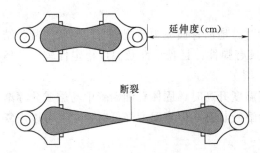

图 7-4　延伸度测定示意图

件，试件中间最狭处断面为 $1cm^2$，在规定温度（一般为 25℃）和规定速度（5cm/min）的条件下在延伸仪上进行拉伸，延伸度以试件能够拉成细丝的延伸长度（cm）表示。沥青的延伸度越大，沥青的塑性越好。延伸度测定示意如图 7-4 所示。

3. 温度稳定性

温度稳定性也称温度敏感性，是指沥青的黏滞性和塑性在温度变化时不产生较大变化的性能。使用温度稳定性好的沥青，可以保证在夏天不流淌、冬天不脆裂，保持良好的工程应用性能。温度稳定性包括耐高温的性质及耐低温的性质。

（1）耐高温即耐热性是指石油沥青在高温下不软化、不流淌的性能。固态、半固态沥青的耐热性用软化点表示。

软化点是指沥青受热由固态转变为一定流动状态时的温度。软化点越高，表示沥青的耐热性越好。

软化点通常用环球法测定，如图 7-5 所示，是将熔化的沥青注入标准铜环内制成试件，冷却后表面放置标准小钢球，然后在水或甘油中按标准试验方法加热升温，使沥青软化而下垂，当沥青下垂至与底板接触时的温度（℃），即为软化点。

（2）耐低温一般用脆点表示。脆点是将沥青涂在一标准金属片（厚度约 0.5mm）上，将金属片放在脆点仪中，一边降温，一边将金属片反复弯曲，直至沥青薄层开始出现裂缝时的温度（℃）称为脆点。寒冷地区使用的沥青应考虑沥青的脆点。

沥青的软化点越高、脆点越低，则沥青的温度敏感性越小，温度稳定性越好。

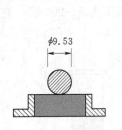
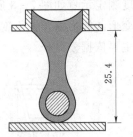

图 7-5　软化点测定示意图（单位：mm）

4. 大气稳定性

大气稳定性也称沥青的耐久性，是指沥青在热、阳光、氧气和潮湿等大气因素的长期综合作用下，抵抗老化的性能。在大气因素的综合作用下，沥青中各组分会发生不断递变，低分子化合物将逐步转变成高分子物质，即油分和树脂逐渐减少，而地沥青质逐渐增多，沥青的流动性和塑性将逐渐减小，硬脆性逐渐增大，直至脆裂，丧失使用功能，这个过程称为石油沥青的老化。

石油沥青的大气稳定性（抗老化性），用"蒸发损失率"和"针入度比"表示。蒸发损失率是沥青试样在 160℃温度下，经 5h 蒸发后的质量损失率。针入度比为在上述条件下蒸发后与蒸发前针入度的比值。蒸发损失率越小，针入度比越大，沥青的大气稳定性越好。为避免施工中过度加热沥青导致沥青的加速老化，工程中使用沥青时，应尽量降低加热温度和缩短加热时间。通常情况下熬制沥青的适宜温度见表 7-1。

5. 最高加热温度

各种沥青都必须有其固定的最高加热温度，其值必须低于闪点和燃点。在施工现场熬制沥青时，应特别注意加热温度。当超过最高加热温度时，由于油分的挥发，可能发生沥青锅起火、爆炸、烫伤人等事故。

表 7 - 1　　　　　　　　　　　　　通常情况下熬制沥青的适宜温度　　　　　　　　　　　　单位：℃

石油沥青牌号	熬制温度	允许偏差	最高不得大于	出厂沥青闪点 不小于
200	120	±5	130	180
180	130	±5	140	200
140	130	±5	140	200
100 乙	140	±5	160	200
100 甲	145	±5	165	200
60 乙	175	±5	190	230
60 甲	180	±5	195	230
30 乙	185	±5	200	230
30 甲	190	±5	205	230
10	200	±5	210	230

闪点是指沥青达到软化点后再继续加热，则会发生热分解而产生挥发性的气体，当与空气混合，在一定条件下与火焰接触，初次产生蓝色闪光时的沥青温度。燃点是指沥青温度达到闪点，温度如再上升，与火接触而产生的火焰能持续燃烧 5s 以上时，这个开始燃烧时的温度即为燃点。沥青的闪点和燃点的温度值通常相差 10℃。液体沥青由于轻质成分较多，闪点和燃点的温度值相差很小。

6. 溶解度

沥青的溶解度是指沥青在溶剂中（苯或二硫化碳）可溶部分质量占全部质量的百分率。沥青的溶解度可用来确定沥青中有害杂质含量。沥青中有害物质含量多，会降低沥青的黏滞性。一般石油沥青溶解度高达 98% 以上，而天然沥青因含不溶性矿物质，溶解度低。

7. 含水量

沥青几乎不溶于水，具有良好的防水性能。但沥青材料也不是绝对不含水的。水在纯沥青中的溶解度为 0.001%～0.01%。沥青吸收的水分取决于所含能溶于水的盐分的多少，沥青含盐分越多，水作用时间越长，沥青所含水分就越多。

由于沥青中含有水分，施工中挥发太慢，影响施工进度，施工前要进行加热熬制。沥青在加热过程中水分形成泡沫，并随温度的升高而增多，易发生溢锅现象，以致引起火灾。所以，在加热过程中，应不断搅拌，促进水分蒸发，并降低加热温度。锅内沥青不要装得过满。

（四）石油沥青技术标准

我国生产的石油沥青产品，主要有道路石油沥青、建筑石油沥青和普通石油沥青等。石油沥青的牌号主要根据针入度、延度和软化点等指标划分，并以针入度值表示。每个牌号的沥青应保证相应的延度、软化点、溶解度、蒸发损失、蒸发后针入度比、闪点等。其技术要求见表 7 - 2。同一品种的石油沥青材料，牌号越高，则黏性越小，针入度越大，塑性越好，延度越大，温度敏感性越大，软化点越低。

表 7-2　　　　　　　　　　　　　　　　石 油 沥 青 技 术 指 标

项　目	道路石油沥青（SH 0552—2000）							建筑石油沥青（GB/T 494—1998）			普通石油沥青（SY 1665—1977）		
	A-200	A-180	A-140	A-100甲	A-100乙	A-60甲	A-60乙	40	30	10	75	65	55
针入度（25℃，100g，5s）(1/10mm)	201～300	161～200	121～160	91～120	81～120	51～80	41～80	36～50	26～35	10～25	75	65	55
延伸度（25℃）/cm，不小于	—	100①	100①	90	60	70	40	3.5	2.5	1.5	2	1.5	1
软化点（环球法）/℃，不低于	30～45	35～45	38～48	42～52	42～52	45～55	45～55	＞60	＞75	＞95	60	80	100
溶解度（三氯乙烯、四氯化碳或苯）（％）不小于	99	99	99	99	99	99	99	99.5	99.5	99.5	98	98	98
蒸发后针入度比②（％），不小于	50	60	60	65	65	70	70	65	65	65			
闪点（开口）/℃，不低于	180	200	230	230	230	230	230	230	230	230	230	230	230
蒸发损失（160℃，5h）（％），不大于	1	1	1	1	1	1	1	1	1	1	—	—	—

① 当 25℃ 延伸度达不到 100cm 时，如 15℃ 延伸度不小于 100cm，也认为是合格的。

② 测定蒸发损失后的样品，针入度与原针入度之比乘以 100，即得出残留物针入度占原针入度的百分数，称为蒸发后针入度比。

（五）石油沥青的简易鉴别

使用沥青时，应对其外观和牌号加以鉴别，在施工现场的简易鉴别方法见表 7-3 和表 7-4。

表 7-3　　　　　　　　　　　　　　石油沥青外观简易鉴别

沥青形态	外 观 简 易 鉴 别
固体	敲碎，检查新断口处，色黑而发亮的质好，暗淡的质差
半固体	即膏状体，取少许，拉成细丝，越细长，质量越好
液体	黏性强，有光泽，没有沉淀和杂质的较好，也可用一根小木条插入液体内，轻轻搅动几下后提起，细丝越长，质量越好

表 7-4　　　　　　　　　　　　　　石油沥青牌号简易鉴别

牌号	简 易 鉴 别 方 法
140～100	质软
60	用铁锤敲，不碎，只变形
30	用铁锤敲，成为较大的碎块
10	用铁锤敲，成为较小的碎块，表面黑色而有光

（六）石油沥青的应用

建筑石油沥青主要用于屋面、地下防水及沟槽防水、防腐蚀等工程。道路石油沥青主要用于配制沥青混凝土或沥青砂浆，用于道路路面或工业厂房地面等工程。根据工程需要还可以将建筑石油沥青与道路石油沥青掺配使用。

普通石油沥青含蜡量高达 $15\%\sim20\%$，有的甚至达 $25\%\sim35\%$。由于石蜡是一种熔点低（$32\sim55℃$）、粘结力差的脂性材料，当沥青温度达到软化点时，已接近流动状态，所以容易产生流淌现象。一般屋面使用的沥青，软化点应比本地区屋面可能达到的最高温度高 $20\sim25℃$，以避免夏季流淌。当采用普通石油沥青作为粘结材料时，随着时间增长，沥青中的石蜡会向胶层表面渗透，在表面形成薄膜，使沥青粘结层的耐热和粘结能力降低。所以，在建筑中一般不宜采用普通石油沥青，否则必须加以适当改性处理。如吹气氧化改性处理、外加剂改性处理、混合改性处理、掺加填充料等。

水利工程中所用的沥青，要求具有较高的塑性和一定的耐热性。当缺乏所需牌号的石油沥青时，可采用两种不同牌号的沥青掺配（称调配沥青）使用。可按式（7-1）及式（7-2）初步计算配制比例，然后再进行试验确定。

当按需用的针入度掺配时，计算式为

$$S=\frac{\lg P_m-\lg P_h}{\lg P_S-\lg P_h}\times100\%$$ （7-1）

式中　　　　S——软石油沥青的用量（%）；

P_m、P_S、P_h——预配制沥青、软石油沥青、硬石油沥青的针入度。

当按需用的软化点掺配时，计算式为

$$B=\frac{t-t_2}{t_1-t_2}\times100\%$$ （7-2）

式中　　B——高软化点石油沥青用量（%）；

t、t_1、t_2——要求配制的石油沥青、高软化点石油沥青、低软化点石油沥青的软化点。当用三种沥青时，可先求出两种沥青的配比后再与第三种沥青进行计算。一般沥青掺配是在高标号沥青中加入一定数量的低标号沥青。加入的方法是将高标号沥青熔化，然后再加入低标号沥青，共同熔化，不断搅匀。

二、煤沥青

煤沥青是炼焦或生产煤气的副产品。烟煤干馏时所挥发的物质冷凝为煤焦油，煤焦油经分馏加工以后剩余的残渣即为煤沥青。

（一）分类

煤沥青可分为硬煤沥青和软煤沥青两种。硬煤沥青是从煤焦油中蒸馏出轻油、中油、重油及蒽油之后的残留物，常温下一般呈硬的固体；软煤沥青是从煤焦油中蒸馏出水分、轻油及部分中油后所得的产品。由于软煤沥青中保留一部分油质，故常温下呈黏稠液体或半固体。建筑工程中使用硬煤沥青时需掺入一定量的焦油进行掺配。

（二）煤沥青的技术性质

按国家标准《煤沥青》（GB 2290—1994）对煤沥青技术性质的相关规定见表 7-5。

（三）煤沥青与石油沥青的区别

煤沥青与石油沥青都是一种复杂的高分子碳氢化合物，它们的外观相似，具有共同点，但由于组分不同，它们之间存在着很大区别。石油沥青与煤沥青的主要区别见表 7-6。

表 7-5　　　　　　　　煤沥青的技术指标（见 GB 2290—1994）

指 标 名 称	低温沥青		中温沥青		高温沥青
	1 号	2 号	1 号	2 号	
软化点（环球法）/℃	30～45	>45～75	>75～90	>75～95	>95～120
甲苯不溶物含量			15%～25%	<25%	
灰分			≤0.3%	≤0.5%	
水分			≤5.0%	≤5.0%	≤5.0%
挥发分			60%～70%	55%～75%	
喹啉不溶物含量			≤10%		

注　1. 水分只作为生产操作中控制指标，不作质量考核依据。

　　2. 喹啉不溶物含量每月至少测定一次。

　　3. 1 号中温沥青主要用于电极沥青。

表 7-6　　　　　　　　　　　　石油沥青与煤沥青的主要区别

性质	石 油 沥 青	煤 沥 青
密度	近于 1.0g/cm³	1.25～1.28g/cm³
燃烧	烟少、无色、有松香味、无毒	烟多、黄色、臭味大、有毒
锤击	韧性较好	韧性差、较脆
颜色	呈黑褐色	浓黑色
溶解	易溶于煤油或汽油中，呈棕黑色	难溶于煤油或汽油中，呈黄绿色
温度稳定性	较好	较差
大气稳定性	较高	较低
防水性	较好	较差（含酚，能溶于水）
抗腐蚀性	差	强

（四）煤沥青的应用

煤沥青的主要技术性质大都不如石油沥青好，且有毒，易污染水质。因此，在水利工程中应用很少，主要用于防腐及路面工程。

使用煤沥青时，应严格遵守国家规定的安全操作规程，防止中毒。煤沥青与石油沥青一般不宜混合使用，它们的制品也不能相互粘贴或直接接触，否则会分层、成团而失去胶凝性，以致无法使用或降低防水效果。

三、改性沥青

改性沥青是对沥青进行氧化、乳化、催化或者掺入橡胶树脂等物质，使沥青的性质得到不同程度的改善。改性沥青一般分为橡胶改性沥青、树脂改性沥青、橡胶树脂改性沥青、再生胶改性沥青及矿物填充剂改性沥青等。

（一）橡胶改性沥青

沥青与橡胶的混溶性较好，两者混溶后的改性沥青高温变形很小，低温时具有一定塑性。所用的橡胶有天然橡胶、合成橡胶（氯丁橡胶、丁基橡胶和丁苯橡胶等）、废旧橡胶。使用不同品种橡胶及掺入的量与方法不同，形成的改性沥青性能也不同。

（二）树脂改性沥青

在沥青中掺入树脂改性，可以改善耐寒性、耐热性、粘结性和不透气性。树脂与石油沥青的相溶性较差，与煤沥青的相溶性较好。常用的树脂有聚乙烯、聚丙烯、无规聚丙烯等。

（三）橡胶树脂改性沥青

橡胶树脂改性沥青是指沥青、橡胶和树脂三者混溶的改性沥青。混溶后兼有橡胶和树脂的特性，能获得较好的技术经济效果。

（四）再生胶改性沥青

再生胶改性沥青是一种新型的优质复合材料。它在重交沥青与废旧轮胎橡胶粉和外加剂的共同作用下，橡胶粉通过吸收沥青中的树脂、烃类等多种有机质，经过一系列的物理和化学变化，使胶粉湿润、膨胀、黏度增大，软化点提高，并兼顾了橡胶和沥青的黏性、韧性、弹性，从而提高了橡胶沥青的路用性能。

（五）矿物填充剂改性沥青

在沥青中掺入矿物填充料，用以增加沥青的粘结力、耐热性等，减小沥青的温度敏感性。常用的矿物粉有滑石粉、石灰粉、云母粉、石棉粉、硅藻土等。

四、沥青材料的储运

沥青储运时，应按不同的品种及牌号分别堆放，避免混放混运。储存时应尽可能避开热源及阳光照射，还应防止其他杂物及水分混入。沥青热用时，其加热温度不得超过最高加热温度，加热时间不宜过长，同时避免反复加热，使用时要防火，对于有毒性的沥青材料还要防止中毒。

任务二　工程中常用的防水材料

【学习任务和目标】　介绍防水卷材、防水涂料、密封材料三大防水材料的品种、性能及用途。掌握改性沥青防水卷材、合成高分子防水卷材、防水涂料、密封材料的技术性质与应用。理解防水材料制品的性能改良原理与方法。了解防水材料的发展趋势。

在工程中，常把沥青与其他材料配合使用，制成各种沥青防水材料。

一、沥青防水卷材

沥青防水卷材种类较多，主要有以下品种。

（一）油纸和油毡

（1）油纸是用低软化点石油沥青浸渍原纸（一种生产油毡的专用纸）而成的一种无涂盖层的防水卷材。油纸按原纸每平方米的质量克数分为 200、350 两个标号。油纸多适用于防潮层。

（2）油毡是采用高软化点沥青涂盖油纸的两面，再涂撒隔离材料所制成的一种纸胎防水材料。涂撒粉状材料（如滑石粉）称"粉毡"，涂撒片状材料（如云母）称"片毡"。

油毡的幅宽分为 915mm 和 1000mm 两种规格。

油毡分为 200、350 和 500 三种标号。200 号油毡适用于简易防水或临时性建筑防水、防潮，350 号和 500 号粉毡常用作多层防水。片毡适用于单层防水。

（二）玻璃丝油毡及玻璃布油毡

玻璃丝油毡及玻璃布油毡是用石油沥青浸渍玻璃丝薄毡和玻璃布的两面，并撒以粉状防粘物质而成的。玻璃丝油毡的抗拉强度略低于 350 号纸胎油毡，其他性能均高于纸胎油毡。沥青玻璃布油毡的抗拉强度高于 500 号纸胎油毡，还具有柔性好、耐腐蚀性强、耐久性好的特点。这种油毡适用于地下防水层、防腐层及屋面防水等，在水利工程中常用于渠道、坝面的防水层或修补加固等。

（三）改性沥青防水卷材

普通沥青防水卷材的低温柔性、延伸性、拉伸强度等性能尚不理想，耐久性也不高，使用年限一般为 5～8 年。采用新型胎料和改性沥青，可有效地提高沥青防水卷材的使用年限、技术性能、冷施工及操作性能，还可降低污染，有效地提高了防水质量。目前，我国改性沥青防水卷材主要有以下几种。

1. 弹性体改性沥青防水卷材（SBS 卷材）

SBS（苯乙烯-丁二烯-苯乙烯）防水卷材是以 SBS 聚合物改性沥青为涂盖材料，聚酯毡（PY）、玻纤毡（G）、玻纤增强聚酯毡（PYG）为胎体，以聚乙烯膜（PE）、砂粒（S）或矿物片料（M）为隔离层的防水卷材。按物理力学性能分为 I 型、II 型。SBS 卷材幅宽 1000mm，每卷面积有 15m²、10m²、7.5m² 三种。其技术性能见表 7 - 7。

表 7 - 7　　　　SBS 弹性体改性沥青防水卷材性能（见 GB 18242—2008）

序号	项目		指标				
			I		II		
			PY	G	PY	G	PYG
1	可溶物含量/(g/m²)	3mm	≥2100		—		—
		4mm	≥2900		—		—
		5mm	≥3500				
		试验现象	—	胎基不燃	—	胎基不燃	
2	耐热性	℃	90		105		
		mm	≤2				
		试验现象	无流淌、滴落				
3	低温柔性/℃		−20		−25		
			无裂缝				
4	不透水性 30min，压力/MPa		≥0.3	≥0.2	≥0.3		
5	拉力	最大峰拉力/(N/50mm)	≥500	≥350	≥800	≥500	≥900
		次高峰拉力/(N/50mm)	—	—	—	—	≥800
		试验现象	拉伸中，试件中部无沥青涂盖层开裂或与胎基分离现象				
6	延伸率	最大峰时延伸率	≥30%		≥40%		—
		第二峰时延伸率	—		—		≥15%
7	浸水后质量增加	PE、S	≤1.0%				
		M	≤2.0%				
8	热老化	拉力保持率	≥90%				
		延伸率保持率	≥80%				
		低温柔性	−15%		−20%		
			无裂缝				
		尺寸变化率	≤0.7%	—	≤0.7%	—	≤0.3%
		质量损失	≤1.0%				
9	渗油性	张数	≤2				

序号	项 目		指 标				
			I		II		
			PY	G	PY	G	PYG
10	接缝剥离强度/(N/mm)		≥1.5				
11	钉杆撕裂强度①/N		—				≥300
12	矿物粒料粘附性②/g		≤2.0				
13	卷材下表面沥青涂盖层厚度③/mm		≥1.0				
14	人工气候加速老化	外观	无滑动、流淌、滴落				
		拉力保持率	≥80%				
		低温柔性/℃	—15			—20	
			无裂纹				

① 仅适用于单层机械固定施工方式。

② 仅适用于矿物粒料表面的卷材。

③ 仅适用于热熔施工的卷材。

SBS 防水卷材适用于屋面及地下防水工程，尤其适用于较低气温环境的建筑防水。

2. 塑性体改性沥青防水卷材（APP 卷材）

APP 防水卷材是以聚酯毡或玻纤毡为胎基，无规聚丙烯（APP）或聚烯烃类聚合物（APAO、APO）作为改性剂，两面覆盖隔离材料所制成的防水卷材，统称 APP 卷材。

APP 卷材的品种、规格与 SBS 卷材相同，其物理力学性能与 SBS 卷材相比较，低温柔度稍差、耐热稍好，其余指标基本相同（详见 GB 18243—2008）。APP 卷材尤其适用于较高气温环境的建筑防水。它不仅适用于各种屋面、墙体、楼地面、地下室、水池、桥梁、公路和水坝等的防水、防护工程，也适用于各种金属容器、管道的防腐保护。

（四）合成高分子防水卷材

合成高分子防水卷材是以合成橡胶、合成树脂或两者的共混体为基料，加入适量的化学助剂和填充料等，经不同工序（混炼、压延或挤出等）加工而成的可卷曲的片状防水材料。

目前，合成高分子防水卷材的品种有橡胶系列（聚氨酯、三元乙丙橡胶、丁基橡胶等）防水卷材、塑料系列（聚氯乙烯、聚乙烯等）和橡胶塑料共混系列防水卷材三大类。

合成高分子防水卷材具有拉伸强度和抗撕裂强度高、断裂伸长率大、耐热性和低温柔性好、耐腐蚀、耐老化等一系列优异的性能，是新型高档防水卷材。多用于高级宾馆、大厦、游泳池等要求有良好防水性能的屋面、地下等防水工程。

1. 三元乙丙橡胶（EPDM）防水卷材

三元乙丙橡胶防水卷材是以乙烯、丙烯和少量双环戊二烯三种单体共聚合成的三元乙丙橡胶为主要原料，掺入适量的丁基橡胶、硫化剂、促进剂、软化剂、补强剂和填充剂等，经密炼、拉片、过滤、挤出（或压延）成型、硫化加工制成的。该卷材是目前耐老化性能较好的一种卷材，使用寿命达 20 年以上。它的耐候性、耐老化性好，化学稳定性好，耐臭氧性、耐热性和低温柔性好，具有质量轻、弹性和抗拉强度高、延伸率大、耐酸碱腐蚀等特点，对基层材料的伸缩或开裂变形适应性强，可广泛用于防水要求高、耐用年限长的防水工程。三元乙丙橡胶防水卷材根据其表面质量、拉伸强度与撕裂强度、不透水性、耐低温性等指标，分为一等品与合格品。三元乙丙橡胶防水卷材的物理性能应符合表7-8的要求。

表7-8　　　　　　　　　　　　三元乙丙橡胶防水卷材的物理性能

项　　目		一等品	合格品	项　　目		一等品	合格品
拉伸强度/(kN/m)	常温	≥8	≥7	热空气老化(80℃，168h)	拉伸强度变化率	−20%~40%	−20%~50%
	−20℃	≤15			扯断伸长率，减小值	≤30%	
	60℃	≥2.5			撕裂强度变化率	−40%~40%	−50%~50%
直角形撕裂强度/(N/cm)	常温	≥280	≥245	黏合性能	定伸100%	无裂纹	
	−20℃	≤490			无处理	合格	
	60℃	≥74			热空气老化(80℃，168h)	合格	
扯断伸长度	常温	≥450%		耐碱性[10%Ca(OH)₂，168h]	耐碱	合格	
	−20℃	≥200%			拉伸强度变化率	−20%~+20%	
不透水性	0.3MPa，30min	合格	—		扯断伸长率，减小值	≤20%	
	0.1MPa，30min	—	合格				
加热变形(80℃，168h)/mm	伸长	<2		臭氧老化定伸40%	500pphm(40℃，168h)	无裂纹	—
	收缩	<4			100pphm(40℃，168h)	—	无裂纹
脆性温度/℃		≤−45	≤−40				

注　pphm臭氧浓度相当于1.01MPa臭氧分压，是臭氧浓度的表示方法。

2. 聚氯乙烯（PVC）防水卷材

聚氯乙烯防水卷材是以聚氯乙烯树脂为主要原料，掺加填充料和适量的改性剂、增塑剂等，经混炼、压延或挤出成型、分卷包装而成的防水卷材。

PVC防水卷材根据基料的组分及其特性分为两种类型，即S型和P型。S型是以煤焦油与聚氯乙烯树脂混溶料为基料的柔性卷材，厚度为1.50mm、2.00mm、2.50mm等。P型防水卷材的基料是增塑的聚氯乙烯树脂，其厚度为1.20mm、1.50mm、2.00mm等。该卷材的特点是抗拉强度和断裂伸长率较高，对基层伸缩、开裂、变形的适应性强，低温柔韧性好，可在较低的温度下施工和应用。聚氯乙烯防水卷材适用于大型屋面板、空心板，并可用于地下室、水池、储水池及污水处理池的防渗等。

3. 氯化聚乙烯防水卷材

氯化聚乙烯防水卷材是以含氯量为30%~40%的氯化聚乙烯树脂为主要原料，配以大量填充料及适当的稳定剂、增塑剂等制成的非硫化型防水卷材。聚乙烯分子中引入氯原子后，破坏了聚乙烯的结晶性，使得氯化聚乙烯不仅具有合成树脂的热塑性，还具有弹性、耐老化性、耐腐蚀性。氯化聚乙烯可以制成各种彩色防水卷材，既能起到装饰作用，又能达到隔热的效果。氯化聚乙烯防水卷材适用于屋面作单层外露防水以及有保护层的屋面、地下室、水池等工程的防水，也可用于室内装饰材料，兼有防水与装饰双重效果。

4. 氯化聚乙烯-橡胶共混防水卷材

氯化聚乙烯-橡胶共混防水卷材是以氯化聚乙烯树脂和合成橡胶为主体，加入适量的硫化剂、促进剂、稳定剂、软化剂和填充剂等，经过素炼、混炼、过滤、压延（或挤出）成型、硫化等工序加工制成的高弹性防水卷材。它不仅具有氯化聚乙烯所特有的高强度和优异的耐臭氧、耐老化性能，而且具有橡胶类材料所特有的高弹性、高延伸性和良好的低温柔性，拉伸强度在7.5MPa以上，断裂伸长率在450%以上，脆性温度在−40℃以下，热老化保持率在80%以上，其性能见表7-9。因此，该类卷材特别适用于寒冷地区或变形较大的防水工程。

表 7-9　　　　　　　　　　　　　氯化聚乙烯-橡胶共混防水卷材

项　目	指　标		项　目		指　标	
	S 型	N 型			S 型	N 型
拉伸强度/MPa	≥7.0	≥5.0	热老化保持率（80℃，168h）	拉伸强度	≥80%	
断裂伸长率	≥400%	≥250%		断裂伸长率	≥70%	
直角形撕裂强度/(kN/m)	≥24.5	≥20.0	粘结剥离强度及保持率	粘结剥离强度/(kN/m)	≥2.0	
不透水性（30min，不透水压力）	0.3MPa	0.2MPa		浸水168h，保持率	≥70%	
脆性温度/℃	−40℃	−20℃	热处理尺寸变化率		≤−2%~1%	≤−4%~2%

二、防水涂料

沥青防水涂料是指以沥青、合成高分子材料为主体，在常温下呈无定型液态，经涂布并能在结构物表面形成坚韧防水膜的物料的总称。

（一）沥青溶液

沥青溶液（冷底子油）是沥青加稀释剂而制成的一种渗透力很强的液体沥青，多用建筑石油沥青和60号道路石油沥青，与汽油、煤油、柴油等稀释剂配制。配制时，将沥青熔化成细流状加入稀释剂中。对挥发慢的稀释剂（柴油等），沥青加热温度不得超过110℃；对挥发快的稀释剂（汽油等），沥青加热温度则不得超过80℃。

沥青溶液由于黏度小，能渗入混凝土和木材等材料的毛细孔中，待稀释剂挥发后，在其表面形成一层粘附牢固的沥青薄膜。建筑工程中常用于防水层的底层，以增强底层与其他防水材料的粘结。因此，常把沥青溶液称为冷底子油。在干燥底层上用的冷底子油，应以挥发快的稀释剂配制；而潮湿底层则应用慢挥发性的稀释剂配制。沥青溶液中沥青含量一般为30%~60%。当用作冷底子油时，沥青用量一般为30%，溶液较稀有利于渗入底层；当用作沥青混合料层间结合剂时，沥青用量可提高到60%左右。

（二）乳化沥青

将液态的沥青、水和乳化剂在容器中经强烈搅拌，沥青则以微粒状分散于水中，形成的乳状沥青液体，称为乳化沥青。

沥青是憎水性材料，极难溶于水，但由于沥青在强力搅拌下被碎裂为微粒，并吸附乳化剂使其带电荷，带同性电的微粒互相排斥，阻碍沥青微粒的相互凝聚而成为稳定的乳化沥青（图 7-6）。随着所用乳化剂不同，沥青微粒可带正电或负电，带正电者称为阳离子乳化沥青，如图 7-6（a）所示，所用的乳化剂称为阳离子乳化剂；带负电者称为阴离子乳化沥青，如图 7-6（b）所示，所用的乳化剂为阴离子乳化剂。

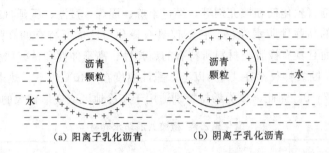

（a）阳离子乳化沥青　　　（b）阴离子乳化沥青

图 7-6　乳化沥青结构示意图

乳化沥青中，沥青含量通常为 55%～65%，乳化剂的掺量为 0.1%～2.5%，含乳化剂的水为 35%～45%。一般常用 180 号、140 号、100 号的石油沥青配制乳化沥青。如用低牌号的沥青，应掺入重油后再使用。

通常用的乳化剂有石灰膏、肥皂、洗衣粉、十八烷基氯化铵及烷基丙烯二胺等。石灰膏乳化剂来源广泛，价格低廉，使用较多，但要注意的是其稳定性较差。

乳化沥青用于结构上，其中的水分蒸发后沥青颗粒紧密结合形成沥青膜而起防水作用。乳化沥青是一种冷用防水涂料，施工工艺简单，造价低，已被广泛用于道路、房屋建筑等工程的防水结构。在水利工程中，乳化沥青可喷洒于渠道的边坡和底部作防水剂，涂于混凝土墙面作为防水层，掺入混凝土或砂浆中（沥青用量约为混凝土干料用量的 1%）提高其抗渗性，也可用作冷底子油涂于基底表面上。

三、密封材料

防水密封材料的品种很多，在工程中主要起粘结和防水作用，常用的有聚氯乙烯胶泥、沥青鱼油油膏和沥青胶等。主要用于渠道、渡槽等伸缩缝的填料，也可修补裂缝。

沥青鱼油油膏及聚氯乙烯胶泥的常用配方见表 7-10 和表 7-11。

表 7-10　　　　　　　　　　　　沥青鱼油油膏配方（质量比）

应用地区	石油沥青	稀释剂			填充料		（石油沥青＋稀释剂）：填充料
		松焦油	硫化鱼油	重松节油	石棉绒	滑石粉	
南方	100（70℃软化点）	5～15	20	60	87.4	131.3	1：1.15
北方	100（60℃软化点）	3～15	30	60	66.5	155	1：1.08

注　南方以上海为代表，北方以沈阳为代表。

表 7-11　　　　　　　　　　　　聚氯乙烯胶泥配方（质量比）

材料	煤焦油	聚氯乙烯树脂	邻苯二甲酸二丁酯	硬脂酸钙	滑石粉
配方Ⅰ	100	10	10	1	15
配方Ⅱ	100	15	15	1	10

聚氯乙烯塑料油膏是在聚氯乙烯胶泥的基础上改性、发展而得到的产品。其原材料、生产工艺以及技术性质与聚氯乙烯胶泥基本相同，不同的是油膏中加入了适当的稀释剂，如二甲苯、芳香油等。聚氯乙烯塑料油膏可以成品供应市场，使用时现场加热熔化即可嵌缝，涂刷于屋面或结构物表面，以及粘贴油毡等。若选用废旧聚氯乙烯塑料代替聚氯乙烯树脂为原料，可显著降低成本。

沥青胶又称沥青玛脂，是沥青与矿质填充料及稀释剂均匀拌和而成的混合物。沥青胶按所用材料及施工方法不同可分为热用沥青胶及冷用沥青胶。热用沥青胶是由加热熔化的沥青与加热的矿质填充料配制而成的；冷用沥青胶是由沥青溶液或乳化沥青与常温状态的矿质填充料配制而成的。

沥青胶的用途较广，可用于粘结沥青防水卷材、沥青混合料、水泥砂浆及水泥混凝土，并可用作接缝填充材料、大坝伸缩缝的止水等。

任务三　水工沥青混凝土

【学习任务和目标】　介绍水工沥青混凝土性能、配合比设计及应用。掌握①水工沥青混凝土原材料的技术要求，混凝土的技术性质；②水工沥青混凝土配合比设计方法。理解水工沥青混凝土的分类及用途。了解沥青混合料的分类。

沥青混合料是由沥青和矿质材料（砂、石子、填充料等）在加热或常温时按适当比例配制而成的混合料的总称。

一、沥青混合料的分类

沥青混合料常以集料的最大粒径、压实后的密实度及施工方法分成不同种类。

（一）按集料最大粒径分类

（1）粗粒式沥青混合料。集料最大粒径为 35mm。

（2）中粒式沥青混合料。集料最大粒径为 25mm。

（3）细粒式沥青混合料。集料最大粒径为 15mm。

（4）砂质沥青混合料。集料最大粒径为 5mm。

工程中常把粗粒式、中粒式及细粒式沥青混合料称为沥青混凝土，把砂质沥青混合料称为沥青砂浆。

（二）按沥青混合料压实后的密实度分类

（1）密级配沥青混合料。沥青混合料中的矿质混合料含有一定量的矿粉，矿质混合料级配良好，沥青混合料压实后的密实度大，孔隙率小于等于 5%。

（2）开级配沥青混合料。沥青混合料中的矿质混合料基本不含矿粉，沥青混合料压实后的密实度较小，孔隙率大于 5%。

（3）碎石型沥青混合料（沥青碎石）。沥青混合料中不含细集料，压实后的孔隙率大于 15%。密级配沥青混合料主要用于防水层，开级配沥青混合料及碎石型沥青混合料主要用于基层的整平、粘结和排水。

（三）按压实方法分类

（1）碾压式沥青混合料。新拌沥青混合料的流动性小，在施工铺筑时需要碾压振动才能密实。在水利工程及道路工程中应用最为广泛。

（2）灌注式沥青混合料。沥青混合料中沥青含量较多，拌和物的流动性较大，灌注后在自重作用下或略加振动就能密实。它适于用普通石油沥青等塑性较小的沥青拌制，能有效提高抗裂性。常在中、小型水利工程中使用。

（四）按使用方法分类

（1）热拌热用沥青混合料。施工时先将矿料加热，沥青熔化，然后在热的状态下进行搅拌、摊铺、压实，待温度下降后即硬化。这种沥青混合料的质量较高，水工建筑的防水结构及道路路面多采用这种沥青混合料。

（2）热拌冷用沥青混合料。施工时先将组成材料分别加热后进行拌和，然后在常温下进行摊铺、压实。这种沥青混合料，多采用黏滞性小的沥青。

（3）冷拌冷用沥青混合料。施工时用稀释剂将沥青溶成胶体，在常温下与矿质材料拌和，使用时待稀释剂挥发后沥青混合料即硬化。此法施工方便，但要消耗大量的有机稀释剂，建筑上应用较少，常用于维修工程。

在工程中常用的沥青混合料主要包括沥青混凝土和沥青砂浆，因为沥青砂浆的技术性质跟沥青混凝土有相似之处，所以本节主要介绍水工沥青混凝土。

水工沥青混凝土是由沥青和石子、砂、填充料按适当比例配制而成的。

二、水工沥青混凝土的组成材料

（一）石油沥青

沥青混凝土用的沥青材料，应根据气候条件、建筑物工作条件、沥青混凝土的种类和施工方法等条件选择。

（二）矿质材料

沥青混凝土一般选用质地坚硬、密实、清洁、不含过量有害杂质、级配良好的碱性岩石（如石灰岩、白云岩、玄武岩、辉绿岩等），并且要有良好的粘结性。

细集料可采用天然砂或人工砂，均应级配良好、清洁、坚固、耐久，不含有害杂质。填充料又称矿粉，是指碱性矿粉（石灰石粉、白云石粉、大理石粉、水泥等）。其含水率应小于1％且不含团块；应全部通过0.6mm的筛，通过0.074mm的筛含量应大于80％。矿粉能提高沥青混凝土的强度、热稳定性及耐久性。

（三）外加剂

为改善沥青混凝土的性能而掺入的少量物质称为外加剂。常用的有石棉、消石灰、聚酰胺树脂及其他物质。掺入石棉可提高沥青混凝土的热稳定性、抗弯强度、抗裂性等，一般选用短纤维石棉，掺量为矿质材料的1％～2％。掺入消石灰、聚酰胺树脂可提高沥青与酸性矿料的黏聚性、水稳定性。消石灰掺量为矿质材料的2％～3％，聚酰胺树脂掺量为沥青用量的0.02％。

三、水工沥青混凝土的技术性质

水工沥青混凝土的技术性质应满足工程的设计要求，且应与施工条件相适应。其主要技术性质包括和易性、力学性能、热稳定性、柔性、大气稳定性、水稳定性、抗渗性等。

（一）和易性

和易性是指沥青混凝土在拌和、运输、摊铺及压实过程中具有与施工条件相适应，既保证质量又便于施工的性能。沥青混凝土的和易性目前尚无成熟的测定方法，多是凭经验判定的。

沥青混凝土的和易性与组成材料的性质、用量及拌和质量有关。使用黏滞性较小的沥青，能配制成流动性高、松散性强、易于施工的沥青混凝土，当使用黏滞性大的沥青时，流动性及分散性较差；沥青用量过多时易出现泛油，使运输时卸料困难，并难于铺平。矿质混合料中，粗细集料的颗粒大小相差过大，缺乏中间颗粒，则容易产生离析分层；使用未经烘干的矿粉，易使沥青混凝土结块、质地不均匀，不易摊铺；矿粉用量过多，使沥青混凝土黏稠，但矿粉用量过少，则会降低沥青混凝土的抗渗性、强度及耐久性等。

拌和质量对沥青混凝土的性能影响较大。一般应采用强制式搅拌机拌制。

（二）力学性能

沥青混凝土的力学性能包括强度及变形。沥青混凝土的破坏主要有一次荷载作用下的破坏、疲劳破坏和徐变破坏。

（1）一次荷载作用下的破坏，可通过沥青混凝土的压、拉、弯、剪等试验测定。沥青混凝土在压力的作用下，应力 σ 和应变 ε 主要与沥青混凝土中的沥青用量、沥青针入度有关，同时也受温度和加荷速度的影响。在其他条件相同时，若沥青的用量较少，且针入度小，沥青混凝土的应力与应变均为直线关系，如图 7-7（a）所示，此种破坏称为脆性破坏。随着沥青用量的增多、沥青针入度的增大、温度的增高、加荷速度的降低，沥青混凝土的应力与应变关系曲线由图 7-7（a）型逐渐向图 7-7（b）、（c）型转变。破坏强度逐渐降低，而破坏的应变逐渐增加。图 7-7（b）型破坏称为过渡性破坏，图 7-7（c）型破坏称为流变性破坏。沥青混凝土在低温或短时间荷载作用下，近于弹性；而在高温或长时间荷载下就表现出黏弹性或近于黏性。因此，测定沥青混凝土的力学性能，要特别注意在实际使用条件下的性能。

一般情况下，沥青混凝土的抗拉强度为 $0.5 \sim 5MPa$，抗压强度为 $5 \sim 40MPa$，抗弯强度为 $3 \sim 12MPa$。延性破坏应变为 10^{-2}，脆性破坏应变为 10^{-3}，疲劳破坏应变为 10^{-4}。

疲劳破坏是沥青混凝土在重复荷载作用下的破坏，其极限强度称为疲劳强度。疲劳强度随着荷载的增加而减小、沥青含量的增加而增大、荷载重复次数的增加而减小、温度的增高而增大。

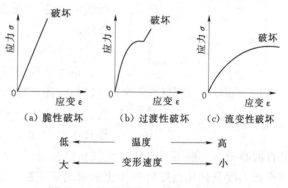

图 7-7 沥青混凝土不同类型的破坏

徐变破坏是沥青混凝土在长时间受恒定荷载或变化速度很微小的荷载作用下，变形速度逐渐增加的现象。由徐变产生裂缝致使沥青混凝土的破坏称为徐变破坏。因此，坝体、蓄水池和渠道等的面板及衬砌均应考虑徐变破坏。

（三）热稳定性

热稳定性又称耐热性，是指沥青混凝土在高温下抵抗塑性流动的性能。当温度升高时，沥青的黏滞性降低，使沥青与矿料的粘结力下降。因此，沥青混凝土的强度降低，塑性增加。对于暴露在大气中的沥青混凝土，它的温度可比气温高出 $20 \sim 30℃$，所以沥青混凝土必须具有良好的热稳定性。

影响沥青混凝土热稳定性的因素主要是沥青的性质和用量、矿质混合料的性能和级配、填充料的品种及用量。一般使用软化点较高的沥青，可提高沥青混凝土的热稳定性。在沥青用量相同的情况下，使用粒径较粗且级配良好的碎石、填充料适宜均能获得较好的热稳定性。

若沥青混凝土中填充料较少，矿料表面的沥青层较厚，会降低热稳定性；填充料过多，矿料表面的沥青层太薄，粘结性减弱，也会降低热稳定性。

沥青混凝土的热稳定性可以通过三轴压力试验来测定，但一般多采用马歇尔稳定仪来测定其稳定值（图7-8）。热稳定性合格的沥青混凝土在60℃时，稳定度（沥青混凝土进行马歇尔稳定试验时，试件能承受的最大荷载，以 kN 计）应大于4kN，流变值（沥青混凝土进行马歇尔稳定试验时，试件达到最大荷载时对应的变形值，单位为1/100cm）为30～80。

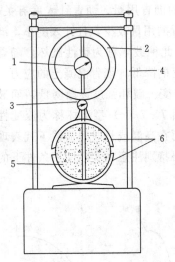

图7-8　马歇尔稳定仪示意图
1—百分表；2—应力环；3—流值表；
4—压力架；5—试件；6—半圆形压头

（四）柔性

柔性是指沥青混凝土在自重或外力作用下，适应变形而不产生裂缝的性质。柔性好的沥青混凝土适应变形能力大，即使产生裂缝，在高水头的作用下也能自行封闭。沥青混凝土的柔性主要取决于沥青的性质及用量。用延伸度大的沥青，配制的沥青混凝土的柔性较好；增加沥青用量、采用较细的及连续级配的集料、减少填充料的用量，均可提高沥青混凝土的柔性。

采用增加沥青用量并减少填充料用量的方法，是解决用低延伸度沥青配制具有较高柔性沥青混凝土的一个有效方法。

（五）大气稳定性

在大气综合因素作用下，沥青混凝土保持物理力学性质稳定的性能，称为大气稳定性。水工沥青混凝土的大气稳定性，与其密实度和所处的工作条件有关。实践证明，对水上部分孔隙率在5％以下的沥青混凝土及长期处于水下部位的沥青混凝土，一般不易老化，大气稳定性较好，较耐久。沥青混凝土的大气稳定性，可根据沥青针入度及软化点随时间变化的情况来判断，变化较小者，其大气稳定性较高。

（六）水稳定性

水稳定性是指水工沥青混凝土长期在水作用下，其物理力学性能保持稳定的性质。沥青混凝土长期处于水中，由于水分浸入会削弱沥青与集料之间的粘结力，使沥青与集料剥离而逐渐破坏，或遭受冻融作用而破坏。因此，沥青混凝土的水稳定性，取决于沥青混凝土的密实程度及沥青与矿料间的粘结力，沥青混凝土的孔隙率越小，水稳定性越高，一般认为孔隙率小于4％时，其水稳定性是有保证的。采用黏滞性大的沥青及碱性矿料都能提高沥青混凝土的水稳定性。图7-9为沥青混凝土的渗透系数与孔隙率的关系。

（七）抗渗性

沥青混凝土的抗渗性用渗透系数（cm/s）来表示。防渗用沥青混凝土的渗透系数一般为 $10^{-10} \sim 10^{-7}$ cm/s；排水层用沥青混凝土的渗透系数一般为 $10^{-2} \sim 10^{-1}$ cm/s。

沥青混凝土的抗渗性取决于矿质混合料的级配、填充空隙的沥青用量，以及碾压后的密实程度。一般地说，矿料的级配良好、沥青用量较多、密实性好的沥青混凝土，其抗掺性较强。沥青混凝土的渗透系数与孔隙率之间的关系，如图 7-9 所示，孔隙率越小其渗透系数就越小、抗渗性越大。一般孔隙率在 4% 以下时，渗透系数可小于 10^{-7} cm/s。因此，在设计和施工中，常以 4% 的孔隙率作为防渗沥青混凝土的控制指标。

实践证明，沥青混凝土的抗渗性与所受的水压力有关，渗透系数随着水压力的增加而减小，抗渗性能随着水压的增加而增强，这是沥青混凝土防水的一个重要性能。

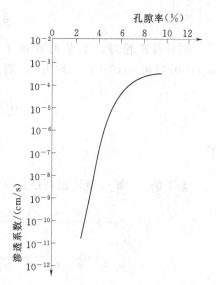

图 7-9　沥青混凝土的渗透系数与
孔隙率的关系曲线

四、水工沥青混凝土配合比设计

沥青混凝土配合比设计的目的是根据所要求的沥青混凝土的物理力学性质，确定各矿质材料之间的合理比例及沥青用量。配合比设计时，首先按照规定的沥青混凝土中矿质混合料的级配范围，选定矿质混合料的组合级配，然后通过试验确定沥青最优用量。

（一）矿质混合料组合级配的选定

矿质混合料组合级配，常采用现场比较容易取得的几种矿料配合而成。

（1）在选择矿质混合料的组合级配时，可在规范《土石坝沥青混凝土面板和心墙设计准则》（SLJ 501—2010）推荐用的范围内选择，各种矿料的组合级配，应接近此标准级配。

（2）确定各种矿质材料在矿质混合料中的百分率，其方法有试算法、解析法、图解法等。现将试算法介绍如下：

当矿质混合料由碎石、石屑、砂及矿粉等 4 种材料组成时，可按下述方法求出矿质混合料的初步配合比例。

设 y_1、y_2、y_3、y_4 分别为碎石、石屑、砂及矿粉在矿质混合料中含量的百分率，则

$$y_1 + y_2 + y_3 + y_4 = 100 \tag{7-3}$$

设 $m_1(x)$、$m_2(x)$、$m_3(x)$ 及 $m_4(x)$ 分别为碎石、石屑、砂及矿粉中通过某筛孔径为 x(mm) 的百分率，则总通过率 $M(x)$ 为

$$M(x) = \frac{y_1 m_1(x)}{100} + \frac{y_2 m_2(x)}{100} + \frac{y_3 m_3(x)}{100} + \frac{y_4 m_4(x)}{100} \tag{7-4}$$

式（7-4）中，$M(x)$ 为选定值，$m_1(x)$、$m_2(x)$、$m_3(x)$ 及 $m_4(x)$ 均为筛分测定值。为了求得未知数 y_1、y_2、y_3 及 y_4，可从矿料筛分结果中选定一筛孔孔径 a，使除碎石外其他各种材料全部通过该筛孔，即 $m_2(a)$、$m_3(a)$、$m_4(a)$ 均为 100%，则

$$M(a) = \frac{y_1 m_1(a)}{100} + y_2 + y_3 + y_4 = \frac{y_1 m_1(a)}{100 + (100 - y_1)} \tag{7-5}$$

得

$$y_1 = \frac{100[100 - M(a)]}{100 - m_1(a)}$$

再计算矿粉量。不考虑其他矿料中粒径小于 0.074mm 颗粒含量，即 $m_1(0.074)$、$m_2(0.074)$ 和 $m_3(0.074)$ 均为 0，则

$$M(0.074) = \frac{y_4 m_4(0.074)}{100}$$

得
$$y_4 = \frac{100M(0.074)}{m_4(0.074)} \qquad (7-6)$$

余下的 y_2 和 y_3 就可以利用式（7-3）和式（7-4）联立求得：

$$y_2 = \frac{(100 - y_1 - y_4)m_3(x) - [100M(x) - y_1 m_1(x) - y_4 m_4(x)]}{m_3(x) - m_2(x)} \qquad (7-7)$$

$$y_3 = \frac{(100 - y_1 - y_4)m_2(x) - [100M(x) - y_1 m_1(x) - y_4 m_4(x)]}{m_2(x) - m_3(x)} \qquad (7-8)$$

根据上述求得的 4 种矿料的初步用量，计算出矿质混合料的级配，然后与表 7-12 所给定的范围进行比较：如果在规定的范围内，说明所计算的矿质材料级配是合适的；如果不在规定的范围内，说明矿质混合料中某级颗粒含量不足或过多，则应在混合料中增减含这级颗粒的矿质材料，或加入其他矿质材料进行调整，使其矿质混合料的级配达到表 7-12 所规定的标准。

（二）沥青用量的选定

1. 沥青用量的初步选择

沥青混凝土的初步配合比确定后，可参考已有工程或表 7-12 的沥青用量初拟几种沥青用量，一般需选定 3～4 个沥青用量进行试验。如表 7-12 中密级配中粒式沥青用量为 6.5%～8.5%，即可选 6.5%、7.0%、7.5% 及 8.5% 等 4 个沥青用量。

2. 马歇尔试验

将沥青用量为 6.5%～8.5%，即可选 6.5%、7.0%、7.5% 及 8.5% 这 4 种配合比的沥青混凝土做马歇尔试验，并测定沥青混凝土的表观密度及孔隙率。试验结果用图 7-10 的形式表示。然后，按照设计的技术指标（例如：孔隙率为 2%～4%，表观密度大于 2290kg/m³，稳定度为 4～6kN，流变值为 40～60），则表观密度、孔隙率、稳定度、流变值等基本技术性能同时满足的沥青用量范围即为所求，取其中间值即为该组合级配的最优沥青用量（图 7-11）。

（三）配合比的确定

对初步选定的配合比，再根据设计规定的技术要求，如水稳定性、热稳定性、渗透系数、柔性、强度等指标全面进行检验，如各项技术指标均能满足要求，则该配合比即可确定为实验室配合比，否则需另选沥青用量进行验证试验。

（四）配合比现场铺筑试验

在实际工程应用时，一般常用符合要求的几组矿质混合料及不同的沥青用量，配制几组沥青混凝土，在施工现场同时进行各组的物理、力学性能检验，从中选取技术性能既符合要求又经济的一组，作为实际使用的水工沥青混凝土的配合比。

表 7-12

水工沥青混凝土矿料级配范围

级配类别	筛孔尺寸/mm（总通过率）												沥青用量
	35	25	20	15	10	5	2.5	1.2	0.6	0.3	0.15	0.074	
开级配	100%	68.4%~80.60%	53.1%~69.9%	38.4%~58.3%	24.3%~45.3%	11.1%~29.8%	5.0%~20.0%	2.1%~13.6%	0.9%~9.8%	0.4%~7.5%	0.1%~6.0%	0~5.0%	3.0%~4.0%
		100%	74.9%~84.7%	51.5%~68.5%	30.4%~51.1%	12.4%~31.5%	5.0%~20.0%	1.9%~13.0%	0.7%~9.8%	0.3%~7.0%	0.1%~5.8%	0~5.0%	3.5%~4.5%
			100%	66.1%~78.8%	36.9%~56.7%	13.6%~33.0%	5.0%~20.0%	1.7%~12.6%	0.6%~8.8%	0.2%~6.8%	0.1%~5.6%	0~5.0%	4.0%~5.0%
粗粒式级配		100%	84.7%~90.0%	68.5%~78.6%	51.1%~65.1%	31.5%~47.5%	20.0%~35.0%	1.3%~25.8%	9.3%~19.6%	7.0%~15.3%	5.8%~12.2%	5.0%~10.0%	4.0%~5.0%
			100%	78.6%~85.9%	56.7%~69.5%	33.0%~48.9%	20.0%~35.0%	12.6%~25.2%	8.8%~19.0%	6.8%~14.8%	5.6%~11.9%	5.0%~10.0%	4.5%~5.5%
				100%	67.8%~77.8%	35.8%~51.5%	20.0%~35.0%	11.9%~24.2%	8.2%~18.0%	6.4%~14.0%	5.5%~11.6%	5.0%~10.0%	5.0%~6.0%
密级配		100%	93.0%~93.6%	78.6%~86.0%	65.1%~76.2%	47.5%~61.9%	35.0%~50.0%	25.8%~39.7%	19.6%~31.7%	15.3%~25.1%	12.2%~19.6%	10.0%~15.0%	6.0%~8.0%
			100%	85.9%~90.9%	69.5%~79.4%	48.9%~63.1%	35.0%~50.0%	25.2%~39.1%	19.0%~30.9%	14.8%~24.4%	11.9%~19.2%	10.0%~15.0%	6.5%~8.5%
				100%	77.8%~85.3%	51.5%~65.1%	35.0%~50.0%	24.2%~38.1%	18.0%~29.7%	14.0%~23.4%	11.6%~18.6%	10.0%~15.0%	7.5%~9.0%
细粒式级配		100%	93.9%~96.5%	86.6%~92.1%	77.0%~85.9%	62.4%~75.4%	50.0%~65.0%	38.9%~54.3%	29.9%~44.3%	22.2%~34.4%	15.7%~24.7%	10.0%~15.0%	6.0%~8.0%
			100%	91.3%~94.9%	80.1%~87.8%	63.6%~76.2%	50.0%~65.0%	38.2%~53.7%	29.1%~43.4%	21.5%~33.6%	15.3%~24.7%	10.0%~15.0%	6.5%~8.5%
				100%	85.8%~91.4%	65.7%~77.6%	50.0%~65.0%	37.1%~52.7%	27.7%~42.1%	20.3%~32.4%	14.6%~23.4%	10.0%~15.0%	7.5%~9.0%
碎石薄层沥青		100%	96.6%~98.5%	92.3%~96.5%	86.2%~93.4%	75.6%~87.3%	65.0%~80.0%	53.7%~70.8%	43.0%~60.3%	32.1%~47.9%	21.2%~33.1%	10.0%~15.0%	6.0%~8.0%
			100%	95.0%~97.8%	88.1%~94.4%	76.4%~87.7%	65.0%~80.0%	53.1%~70.4%	42.1%~59.7%	31.3%~47.2%	20.6%~32.5%	10.0%~15.0%	6.5%~8.5%
				100%	90.0%~91.6%	77.9%~88.5%	65.0%~80.0%	52.1%~69.7%	40.7%~58.6%	29.9%~46.0%	19.8%~31.6%	10.0%~15.0%	7.5%~9.0%

注 沥青用量按矿料总重的百分率计。

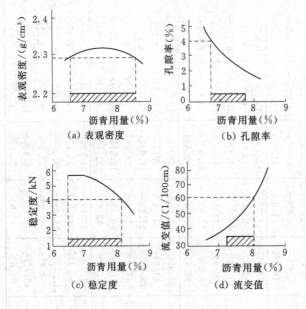

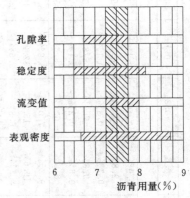

图 7-10　沥青混凝土各项基本性质
与沥青用量关系曲线

图 7-11　确定沥青用量示意图

复 习 思 考 题

1. 工程中选用石油沥青牌号的原则是什么？
2. 在地下防潮工程中，如何选择石油沥青的牌号？
3. 请比较煤沥青与石油沥青的性能与应用的差别。
4. 石油沥青的三大技术指标是什么？它们分别代表沥青的什么性质？
5. 常用作沥青矿物质填充料的物质有哪些？

项目八　木　　材

【学习任务和目标】　主要介绍木材的基本构造及物理力学性质，木材的缺陷与防腐措施，木材的综合利用。通过木材构造的学习，便于理解和掌握木材的物理力学性质，准确理解木材的物理力学性质是合理选择和使用木材产品的重要基础。

任务一　木材的基础知识

木材是传统的三大建筑材料之一，具有绿色环保，轻质高强，弹性、韧性好，易于加工，导电、导热性低等优点，但天然木材构造不均匀、各向异性、易吸湿变形，且易腐、易燃。在工程中，木材常用作装饰、装修材料，也用作混凝土模板、脚手架及房屋的屋架、梁、柱、门窗、地板等。

木材是天然资源，由于树木生长较慢且产量有限，远远跟不上建设的需要，因此必须掌握木材的性能，要做到科学使用。

树木通常分为针叶树与阔叶树两大类。树种不同，木材的性质及应用也不同。见表8-1。

表8-1　　　　　　　　　　　树木的分类和特点

种类	特　　点	主　要　用　途	常　见　树　种
针叶树	树叶细长、针状，树干高、直，木质较软，易加工，强度高，胀缩变形小	工程中主要使用的树种，多用于承重构件、门窗等	松树、杉树、柏树等
阔叶树	树叶宽大、片状，树干通直部分较短，多为落叶树，木质较硬，不易加工，易胀缩，翘曲、裂缝	常用作内部装饰及次要的承重构件、胶合板等	榆树、桦树、水曲柳等

一、木材的基本构造

木材的构造是决定木材性能的主要因素。木材的构造一般分为宏观特征和微观特征两方面。

（一）宏观特征

用肉眼或在低倍放大镜下所看到的木材构造和非构造特征称为宏观特征，也叫粗视特征。

木材的宏观特征可通过横切面、径切面与弦切面（图8-1）来观察。

横切面是与树干纵轴垂直锯割的切面；径切面是通过髓心的纵切面；弦切面是垂直横切面而与年轮相切的纵切面。

就宏观特征而言，树木可分为树皮、木质部和髓心3个主要部分（图8-2）。

木质部是木材的主体。其构造特征包括年轮、早材（春材）和晚材（晚材）、心材和边材，树脂道、管孔、轴向薄壁组织、木射线和波痕等。

（1）年轮、早材、晚材。从横切面上可以看到髓心周围一圈圈呈同心圆分布的木质层，称年轮。年轮由春材和夏材两部分组成。

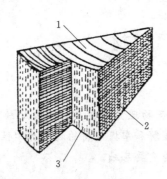

图 8-1 木材的三切面
1—横切面；2—径切面；3—弦切面

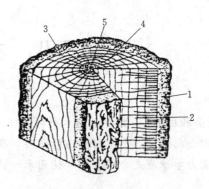

图 8-2 树木的主要组成
1—树皮；2—木质部；3—年轮；
4—髓线；5—髓心

木材的每一年轮内，靠髓心方向材色浅、组织松、材质软的部分是每年生长旺盛时期形成的，称春材；靠树皮的方向材色深、组织密、材质硬的部分是生长后期形成的，称夏材。夏材所占比例越大，木材的强度与表观密度就越大。当树种相同时，年轮稠密均匀者材质较好。

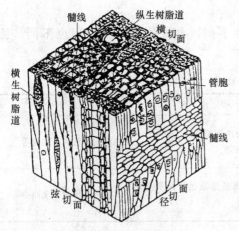

图 8-3 马尾松显微构造

（2）髓心、髓线。在树木的中心由第一轮年轮组成的初生木质部分称为髓心（又称树心）。它材质松软、强度低、易腐朽开裂。从髓心呈放射状穿过年轮的条纹称为髓线。髓线与周围细胞连接较弱，木材在干燥过程中易沿髓线开裂。

（3）心材与边材。有些树种，靠近髓心周围材色较深，含水率少的部分称心材；心材外围材色较浅部分含水率大，称为边材。

（二）微观特征

在显微镜下看到的木材构造特征称为微观特征，也叫显微特征。

在显微镜下可以看到木质部是由无数细小、大致与树干轴线平行的管状细胞组成，如图 8-3 所示。每个细胞都有细胞壁和细胞腔，细胞壁是由若干层细胞纤维组成的，纵向联结牢固，横向较差，故纵向管状细胞纵向强度高而横向强度低。细胞壁的纤维之间有较小的孔隙与薄壁木射线细胞相通，能吸收和渗透水分，因而使木材有吸收和散失水分的性能。

细胞本身的组织构造，在很大程度上决定了木材的性质。如细胞壁越厚，细胞腔越小，木材组织越均匀、材质越密实，表观密度和强度越大，但干缩率也因细胞壁厚增大而增大。

二、木材的物理力学性质

（一）含水率和密度

1. 平衡含水率、纤维饱和点

木材中的水分，包括存在于细胞腔内的自由水和存在于细胞壁内的吸附水，以及构成细胞化学成分的化合水三部分。自由水对木材性质影响不大，而吸附水则是影响木材性质的主要因素。

木材的含水率是木材所含水的质量与木材干燥质量的比值。当木材的含水率与环境的湿度达到平衡时的含水率称为平衡含水率，它随大气的温度、湿度变化而变化。我国木材平衡含水率平均为 15%（北方为 12%，南方为 18%）。

潮湿木材干燥时，当自由水蒸发完毕，而细胞壁中的吸附水仍处于饱和状态；或干燥木材吸湿时，细胞壁中的吸附水达到饱和状态，而细胞腔内没有自由水，此时的含水量称为纤维饱和点。纤维饱和点随树种而异，一般约为 23%～33%，平均约为 30%。

2. 纤维饱和点对木材性质的影响

（1）对强度的影响。木材纤维饱和点是许多木材性质变化的转折点。木材含水量在纤维饱和点以上变化时（如含水量为 50%、100% 等），对强度没有影响；但含水量在纤维饱和点以下变化，其强度将随含水量的减少而增加。其原因是水分的减少，使细胞壁物质变干而紧密，从而提高强度；反之，细胞壁物质软化、膨胀而松散，强度降低。

（2）对变形的影响（湿胀干缩）。当木材从潮湿状态干燥到纤维饱和点的过程中，其尺寸并不改变，仅表观密度减轻。只有干燥至纤维饱和点以下，细胞壁中的吸附水开始蒸发时，木材将发生收缩。反之，当干燥木材吸湿时，由于吸附水的增加，将发生体积膨胀，直到含水率达纤维饱和点为止，此后木材含水量继续增加，体积不再变化。

由于木材具有湿胀干缩的性质，同时构造又不均匀，在不同方向的干缩值不同。顺纹方向干缩最小，平均为 0.1%～0.35%；径向干缩较大，为 3%～6%；弦向干缩最大，为 6%～12%。因此湿材干燥后使变形值在不同方向上各异，干缩会使木材产生裂缝或翘曲变形而影响使用。工程中常采用高温干燥，利用径切板，采用油漆涂料涂刷木材表面，利用合成树脂处理，也可应用化学药剂及其他物质处理（如用石蜡、尿素、聚乙二醇等），以增加木材的稳定性。

3. 木材的密度与表观密度

各种木材的密度相差甚小，平均为 1.55g/cm^3；而表观密度差别甚大，即使同一品种，因树木生长条件，内部组织构造不同，其表观密度有明显的差别，平均约为 500kg/m^3。

木材的表观密度除与组织构造有关外，含水量的影响也很大，通常以含水率 15% 的表观密度为标准。

（二）强度

由于木材内部组织的不均匀性，木材的强度各不相同，即使是同一棵树也有差异。

木材的抗拉、抗压、抗弯、抗剪 4 种强度都有顺纹和横纹之分。木材各种强度的关系见表 8-2。

表 8-2　　　　　　　　木材的相对强度（以顺纹抗压强度为 1）

受力种类	抗　压		抗　拉		抗　剪		抗弯
纹路方向	顺纹	横纹	顺纹	横纹	顺纹	横纹	
相对强度	1	1/10～1/3	2～3	1/20～1/3	1/7～1/3	1/2～1	1.2～2.0

影响木材强度的因素主要有以下几个方面：

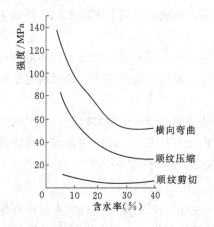

图 8-4 含水量对木材受力性能的影响

1. 含水率的影响

木材含水率在纤维饱和点以下时，其强度随含水率的增加而降低。而且不同的受力条件，其影响程度是不相同的（图 8-4）。

一般规定以含水率为 15% 的强度 f_{15} 为标准，其他含水率的强度 f_w 可按式（8-1）计算。

$$f_{15} = f_w[1+a(w-15)] \qquad (8-1)$$

式中　w——木材实际含水率（%）；

　　　a——含水率校正系数，其值可取顺纹抗压 0.05，抗弯 0.04，顺纹抗剪 0.03，横纹抗压 0.045，顺纹抗拉阔叶树材为 0.015、针叶树材为 0。

2. 荷载方向的影响

木材荷载方向与木材纹理方向不一致时，将影响木材的强度，如松木当夹角为 15° 时抗压强度降低 25%；夹角为 30° 时抗压强度降低 30%。

3. 荷载时间的影响

在进行木材强度试验时，迅速加荷使其断裂，测得的强度称为暂时强度；在长期荷载作用下导致破坏的最大强度，称为持久强度。木材的持久强度一般仅为暂时强度的 50%~60%。

4. 缺陷的影响

木材的实际强度远低于试验强度。因为试验强度是用无缺陷的标准试件测得的，实际上木材都存在着不同程度的腐朽、裂纹、斜纹、树节等缺陷，这些缺陷均会降低木材的强度，工程上常依缺陷的多少划分木材的等级。

任务二　木 材 的 应 用

一、木材的缺陷与木材的防护

（一）天然木材的缺陷

天然木材的缺陷是影响木材质量的重要因素，常见的木材缺陷有以下几种。

1. 节子

节子是含于树干木质中树枝根部的断面。分为活节、死节、漏节 3 种。活节是节子纤维与周围木质纤维紧密相连，节子质地坚硬，对木材的使用影响较小。死节是早死的树枝留下的节子。死节的纤维与周围木材纤维部分脱离或完全脱离，在木板中容易脱落，形成空洞，所以也称脱落节。漏节是节子已大部分腐朽，而且还深入树干的内部和内部腐朽相连，常成为木材内部腐朽的外部特征。

节子破坏了木材的均匀性，甚至完整性，对木材的强度有明显的影响，其中以对顺纹抗拉强度的降低为最多，顺纹抗压影响最小。活节和质地坚硬的死节还会使木材加工困难。节子对木材质量的影响程度，取决于节子本身的质地、尺寸的大小和密集程度，所以在木材标准中规定以各类节子的尺寸和数量作为评定木材产品等级的主要指标之一。

2. 腐朽与虫蛀

（1）木材受腐朽菌侵蚀后，不但颜色发生变化，同时材质变得松软、易碎，最后变成一种干或湿的软块，这种现象称为腐朽。腐朽能严重降低木材的硬度和强度，甚至使木材完全失去使用价值。

（2）虫蛀是树木采伐后，由于保管不良，遭受昆虫的蛀蚀而造成的损伤。大虫眼能降低木材等级，严重时木材不能使用。

3. 弯曲与斜纹

弯曲是树干的轴线不在一条直线上，而向左右前后凸出的现象。弯曲的原木不仅出材率低，而且锯解的成材往往带有斜纹。具有斜纹的木材纵向收缩较大，易使木材开裂和翘曲，还会降低木材的强度，特别是对抗拉和抗弯强度降低较多。

（二）木材的防腐

木材的腐朽是腐朽菌寄生，分泌出酵素，把细胞壁物质分解成自身的养料造成的。腐朽菌的繁殖和生存条件是空气、适宜的温度和湿度。当木材的含水率在30%～50%，温度在25～50℃，又有足够的空气，最适宜腐朽菌繁殖，木材也最易腐朽。如温度高于60℃、腐朽菌就不能生存；含水率低于20%也不能生存。

防止木材腐朽有以下几种方法：

（1）造成腐朽菌不能生存的环境，即在低温季节（冬、深秋、早春）采伐木材，在高含水率或干燥状态下保管。干燥木材使用于干燥环境，如在木结构中采用通风、防潮、涂刷、油漆等措施。

（2）采用化学防腐处理，使腐朽菌不但不能生存，还会被杀死。可用防腐剂涂刷、浸渍木材或注入木材内部。不为水直接浸湿的木构件可用水溶性的防腐剂，如氟化钠、硅氟酸钠、氯化锌、氯化汞、硫酸铜和砷等；为水直接浸湿者可用油漆性防腐剂，如五氯酚、萘酸铜、蒽油、克鲁苏油等。

（三）木材的防火

木材要用于建筑中，必须进行防火处理，以达到规定的耐火极限。对木材的防火处理，常用两种方法：①在木材的表面涂覆防火剂（木结构防火涂料）；②使用防火剂对木材进行浸渍处理。防火剂分溶剂型和水乳型两种，都是由多种高效阻燃材料和高强度的成膜物质组成，遇火后能迅速软化、膨胀、发泡，形成致密的蜂窝状隔热层，起到阻火隔热功能，对基材起到很好的保护作用。常用的涂覆防火剂有石膏、硅酸盐类、四氯苯酐醇树脂、丙烯酸乳胶等。浸渍用防火剂有磷氮系列、硼化物系列、卤素系列等。

二、木材的主要产品

（一）原条

原条是只经修枝、剥皮，没有加工造材的伐倒木，主要用于建筑施工的脚手架等。

1. 原条的长度检量

长度在5m以上的原条，检量从根部锯口量起至稍端直径为6cm处为检尺长度，并以1m为增进单位，不足1m的从稍端舍去不计。若根部锯口内有水眼或斧口，则从水眼或斧口量起，若大头有开裂，视其对使用的影响适当让尺。

2. 原条的径级检量

一般以检尺长中央直径为检尺径，以2cm为增进单位，若原条中央为椭圆形，且长径超过短径 15％时，则以长径和短径的平均值为检尺径。

3. 原条的材积计算

（1）检尺径 10cm 以上的原条材积按式（8-2）计算。

$$V=0.39\times(3.50+D)^2(0.48+L)/10000 \tag{8-2}$$

式中　V——体积，m^3；

L——检尺长，m；

D——检尺径，cm。

（2）检尺直径为 8cm 的原条材积，按式（8-3）计算。

$$V=0.4902L/10000 \tag{8-3}$$

（二）原木

原木是由原条按一定尺寸加工成规定长度的木材，分为直接用原木和加工用原木。直接用原木用于屋架、橡、柱等，加工用原木主要用于锯制板、方材、胶合板等。

1. 原木的长度检量

原木的长度自大头断面至小头断面相距最短处取直检查。直接使用原木的长级进位，长度不超过 5m 的按 0.2m 进位；长度超过 5m 的按 0.5m 进位。加工用原木的长级进位，东北、内蒙古地区按 0.5m 进位，其他地区按 0.2m 进位。

2. 原木的径级检量

原木的径级以小头通过断面中心的最小直径为检尺径，以 2cm 为一进级单位。

3. 原木材积计算

（1）检尺径 4～12cm 的材积按式（8-4）计算：

$$V=0.785L(D+0.45L+0.2)^2/10000 \tag{8-4}$$

（2）检尺径 14cm 以上的材积，按式（8-5）计算：

$$V=0.785L[D+0.5L+0.005L^2+0.000125L(14-L)^2\times(D-10)]^2/10000 \tag{8-5}$$

式中　V——材积，m^3；

L——检尺长，m；

D——检尺径，cm。

（三）板材与方材

板材与方材也称锯材，是已经加工锯解成材的木料。常用于建筑工程的模板及其支撑，装饰装修，也是制作家具、车船、包装箱板的重要原材料。

1. 板材

宽度为厚度的 3 倍或 3 倍以上的制材称为板材。按板材厚度分为薄板（厚度小于18mm）、中板（厚度 19～35mm）、厚板（厚度 36～65mm）、特厚板（厚度大于 66mm）。

2. 方材

凡宽度小于厚度 3 倍的加工木材称为方材。方材按宽厚相乘之积的大小分为：小方（$\leqslant54\text{cm}^2$）、中方（55～100cm^2）、大方（101～225cm^2）和特大方（$\geqslant226\text{cm}^2$）。

（四）人造板材

在树木加工成型材的过程中，会产生大量的枝条、板皮、刨花、木屑和短小废料，将其进行加工处理，可以制成各种有用的人造板材，人造板材性能优于天然木材。

1. 细木工板

细木工板是综合利用木材的一种制品。心板用木板条拼接而成，两个表面为胶贴木质单板的实心板材。

按其结构可分为：心板条不胶拼的细木工板，心板条胶拼的细木工板。

按表面加工状况分为：一面砂光细木工板，两面砂光细木工板，不砂光细木工板。

按所使用胶合剂分为：Ⅰ类胶细木工板，Ⅱ类胶细木工板。

按细木工板面板的材质和加工工艺质量分一等、二等、三等。细木工板具有质坚、吸声、绝热等特点，适用于家具和建筑物内装修。各类细木工板的厚度为 16mm、19mm、22mm、25mm。细木工板幅面尺寸见表 8-3。

表 8-3　　　　　　　　　　细木工板幅面尺寸　　　　　　　　　　单位：mm

宽　度	长　　度					
	915	1200	1520	1830	2135	2440
915	915	—	—	1830	2135	—
1220	—	1220	—	1830	2135	2440

注　细木工板的心条顺纹理方向为细木工板的长度方向。

2. 胶合板

胶合板是由原木沿年轮镟切成的薄片，按木材纹理纵横向交错重叠粘合而成，层数一般为单数层（3 层、5 层、7 层、9 层、11 层）。

胶合板厚度为 2.7mm、3mm、3.5mm、4mm、5mm、5.5mm、6mm，自 6mm 起，按 1mm 递增。厚度自 4mm 以下为薄胶合板，3mm、3.5mm、4mm 厚的胶合板为常用规格。胶合板的幅面尺寸规定见表 8-4。

表 8-4　　　　　　　　　　胶合板的幅面尺寸　　　　　　　　　　单位：mm

宽　度	长　　度				
	915	1220	1830	2135	2440
915	915	1220	1830	2135	—
1220	—	1220	1830	2135	2440

在建筑工程中胶合板常用作天棚板、隔墙板、门心板及室内装修等。

3. 其他板材

以植物纤维为原料，加工成密度大于 $0.8g/cm^3$ 的纤维板，称为硬质纤维板。纤维板常用于建筑装修和制作家具。

刨花板是利用木质刨花或木质纤维材料（如木片、锯屑和亚麻等），经干燥、拌胶、热压而成的板材。纤维板、刨花板的规格尺寸同胶合板。

刨花板具有隔声、绝热、防蛀及耐火等优点，可用作隔墙板、顶棚板等。

木丝板是利用木材的短残料刨成木丝，再与水泥、水玻璃等搅拌在一起，加压凝固成型。木丝板规格：长度有 1500mm 和 1830mm，宽度有 500mm 和 600mm，厚度有 16～50mm。木丝板具有隔声、绝热、防蛀及耐火等优点，可用作隔墙板、顶棚板等。

复 习 思 考 题

1. 木材的含水率有哪些？含水率的变化对木材性能有何影响？
2. 影响木材强度的因素有哪些？
3. 木材腐朽的原因和防腐的措施各有哪些？
4. 木材的主要产品有哪些？各适用于何处？

参 考 文 献

[1] 崔长江. 建筑材料 [M]. 4 版. 郑州：黄河水利出版社，2016.

[2] 西安建筑科技大学，华南理工大学，重庆大学，等. 建筑材料 [M]. 4 版. 北京：中国建筑工业出版社，2013.

[3] 吴琼英. 建筑材料 [M]. 4 版. 武汉：武汉理工大学出版社，2012.

[4] 李亚杰，方坤河. 建筑材料 [M]. 6 版. 北京：中国水利水电出版社，2009.

[5] 范文昭，范红岩. 建筑材料 [M]. 4 版. 北京：中国建筑工业出版社，2013.

[6] 尹红莲等. 建筑材料技能训练 [M]. 郑州：黄河水利出版社，2016.

[7] 尹韶青，刘炳娟. 建筑法规概论 [M]. 西安：西安工业大学出版社，2012.

[8] 胡敏辉. 水工建筑材料 [M]. 武汉：华中科技大学出版社，2013.

[9] 现行建筑材料规范大全 [G]. 北京：中国建筑工业出版社，1995.

[10] 现行建筑材料规范大全（增补版）[G]. 北京：中国建筑工业出版社，2006.

[11] 中华人民共和国国家质量监督检验检疫总局，中华人民共和国标准化管理委员会. 通用硅酸盐水泥：GB 175—2007 [S]. 北京：中国标准出版社，2014.

[12] 中华人民共和国国家质量监督检验检疫总局，中华人民共和国标准化管理委员会. 用于水泥和混凝土中的粒化高炉矿渣粉：GB/T 18046—2008 [S]. 北京：中国标准出版社，2008.

[13] 中华人民共和国国家质量监督检验检疫总局，中华人民共和国标准化管理委员会. 建筑用砂：GB/T 14684—2011 [S]. 北京：中国标准出版社，2011.

[14] 中华人民共和国国家质量监督检验检疫总局，中华人民共和国标准化管理委员会. 建筑用卵石、碎石：GB/T 14685—2011 [S]. 北京：中国标准出版社，2011.

[15] 中华人民共和国建设部. 混凝土用水标准：JGJ 63—2006 [S]. 北京：中国建筑工业出版社，2011.

[16] 国家能源局. 水工混凝土砂石骨料试验规程：DL/T 5151—2014 [S]. 北京：中国电力出版社，2014.

[17] 中华人民共和国住房和城乡建设部，中华人民共和国国家质量监督检验检疫总局. 混凝土结构工程施工质量验收规范：GB 50204—2015 [S]. 北京：中国建筑工业出版社，2014.

[18] 中华人民共和国水利部. 水工混凝土施工规范：SL 677—2014 [S]. 北京：中国水利水电出版社，2014.

[19] 中华人民共和国水利部. 水工混凝土结构设计规范：SL 191—2008 [S]. 北京：中国水利水电出版社，2008.

[20] 中华人民共和国国家能源局. 水工混凝土结构设计规范：DL/T 5057—2009 [S]. 北京：中国电力出版社，2009.

[21] 中华人民共和国国家发展和改革委员会. 水工混凝土配合比设计规程：DL/T 5330—2005 [S]. 北京：中国电力出版社，2005.